工业废水处理技术与工程实践

冯宽利 编著

U0376545

化学工业出版社
·北京·

本书主要介绍了水资源及污染治理状况、废水处理常用技术、纺织印染废水处理技术与工程实践、造纸废水处理技术与工程实践、石油废水处理技术与工程实践、化工废水处理技术与工程实践、制酒废水处理技术与工程实践、食品工业废水处理技术与工程实践、煤气发生站废水处理技术与工程实践、制革工业废水处理技术与工程实践、电镀废水处理技术与工程实践、一体化设备处理工业废水与工程实践、工业废水处理设备采购等内容。

本书将理论与实际紧密结合，为读者展示工业废水处理技术、工艺与应用的全貌，帮助读者提升解决工业废水处理实际问题的能力，不仅适合从事污水处理，尤其是工业废水处理领域的科研人员、技术人员和管理人员阅读，也适合高等学校环境工程、市政工程及相关专业的师生阅读参考。

图书在版编目（CIP）数据

工业废水处理技术与工程实践/冯宽利编著. —北京：化学工业出版社，2019.3（2024.2重印）

ISBN 978-7-122-33869-3

Ⅰ.①工… Ⅱ.①冯… Ⅲ.①工业废水处理 Ⅳ.①X703

中国版本图书馆 CIP 数据核字（2019）第 027138 号

责任编辑：卢萌萌　刘兴春　　　　　　　　文字编辑：向　东
责任校对：王　静　　　　　　　　　　　　装帧设计：史利平

出版发行：化学工业出版社（北京市东城区青年湖南街 13 号　邮政编码 100011）
印　　装：北京科印技术咨询服务有限公司数码印刷分部
787mm×1092mm　1/16　印张 19½　字数 483 千字　2024 年 2 月北京第 1 版第 9 次印刷

购书咨询：010-64518888　　　　　　　　售后服务：010-64518899
网　　址：http://www.cip.com.cn
凡购买本书，如有缺损质量问题，本社销售中心负责调换。

定　　价：98.00 元

前 言

当今世界，能源、环境和人口这三大问题已经成为影响各国发展的重要因素。特别是生态和环境问题，越来越受到各国的重视。人们已认识到，经济发展和环境保护是不可分割的整体，只有切实有效地保护环境才能确保经济的持续发展。水是地球上唯一不可替代的自然资源。我国人均水资源占有量仅为世界平均水平的 1/4，因此，水资源保护、防治水污染和改善水环境问题已上升为各级政府的政务内容之一。

在工业废水处理中，造纸、印染、化工、制酒、食品、皮革、电镀、煤气焦化等行业一直以来就是我国工业企业污染的大户，如何将这些重污染的工业废水治理好，是各级政府及环保管理人员和科技人员的重要使命。本书就是从理论及处理方法上并结合工程实例介绍了这些工业废水的治理措施及处理效果，以供各级政府及环保技术人员参考，以期为我国的环保工作贡献一份力量。

本书共十三章，第一章主要介绍世界及我国水污染防治的有关情况。第二章主要介绍废水处理常用技术。第三章至第十二章主要介绍各种工业废水的治理技术及工程实例。第十三章主要介绍一体化处理设备的应用及废水处理设备采购时应注意的问题。

本书是基于作者几十年的废水工程设计经验及工程实践编写而成的，但限于作者水平及时间，书中难免有不足或疏漏之处，还望读者予以批评指正。同时，对所引用的有关文献的作者及单位表示诚挚的感谢。

编著者
2019 年 6 月

目 录

第一章 ▶▶
水资源及污染治理状况

第一节 ▶ 世界水资源及污染治理状况

一、地球水资源状况

当今世界面临着人口、资源和环境三大问题。其中水资源是其他资源不可替代的资源，因而已成为各国都十分重视的问题之一。

地球上水储量看似很大，约 138 亿立方米，但其中 97.5％为咸水，不能直接为人类使用，只有 2.5％为淡水，而在这 2.5％的淡水中，90％又不能被人类利用（如：深层地下水、冰雪固态淡水等）。实际上在河流和湖泊中的地表水，可利用的淡水资源只占 0.5％。因此可知，虽然地球存在水的生物地球化学循环和物理循环，在较长的时间内可保持平衡，但在一定的时间和空间内，它的数量是十分有限的，并不像人们想象的那样，可以取之不尽、用之不竭。

另外，由于各大洲的自然条件差别较大，其降水和径流分布不甚均匀，其水资源分布也不尽相同。若按地区分布，巴西、俄罗斯、加拿大、中国、美国、印度尼西亚、印度、哥伦比亚等 9 个国家的水资源占了世界淡水资源的 60％，而约占世界人口 40％的 80 余个国家和地区存在着严重缺水的现象。地球水储量见表 1-1。

表 1-1 地球水储量

序号	水体种类	水		咸水		淡水	
		储量/$10^{12}m^3$	占比/％	储量/$10^{12}m^3$	占比/％	储量/$10^{12}m^3$	占比/％
1	海洋水	1338000	96.538	1338000	99.04		
2	冰川与永久积雪	24064.1	1.736			24064.1	68.697
3	地下水	23400	1.6883	12870	0.953	10530	30.06
4	永冻层中的水	300	0.0216			300	0.856
5	湖泊水	176.4	0.0127	85.4	0.006	91	0.260
6	土壤水	16.5	0.0012			16.5	0.047
7	大气水	12.9	0.0009			12.9	0.0368
8	沼泽水	11.47	0.0008			11.47	0.0327

续表

序号	水体种类	水		咸水		淡水	
		储量/$10^{12}m^3$	占比/%	储量/$10^{12}m^3$	占比/%	储量/$10^{12}m^3$	占比/%
9	河流水	2.12	0.0002			2.12	0.0061
10	生物水	1.12	0.0001			1.12	0.0032
	总计	1385984.61	100	1350955.4	100	35029.21	100

由于各国自然条件以及管理水平和技术水平的不同，各国的人均水量及耕地亩（1 亩＝666.7m²）均水量有所不同。部分国家的人均水量及耕地亩均水量见表 1-2。

表 1-2　部分国家的人均水量及耕地亩均水量

国家	年径流量/10^8m^3	年径流深/mm	人均水量/m^3	耕地亩均水量/m^3
巴西	51912	609	42210	10700
加拿大	31220	313	130080	4770
美国	29709	317	13500	1050
印度尼西亚	28113	1476	18990	13200
中国	27115	284	2474	1888
印度	17800	514	2630	720
日本	5470	1470	4720	8420
全世界	468500	314	9360	2353

从世界各国拥有的水资源来看，居第一位的是巴西，其次为俄罗斯、加拿大、美国、印度尼西亚和中国。亚洲国家中，年径流深最大的是印度尼西亚和日本，约为 1500mm，欧洲国家年径流深最大的国家是挪威，约为 1250mm。

从表 1-2 中可以看出，我国的人均拥有水量约为世界平均水平的 1/4、是美国的 1/5、加拿大的 1/40，在世界名列 110 位，是全球最贫水的国家之一。因此，如何节约用水，提高水的利用率和重复利用率，以及做好污水处理及回用是一个十分迫切和重要的课题。

二、各国废水治理状况

（一）发达国家和地区

1. 美国

美国在 1948 年国会就通过了"清洁水法"，后经过 1972 年和 1977 年两次大幅度修改后继续执行。该法主要分为两个控制对象；对于污染物直接排入地表水的要受"国家污染物排放消除体制"管控，对于排入污水处理系统的间接排放者要受"国家预处理项目"管控（排放者要获得排污许可证方可排入）。达到要求后方可排入市政污水处理系统。州、市环保局采用控制单位产品污染物排放限制的办法控制企业的排放动态，以防止企业用稀释的办法排放污染物。同时，该法还规定污水处理厂有权对排污企业进行监督考核，以致可以对之下达停止令，甚至还可撤销企业排污许可证。另外，排污企业附近，视企业排污情况可以起诉企业。

由于清洁水法的严格执行及资金保证，美国的污水处理已进入世界先进行列。目前，美国有污水处理厂 23000 座（其中一级处理厂 14%，二级处理厂 81%，三级处理厂 5%），处理能力为 4000~19000t/d，其中，小于 4000t/d 的占 79%，处理能力只达到 8.4%；大于 19000t/d 的占 8.4%，处理能力可达 38.8%。美国当前大中型城市污水处理厂处理工艺仍以好氧和厌氧生物法为主，小城镇生活污水以氧化塘或氧化沟法为主，工业废水处理视行业不同采用不同的处理方法。

2. 欧盟

总体来说，欧洲的水资源状况良好，但因农业生产排放的硝酸盐所引起的河流、湖泊、水库及海水的富营养化污染在不断增长。而且，在欧洲由于国家地域小，一条河流往往流经几个国家，而各个国家在污水处理工艺和技术上也不尽相同，这就需要各国之间的相互协调和配合。为此，欧盟在水资源管理及立法方法上采取了三步走的规划，即：

第一阶段为 1975 年通过了有关地表水的法规和 1980 年通过了有关饮水的法规，其主要对象是渔业养殖水、贝类养殖水、游泳水和地下水。

第二阶段为制定排放标准，包括 1991 年通过了硝酸盐法规和城市污水处理法规（UWTD）。该法规主要包括：所有区域必须在 1998 年、2000 年或 2005 年年底前逐步建立污水收集系统，并将污水处理划分为一、二、三级处理。一级处理（预处理）主要是通过格栅、沉淀或气浮等处理；二级处理主要是生物处理；三级处理（深度处理）包括营养物的去除及加氯、紫外线及臭氧消毒处理。我国目前所沿用的三级处理概况与之相符。

第三阶段为 2015 年通过的新水体法规（WFD），它主要是将排放标准和水质目标结合在一起，并适用于所有水体，并在 15 个欧盟国家进行了统一和协调。同时还决定在德国、法国、意大利、荷兰和瑞士这 5 个国家的污水处理中，从基础数据、处理工艺、设计与建造、处理费用以及管网建设等方面进行详尽的比较，以求共同制定有关参数。

3. 日本

日本由于地域狭窄，且淡水资源不足、能源缺乏，因此，该国早就开始重视水资源问题，并采取了修水库和人工渠等措施，增加水资源量，并积极研究水资源保护及循环利用和节水技术。同时大力研制和开发污水处理及回用的先进技术和设备，以至于在污水处理方面一直处于国际先进水平行列。

目前，日本的污水处理管理体制由国家、地方和个人三方面负责。大型污水处理项目由国家及大公司承担，中小污水处理项目由地方和企业承担，农村及小型污水处理项目由个人、地方（包括国家给予一定支持的区域）来完成。

工业污水处理项目基本由产污企业委托专业污水处理公司用托管的形式完成。

（二）欠发达国家

欠发达国家由于经济及技术均落后于发达国家，有的国家大部分地区的生活水平处于世界平均水平之下。因此，对污水处理无暇顾及，造成对生态的严重污染。如印度和巴基斯坦等国家，多年来，污水基本上没怎么处理就直接排入江河湖海，有的也是简单地预处理一下就算了事。作者在前几年接触印度污水处理项目时，发现一些产污企业对环境保护和污水处理尚无基本的概念和了解，相对我国又要差一个阶段。因此，从联合国角度如何加大对第三世界国家的环境保护，污水处理方面的宣传、帮助和支援，发动发达国家对其进行资金、技术援助显得尤为重要。特别是发达国家将污染严重的纺织印染、造纸等产品转向欠发达国家加工，即污染转移的做法，在经济上应对这些国家予以补偿。

（三）缺水地区

中东地区是世界上典型的缺水地区（全世界 15 个最缺水的国家就有 12 个在中东地区）。虽然该地区石油丰富，但水资源十分紧张。由于常年降雨量少（有的地区年平均降雨量仅 20mm 左右）。同时，人口却以 3% 的速度增长，使得用水问题成为突出矛盾。有的国家甚至为争水动用武力。目前，整个中东地区农业用水占 81%，工业和家庭用水分别为 7% 和 6%。而根据阿拉伯干旱研究中心发表的调查表明，必须再开发目前供水量的一倍才能满足阿拉伯地区的需要。另据世界银行的报告：到 2025 年，中东地区每人仅有 700m^3 的新鲜水。像约旦，1988 年用水为 5.55 亿立方米，而到 2000 年，随着人口的不断增长，需水量为 11 亿立方米。为此，阿拉伯国家已将水资源问题列为国家的首要问题，纷纷采取开发改造河流、灌溉革新、减少农作物耗水、采取滴灌等低耗水措施。由于严重缺水，阿拉伯地区不得不采取海水淡化技术提供淡水。如：科威特每年的海水淡化水量约占全国水量的 70%，阿联酋也占到 50% 左右，预计在 2022 年前，中东地区花在海水淡化上的投资将达到 3000 亿美元。

由于阿拉伯地区缺水严重，目前该地区的污水处理（包括城市生活污水处理及工业污水处理）除要求做到达标排放外，基本均要求做到可回用水平。因此，该地区的污水处理费用相对世界其他地区是较贵的。

第二节 ▶ 各国废水处理的先进技术与经验

一、美国

1. 在管理体制方面

由于严格地执行"清洁水法"，多年来，美国的污水处理取得了很好的进展。特别应该指出的是在"清洁水法"中规定的排污许可证制度，对污染源进行了有效的控制，使得排污企业排除的污水必须达到要求方能排出。另外，城市污水厂有权对排污企业进行监控，甚至可以令其停产，这就确保了污水处理的正常运转。

2. 在污水处理技术方面

美国将再生水作为供水资源已有几十年之久。早在 1976 年，美国南加利福尼亚州桔城水区的第 21 世纪再生水厂就已运用膜处理技术，处理出高质量的再生水注入地面水中。现在，美国最大的污水处理厂——洛杉矶的 ELWRF 水厂，每天可处理 3000 万加仑（1 加仑=3.79L）的再生水，这足够 6 万家庭使用一年。同时该厂还可根据用户的不同需求，向用户提供五种不同水质的水：①广泛用于工业和农业灌溉的三级水；②用于工业冷却塔的用水；③软化的反渗透水，并可将之进行微滤、反渗透和消毒，然后补充到地下水；④深化反渗透水用于低压锅炉用水；⑤超高纯反渗透水用于高压锅炉用水。

3. 污水处理厂

目前美国已建成市政污水处理厂约 15000 座。其中，全球最大的 10 座污水处理厂美国就有 5 座，具体如下：

（1）芝加哥 Stickney 污水厂

处理规模：$465 \times 10^4 m^3/d$（实际 $271 \times 10^4 m^3/d$）。

处理工艺：传统活性污泥法。

特点：①进水泵站是世界上最大的地下式泵站，从地下 90m 隧道中提升至污水厂；②通过延长泥龄实现氨氮的稳定去除；③污水处理停留时间 4～8h，出水 BOD 和 SS 平均能达到 10mg/L；④污泥处理采用多种工艺。

（2）波士顿鹿鹿岛污水厂

处理规模：峰值 $492 \times 10^4 m^3/d$，日均 $141 \times 10^4 m^3/d$。

处理工艺：纯氧活性污泥。

特点：①3 座泵站提升，48 座初沉池，12 座消化池；②次氯酸钠消毒后再投加亚硫酸氢钠脱氯；③先进的实验室，每年可引进 10 万个数据试验分析，对工艺操作提供极大帮助。

（3）底特律污水厂

处理规模：$360 \times 10^4 m^3/d$。

处理工艺：纯氧曝气。

特点：①化学除磷（氯化亚铁取自当代钢厂）；②25 座周边进水周边出水二沉池。

（4）洛杉矶 Hyperion 污水厂

处理规模：$174 \times 10^4 m^3/d$。

处理工艺：纯氧活性污泥。

特点：①污泥可用于农肥和沼气发电；②27 座初沉池。

（5）华盛顿 Blue Plains 污水厂

处理规模：$143 \times 10^4 m^3/d$。

处理工艺：二段法（第一段去除 BOD，第二段硝化反硝化）

特点：

1）污泥采用热水解技术（Cambi）消化产气量高。

目前美国已达到每 5000 人一座污水厂（其中 78％为二级生物处理厂），全国已有约 15000 座污水厂，是我国最近统计全国 3800 座的 4～5 倍。况且，从技术水平上讲，我国污水厂处理工艺主要是沿用国外传统的活性污泥法或变形和 SBR 法及氧化沟法，像美国采用的纯氧曝气及热水解技术等在我国尚很少采用。

2）至于工业废水污水的处理，由于严格执行排污许可证制度和城市污水厂有权否决排污企业污水进入污水厂，使美国的污水处理效果较好，再加上一些污染严重的企业，如纺织、印染、造纸等转移至欠发达国家（如印度、墨西哥等）生产，更加减轻了美国的水污染负担。

3）除了兴建众多先进的污水厂外，美国在污水处理技术的研发方面也取得了举世瞩目的成绩，现举几个例子如下。

① CASS 技术。该技术简要地说就是一种连续进水的 SBR 系统，它主要的特点是：a. 曝气时污水和污泥处于完全理想混合状态，以保证 BOD 和 COD 的去除率；b. 好氧-缺氧及好氧-厌氧反复进行，强化了磷的吸收和硝化，反硝化作用使氮磷去除率可达到 80％以上；c. 沉淀时，整个处理池处于完全理想状态。

② SPR 高浊度污水净化系统。该技术是将一级处理和三级处理合并在一起处理的先进工艺。处理过程只需 30min。进水 SS 可达 500～5000mg/L，出水可达 3mg/L。进水 COD 可达 200～800mg/L，出水可达 40mg/L 以下。

投资只需一、二级费用，运行费用只相当二级且最后出水可达三级处理水平。

③ WT-FG 生物法是美国富美生物工程有限公司开发的，该技术具有可高度浓缩和组合的特点，可针对不同水质组合不同的微生物菌剂，污泥产量极少，已完全抛弃了传统的机械曝气手段而采用电量极少的循环喷水装置和 FG-21 专用助剂增加水中溶解氧的方式，大大节约了成本。

该技术对河流沟渠水污染的处理效果良好，对我国的河流沟渠治理具有重大的现实意义（目前我国海口市已着手予以应用，初见成效）。同时，该技术对皮革、造纸、印染、石化及垃圾渗透液治理也有很好的效果，应该说该项技术是污水处理特别是工业废水处理的革新换代处理工艺技术。

除此之外，美国在监测、仪器仪表方面也处于世界先进水平。目前，我国许多污水厂都采用美国知名公司（如哈希公司）的产品。

二、其他发达国家

1. 英国

英国早在 1884 年就制定了《公共健康法》，到 1979 年，英国就已建成污水厂 800 余座，平均每 7000 人一座。

2. 日本

早在 1876 年就颁布了《河流法》，1970 年颁布《水污染防治法》。在 1922 年在东京建造了一座药物滤池形式的三河岛污水厂。1960 年，全日本共建造 34 座污水厂，目前已建造 630 座污水厂，平均每 20 万人一座（其中二级及高级处理占 98.6%）。处理规模 $20 \times 10^4 \, m^3$/人的已有 14 座，$10 \times 10^4 \sim 50 \times 10^4 \, m^3$/人的已达 75 座。

除了兴建先进的污水厂外，日本多年来对污水处理技术也进行了大量研发，特别是在小型污水处理技术的设备方面，有突出的成就，现列举以下几例。

（1）JDS 处理系统

采用高性能疏水化剂（DLH）混凝，可缩短固液分离时间，并可通过 DLH 配比变换适用于多种水质。

（2）MBR 膜生物反应器

它是一种膜法和生物泥法相结合的处理工艺，主要有以下特点：

① 可省去二沉池，并能高效地进行固液分离，出水效果好。

② 可使生物处理单元内生物量维持高浓度，容积负荷大，水力停留时间短，反应器占地少。

③ 一些大分子难降解的有机物，由于停留时间长，利于分解。

目前该技术已在我国污水处理特别是城市中小污水处理领域广泛应用。

（3）污水净化槽技术

该技术是一体化净化设备，广泛用于城市或农村中小水量处理。处理工艺由厌氧滤法、接触工艺、沉淀分离接触工艺和脱氧滤法工艺组成。

壳体一般由强化塑料（FRP 或 DCPD）组成。常用的小型净化槽尺寸如下：

5.98m×2.5m×1.75m（长×宽×高）

7.98m×2.75m×1.75m（长×宽×高）

10.1m×3.3m×1.75m（长×宽×高）

污泥用真空抽粪车抽取。

目前我国一些环保公司也陆续生产了该类净化槽产品，但处理效果尚与日本产品有一定的差距。

（4）污泥处理技术

目前日本对污水处理中的污泥处理主要采取以下措施。

① 加温干燥法，即污泥经中温消化后进入加温干燥，然后进行制肥或烧制水泥骨料。

② 生物能沼气发酵法，即污泥与人禽粪在 37℃ 温度下，发酵 19d，产生的沼气用于发电等。

③ 综合焚烧法，即污泥经过浓缩、消化、脱水、干化、焚烧后制建材。

另外，日本帝人株式会社研制开发了污泥的减量化技术。

④ 近年来，日本的膜生产技术也处于世界先进水平，如东丽株式会社等公司开发研制的 RO、NF、UF、MF 纤维处理系列等膜技术，已处于先进水平。

3. 德国

目前已建成污水厂 7780 座（其中生物处理厂 3849 座，部分生物处理厂 1347 座，机械处理厂 2584 座）。鲁尔工业区已投资 3 亿～6 亿美元建成 180 座污水厂，可去除 83% 的污染物。目前德国大中型污水厂基本采用活性污泥工艺，小型污水厂一般采用生物滤池工艺。

4. 法国、瑞典和英国

法国 1969 年已建成污水厂 1500 座，到 1978 年已达到 8000 余座。

瑞典每 5000 人拥有一座污水厂。

目前，英国的泰晤士河和欧洲的莱茵河中已又现鱼群，环境保护取得了举世公认的效果。

第三节 ▶ 我国水资源及污染治理状况

一、我国水资源污染状况

（一）我国的水资源状况

我国是一个水资源短缺的国家，淡水资源总量为 2.8 万立方米，占全世界水资源总量的 6%，仅次于巴西、俄罗斯、加拿大、美国、印度尼西亚，为世界第 6 位。但由于人口众多，人均水资源只有 2474m³，约为世界平均水平的 1/4、美国的 1/5、加拿大的 1/40。根据国际标准，人均水资源低于 3000m³ 的为轻度缺水国家，低于 2000m³ 的为中度缺水国家，低于 1000m³ 的为重度缺水国家。扣除难以利用的洪水径流和散布在偏远山区的地下水资源后，我国现实可利用的淡水资源仅为 11000 亿立方米，人均可利用的水资源仅有 900m³ 左右，已属于重度缺水国家，且分布不均衡。再加上我国城乡人口的不断增加及水体被污染等因素，已使我国 669 个城市中的 400 个供水不足。其中，100 个城市已处于严重缺水状态，这其中 32 个百万人口的大城市中，已有 9 个严重缺水。且随着水污染情况的出现，安全的可以饮用和使用的水也在受到威胁。据资料介绍，目前我国农村已有近亿人饮水受到安全威胁。另外，预计到 2030 年，我国人口将达到 16 亿，人均水资源只有 1750m³，而到时供水也只有 6000 亿立方米左右，缺水 1300 亿～2300 亿立方米。

（二）我国的水污染状况

1. 河流污染

我国有大小河川 5000 余条，总长 40 余万千米，据 2016 年公布的数据，长江、黄河、珠江、松花江、淮河、海河及辽河七大水域的断面中，Ⅰ类水体 34 个，占 2.1%；Ⅱ类水体 676 个，占 41.8%；Ⅲ类水体 441 个，占 27.3%；Ⅳ类水体 217 个，占 13.4%；Ⅴ类水体 102 个，占 6.3%；Ⅴ类水体以下的 147 个，占 9.1%；总体来说，Ⅲ类及以下水体占到 56% 左右，河流污染相当严重。

2. 湖泊和水库污染

我国湖泊普遍遭到污染，主要是重金属污染和富营养化问题突出。其主要污染指数为总磷、总氮、COD 和高锰酸盐指数。在太湖中，主要是富营养化问题严重。目前，Ⅲ类水体、Ⅳ类水体和Ⅴ类水体分别为总水体的 7.4%、27.2% 和 65.4%，不难看出污染已相当严重。滇池在 20 世纪 70 年代水质尚好，80 年代水质快速恶化，90 年代后滇池已变成发绿发臭的Ⅴ类水。其主要污染是城市生活污水造成的富营养化，据报道，从开始治理滇池污染已花费 500 亿元，应有许多经验和教训予以总结。巢湖由于受到各方面污染，总体水体质量为Ⅳ类。

另外，我国有水库约 378 个，目前优于Ⅲ类水质的为 80.2%，Ⅲ类以下的为 19.8%（约 75 座），也就是说，我国水库的水质也在受到不同程度的污染。

3. 地下水污染

我国 195 个城市监测结果表明，97% 的城市地下水受到污染，并且 40% 的城市地下水污染有加重趋势，并已形成超量开采与污染相互影响的恶性循环。同时，由于过量开采而造成的漏斗面积不断扩大，引起了地面污水向地下水倒灌的现象，更加重了地下水的污染。

4. 海洋污染

总的来说，我国的海洋环境基本处于良好状态。但在某些沿海，如大连湾、辽河口、锦州湾、渤海湾、莱州湾和胶州湾，污染严重，致使水产资源衰落，产鱼量减少，特别是珍贵海产品受损。就海区而言，渤海沿岸污染最重，东海和黄海次之，南海较轻，属基本正常。造成海洋污染的基本原因如下。

（1）陆源污染物

据有关部门统计，我国每年向海洋排放的工业污水和生活污水约 600 亿吨，其中，向东海排放的生活污水量最大，其次是渤海和南海，黄海最少。工业污水排放量以向东海的排放量为最大，占总量的 50%，渤海和南海次之，黄海最少。

（2）船舶排放的污染

我国拥有各种机动船 10 万多艘，每年进出我国港口的外轮几万艘次，即每年有大量的船舶含油污水排放入海。

（3）海洋石油勘探开发污染

我国海洋拥有几个大油田和十几个石化企业，由于作业的跑、冒、滴、漏，每年约有 10 万吨石油入海，污染也相当严重。

（4）人工倾倒污染物污染

过去多年人类一直把海洋当作大"垃圾箱"，任意倾倒废物。例如，大连香炉礁、葫芦岛、青岛、温州、湛江等海岸，都发生过此类事件。

（5）不合理地兴建海洋工程和海洋开发造成的污染

20世纪由于不合理地对海洋的开发，造成深水港和航道淤积等现象，对局部海域生态造成破坏。目前，我国沿海各种污染源200多处，并且主要的污染物为石油，中国沿海油污沉积已约达13万平方公里，其中，渤海油污面积约4万平方公里，渤海湾的油污面积0.9万平方公里，莱州湾的油污面积0.6万平方公里，黄海的油污面积2.6万平方公里，东海的油污面积3.4万平方公里，南海的油污面积1.7万平方公里。

除石油污染外，尚有大量的重金属排入海洋，主要为汞、镉、铅等。其中，排入东海的汞量最大。由珠江、长江、滦河和漠河排入海洋的镉量占总量的80%，南海被排入的镉量最大。

另外，有机污染物源在我国沿海有150余处，每年排入海洋的COD达700多万吨。其中，流入东海的约占50%，而COD的平均值以渤海湾最高，其中又以莱州湾为高，其次是辽东湾。

5. 工业污染

工业污染是指工业企业在生产过程中，对包括人在内的生物赖以生存和繁衍的自然环境造成的侵害。我国的工业污染主要集中在纺织印染、造纸、化工、钢铁、食品、电力、采掘等几个行业，这些行业所产生的污水排放量占了总污水排放量的4/5。其中，造纸和食品业的COD排放量占了总COD排放量的2/3，有色冶金业重金属排放量占了重金属总排放量的1/2。

工业废水的污染一般是指以下几个方面。

（1）固体悬浮物污染

固体悬浮物主要来自钢铁、煤炭行业洗涤冲渣及烟气除尘等生产环节。这种废水排入水体后，将增加水体浊度及改变水体颜色，造成堵塞水体通道、危害水体生物的生存和繁殖的后果。若用于灌溉则造成土壤板结，不利于作物生长。

（2）油类污染物污染

含油污水主要来自石油化工、冶金、机械加工等行业，河湖水中含油达到0.01mg/L时，就可使鱼肉带有特殊气味，不能食用。再多时，在水面上形成油膜，使大气和水面隔绝，导致水体缺氧，使鱼类因缺氧死亡。另外，在含油水体中，孵化的鱼苗还会产生畸形，易于死亡，它也是当今海洋污染的主要表现形式之一。

（3）酸碱的污染

酸性污水主要来自冶金、化工和矿山等企业。碱性污水主要来自印染、化纤、制碱等企业。这类污水排入水体后，使水体pH值发生变化，可消灭或抑制细菌和微生物的生存和生长。同时，还可腐蚀船舶和水工构筑物。我国饮用水标准pH值应为6.5～8.5。渔业水体中pH值一般应为6～9.2，因为pH值为5时鱼类死亡。农业用水的pH值为4.5～9。另外，酸碱污染还可增大无机盐类和水的硬度，并可与水体中矿物质产生盐类，对淡水生物和植物的生长均有不良影响。

（4）酚氰化合物污染

酚氰污水主要来自焦化厂、煤气发生站、化工厂、树脂厂、制药厂、冶炼厂和选矿厂等。

酚的毒性：可大大抑制生物的自然增长速度。当酚浓度为0.1～0.2mg/L时，鱼肉有酚味，浓度高时鱼类会大量死亡。人假如长期饮用酚污染的水，可引起头昏、出疹、瘙痒、贫血和各种神经系统病症。

氰化物是剧毒物，一般人误服 0.1g 左右氰化钠或氰化钾就会死亡。水中含 0.3～0.5mg/L 氰时，鱼类便会死亡。氰对其他生物也具有毒性。

（5）重金属污染

重金属污染主要来自金属矿山、冶炼、电镀、电解、农药、医药、油漆、颜料等企业。

重金属一般不能被生物所降解而沉积于生物体内，严重者可中毒死亡。一般重金属系指以下几种。

1）汞　具有很强的毒性，人摄入后易积累。有机汞比无极汞毒性更大，人的一次致死量为 1～2g。甲基汞能大量积累于脑中，引起乏力、动作失调、精神错乱、疯狂痉挛甚至死亡。

2）镉　进入人体后主要累积于肝、肾和脾脏内，能引起骨节变形，腰关节受损及心血管病。

3）铬　含铬废水（如电镀行业）会产生三价铬和六价铬。三价铬毒性不大，六价铬剧毒，能使皮肤和呼吸系统溃疡，导致脑膜炎和肺癌。浓度 0.01mg/L 就能使生物死亡。

4）铅　人若每日摄入 0.3～1mg 的铅，就可在体内积累，引起贫血、神经炎、肾炎等症。铅对鱼类的致死浓度为 0.1～0.3mg/L。

5）砷　砷对人的中毒量为 10～50mg，致死量为 60～200mg。砷可引起人的中枢神经紊乱，诱发皮肤癌，对作物的毒害浓度为 3mg/L。

6）铜　铜有抑制酶和溶血作用，铜中毒可引起脑病、血尿、腹痛和意识不清等。铜对水生物毒性较大，当浓度为 0.1～0.2mg/L 时，可致鱼类死亡。用含铜污水灌溉可致农作物枯死。

7）锌　锌盐有腐蚀作用，能伤害胃肠、肾脏、心脏和血管。饮用水中锌浓度达到 10～20mg/L 时可引起癌症。鱼类致死浓度为 0.01mg/L。

8）硒　硒中毒可引起皮炎、嗅觉失灵、婴儿畸变，并有致癌作用。

9）镍　镍中毒引发皮炎、头痛、呕吐、肺出血、虚脱、肺癌和鼻癌。

10）钴　钴对人体有致癌作用。鱼类和生物中毒的起始浓度为 0.5mg/L。

11）锰　锰中毒可引起头痛、关节痛、痉挛、哭泣、狂笑、神经混乱。当锰浓度为 0.1～0.5mg/L 时，对水的色、嗅、味有影响。

12）锑　对胃肠道黏膜和皮肤有刺激作用。同时，对神经系统和心脏也有损害。当锑浓度为 0.5mg/L 时，三价锑化物比五价锑化物毒性更大。

13）钒　钒化合物毒性很大，能引起血液循环、呼吸、神经和代谢方面的变化。超标服用后可引起鼻液带血、四肢麻痹、呼吸困难，以致死亡。

（6）有机物污染

有机物污染是指以天然形式存在的碳水化合物、蛋白质、氨基酸及脂肪形式存在的天然有机物和其他可以生物降解的人工合成的有机物的污染。由于有机物在生物分解过程中需消耗大量氧气，如果排入水体的有机物过多，超过了水体的自净能力（一般干净的水体溶解氧应在 8mg/L 左右），若水体的溶解氧长期处于 4mg/L 以下，鱼类就不能生存，当溶解氧基本消失时，有机物便转入厌氧生物分解，产生硫化氢和甲烷等有毒气体，水生物死亡，产生恶臭，影响环境。

（7）营养物质污染

向水体中排放的污水中，如果氮含量超过 0.2mg/L，磷含量超过 0.02mg/L，可使水体中藻类的水生植物大量繁殖，致使水体溶解氧降低。并且，在秋季这些藻类大量死亡时，会导致水体腐败，这种现象称为水体富营养化。目前，我国许多湖泊，如太湖、滇池富营养化问题已十分严重。

（8）热污染

各类工业设备和加工物料在生产过程的冷却过程中，会产生大量温度较高的污水，若排入水体，会造成热污染，使水体溶解氧降低，危害水生生物生长，甚至造成死亡。

6. 近几年我国废水排放情况

我国近年来废水排放情况见表1-3。

表1-3 我国近年来废水排放情况

年份	废水排放总量 /亿吨	生活污水排放量 /亿吨	生活污水排放占比/%	工业废水排放量 /亿吨	工业废水排放占比/%	COD排放量 /(10^4t/a)
2009	589.2	355.1	60.3	234.1	39.7	1277.5
2012	684.8	462.6	67.6	222.2	32.5	2423.7
2014	716.2	510.6	72.3	205.6	28.7	2294.6
2015	695.4	485.7	69.8	209.7	30.2	2223.5
2016	765	535.5(估)	70	229(估)	30	2000(估)

从表1-3可以看出，在2014年前我国废水排放量在逐年增加，COD的排放量也随之逐年增加。2014年以后，随着环保工作的力度加大，COD排放量也随之在减少。从表1-3中还可看出工业废水排放量约占全部废水量的1/3。因此，加强工业废水治理是一个相当重要的内容。特别应当指出的是我国广大农业和农村的乡镇企业，废水治理还十分薄弱。据报道，我国90%的农村尚无废水处理设备，乡镇企业的废水处理尚存在若干问题，更使得我国工业废水处理的任务任重而道远。

二、我国废水污染治理状况

我国废水处理发展历程如下。

1. 20世纪50～60年代

我国仅几个城市有近10座污水厂（还包括1921～1926年由外国人建设的3座），处理工艺也只有一级处理。处理量为每天几千立方米，最大的也仅有5万立方米。

2. 20世纪70～80年代

由于开始对环保工作重视，成立了国务院环保办公室，并于20世纪70年代末开始了天津纪庄子污水试验场的建设工作。当时一级处理流量为 $0.1m^3/s$，二级处理流量为 $0.025m^3/s$。经过试验后，于1984年正式运转，处理量为 $26×10^4m^3/d$。这也成为当时我国处理量较大的污水厂之一。

另一个较大的污水厂是北京高碑店污水厂。该厂在20世纪60年代建过一个简易污水处理厂，处理量为 $20×10^4～50×10^4m^3/d$，处理工艺只是一级处理。70年代由北京市政管理处、市环保所和建研院等单位开始废水处理小型试验研究。1976年进行了处理工艺的中间试验，处理量为200t/d。1983年向上级有关单位报计划任务书，1984年完成一期工程 $50×10^4m^3/d$ 的初步设计。1993年完成了一期工程建设，处理量为 $50×10^4t/d$。1999年进行了二期工程建设，处理量为 $100×10^4m^3/d$。

3. 现阶段

近年来，由于城市化进程的加快及对废水处理的重视，我国 2013～2016 年兴建的城市污水处理厂情况见表 1-4。

表 1-4 我国 2013～2016 年兴建的城市污水处理厂情况

年份	废水量 /(亿吨/年)	污水场数 /座	日处理能力 /(万吨/天)	日处理量比 上年提高/%	年处理率 /%
2016	401.7(估)	1808	132088	5.1	90.18
2015	410.3(估)	1736	12433		91.97
2014	716.2	1554	2881	7.1	90.18
2013	695.4	1504	2679		89.34

我国废水处理行业起步较晚，在改革开放后，随着城市化进程的加快，污水处理厂建设也随之加快，目前我国污水处理厂已达 1800 余座，但相比发达国家，如美国有 15000 余座污水厂，差距还是很大。

除了污水厂数量少外，废水处理技术也相对落后，废水回用及能耗指标尚较落后，废水处理仍是任重而道远。

4. 我国废水排放现状

我国有约 11 万个工业企业，每年要排放工业废水约 210 亿吨，并且还有每年增长的趋势。以 2009 年为例，工业废水排放量占全国废水排放总量的 40％，其中江苏最高，为 25.6 亿吨，其次为浙江、广东、山东、广西、福建、河南等地，最少的为西藏、海南、青海等地。2009 年平均达标率为 88.4％。主要的污染行业为造纸、纺织印染、化工、钢铁等行业。虽然近年来环保工作在不断加强，污染处理工作也有所进展，以 2015 年为例，COD 排放量为 2223.5 万吨，比 2014 年减少了 3.1％，比 2010 年减少了 12.9％，氨氮排放量为 229.9 万吨，比 2010 年减少了 13％，但工业废水治理任务仍相当繁重，个别地区仍存在着严重的问题，特别是广大农村的乡镇企业，尚存在着处理不达标及偷排等诸多问题，要想解决好污染问题，仍然是任重而道远。

三、我国废水污染治理存在的主要问题

（一）体制问题

众所周知，多年来我国的环保及污水治理体制是一个单一体制，即生态环境部领导下层各省（市）环保厅（局），再下属县（地）环保局的一条线单一领导体制，长期存在着环保及污水治理只有环保部门受理和解决的格局。但是环保及污水治理往往不是环保一个部门能解决了的或能解决好的。由于企业的经营中心是经济效益，特别改革开放以来某些部门强调的是以经济效益为中心，使得企业往往只注重经济效益而忽视环保及废水治理。因为废水治理只花钱无效益，特别是广大农村易受地方保护主义思想的影响，再加上污染企业敷衍和应付的态度，也是多年来乡镇企业污水治理不够理想的原因之一。

所以，要想真正搞好环保及污水治理工作，首先，在体制上应有所调整，突破环保单一体制，最近推行的河长制是一种新的尝试，建议成立各级由计委、工业办、法院、公安及环保等部门组成的环保委员会（局、处、科），各部门共同治理环境。同时，借鉴美国的经验，

制定严格的法律，发放排污许可证，并有监督和否决权，必要时可勒令企业停产。

环境保护部部长在 2016 年全国环境保护工作会议上的讲话中指出，十八届五中全会明确提出省以下环保机构要实行监测监督垂直管理，也是环保体制上的一次改革，相信随着环保体制的不断改革，我国的废水处理事业会不断发展。

（二）资金不足

关于污水处理投资，发达国家如日本、德国污水处理投资占国民经济总产值的 0.53%～0.88%，而我国只占 0.02%～0.03%。以 2010 年为例，我国增加了 6700 多万吨废水需处理，需投资 1300 多亿元，而实际投资不足 1100 亿元，许多应该建设的污水处理厂由于投资问题只能往后拖延。

关于运行费用，目前我国污水处理厂运行费用主要依靠排污收费，一般包括居民交排污费和企业交排污费。但多年来，由于有些地方排污费收费困难，致使污水厂不能很好地运行，有的需要国家财政补贴方能运转。

（三）技术落后

我国的废水处理技术，基本上是沿用欧美等发达国家的传统处理技术，如活性污泥法、SBR 法和氧化沟法。虽然在传统处理工艺基础上有所变形，但基本上无根本突破。再加上各种原因的影响，目前我国废水处理设施基本上处于 1/3 为运转不正常、1/3 基本闲置、只有 1/3 在正常运转的状态。就是运转的污水处理设施中也存在着能耗高、效率低、自控水平低、维修率高等问题。

从技术层面上讲，我国废水处理还存在着处理工艺一阵风现象，即只是对外国处理工艺照抄照搬。另外，在废水处理回用方面刚刚起步，在污泥的无害化处理及除臭和进口设备的使用维修等方面还处于落后的水平。

（四）管理方面

由于污水处理在我国起步较晚，专业人员的培养又相对较少，往往是新的污水处理厂建成后，再培训污水处理管理和操作人员。所以，往往管理和操作水平不够扎实。许多污水处理厂（站）都是边实践，边熟悉，边总结，边提高，这也是污水处理厂（站）效率低或很长时间运转不正常的原因之一。

前已述及的，日本在污水处理厂（站）管理上采用的托管制，在我国是否可行，这有待有关部门研究。另外，除了体制上的保证外，还有环保资金的支持，才能很好地解决这方面的问题。

第四节 ▶ 工程实践内容

本书所指的工程实践是指在各种工业废水的处理中，从方案规划、工程设计、设备采购、施工安装、调试和运行到竣工验收过程的实践活动。

第二章 ▶▶

废水处理常用技术

第一节 ▶ 废水处理技术概述

废水处理方法一般分为三大类，即物理法、化学法和生物化学法。

所谓物理法是指用物理手段对污水进行处理的方法。主要包括：调节、格栅、沉淀、过滤、气浮、反渗透、电渗析、气提等。一般物理法多作为废水处理的预处理手段，也称一级处理，它为后续的化学处理或生化处理做准备。

所谓化学法是指通过化学反应的手段处理污水的方法。一般包括混凝沉淀、中和、氧化还原、电解、萃取、吸附、离子交换等。有些情况下，化学法也可作为废水的最终处理手段。

所谓生物化学法是指污水在微生物（细菌）的作用下，将污水中的有机物降解成 CO_2 和 H_2O 的过程，又分为好氧处理和厌氧处理。好氧处理是指在有氧的状态下，通过好氧微生物对废水进行生物降解以达到无害的目的。厌氧处理是指在无氧状态下，由厌氧菌对废水进行分解的处理过程。

好氧处理一般分为三大类：第一类为活性污泥法及其变形系列，主要包括传统活性污泥法，其变形有 AB 法、A/O 法、A^2/O 法等；第二类为 SBR 法及其变形系列，主要包括 SBR 法、CASS 法、CAST 法、DAT-IAT 法、Unitank 法等；第三类为氧化沟法及其变形系列，主要包括卡鲁赛尔氧化沟、奥伯尔氧化沟和交替型氧化沟及一体化氧化沟等。

当前，关于工业废水处理工程，有的是利用物化法中某种工艺再加上化学法手段，使处理达到排放标准。有的是利用物化法中某种手段再加上生化法中的某种手段达到排放标准。这要根据产生工业废水的行业及污水性质来决定处理工艺组合。

除达到排放标准的要求外，随着环保事业要求的不断提高及水资源紧张的形势要求，处理后水质达到回用标准的要求也越来越迫切。因此，废水处理回用技术也提到日程。目前正准备上马的废水处理项目及老废水处理工程，都存着进行废水处理回用设计和改造的任务。

至于上述各种废水处理技术及回用技术在以后的章节予以详细论述。

第二节 ▶ 废水物理法处理技术

一、调节

1. 概述

通常情况下，工业废水处理工艺中，废水首先应进入调节池，其作用是均匀水质，调节进水流量和浓度，同时还可以起到部分处理效果的作用。

根据实际经验，调节一般可去除 COD 3%～5%。如果在调节池中加入曝气装置，COD 去除可更多些。同时对 BOD 的去除也有 3%～5% 的效率。

2. 调节池的形式

一般情况下，调节池可按以下 3 种形式进行设计。

（1）普通调节池

在没有特殊要求情况下，调节池可按照矩形形状进行设计，矩形调节池示意见图 2-1。

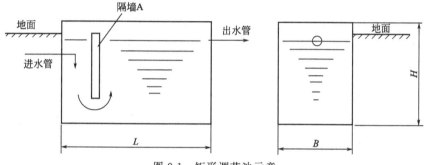

图 2-1　矩形调节池示意

一般情况下，池长 L 应为池宽 B 的 2～4 倍，池深 H 应为池宽的 1～1.5 倍。如果现场给出的条件是一方形场地，可将调节池做成方形，而中间加隔墙使之成为两个矩形池形式。方形调节池做法示意可见图 2-2。

调节池中隔墙 A 可做成底部与池底不相连，留出一缝隙以使污水通过，其缝隙高度一般为 0.2～0.5m（根据池大小决定），另外，也可做隔墙落底而隔墙本身做成花墙形式，花墙式调节池做法示意可见图 2-3。

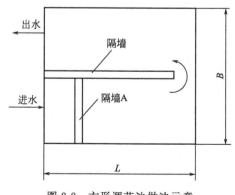

图 2-2　方形调节池做法示意

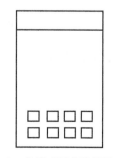

图 2-3　花墙式调节池做法示意

关于调节池的设计：调节池大小可按照停留时间设计。一般情况下，停留时间可选 4～8h（视污水性质及场地情况决定），如：污水流量为 $20m^3/h$，停留时间选 5h，调节池容积＝$20m^3/h×5h＝200m^3$。按长宽深比要求，可设计调节池尺寸为：$10m×4m×5m$（长×宽×深）。

在调节池设计中，还应考虑池底坡度及集泥（水）坑及上下爬梯等清理方法措施。

（2）具有隔油功能的调节池

有些小水量规模的，其中含有油分的工业污水的调节池设计，可将调节池设计成带除油功能的形式，具有隔油功能的调节池示意可见图 2-4。

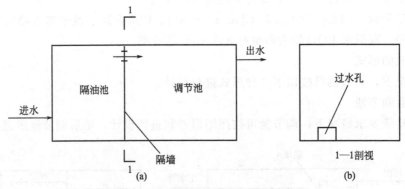

图 2-4　具有隔油功能的调节池示意

污水首先进入隔油池，浮油上升至液面后，由刮油装置将浮油收集排出。污水由隔墙底部的透水孔流至调节池予以调节。

隔油池大小设计按停留 1h 计，调节池设计同上。也可以在隔油池中加吸油装置，如斜板等，详见下述的除油池设计。

（3）具有曝气功能的调节池

为了提高调节池的预处理效率，在有生化处理工艺的条件下，可引用一部分空气至调节池，以增加对污水中的 BOD、COD 等的去除。具有曝气功能的调节池示意可见图 2-5。

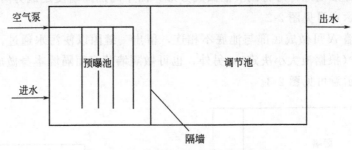

图 2-5　具有曝气功能的调节池示意

预曝气部分的大小可按停留 0.5～1h 计，空气量可按气水比 3～（6∶1）计。调节池计算同上。

二、格栅

1. 概述

格栅的作用是截留污水中的垃圾和杂物，以利于后续处理。通常格栅有碳钢制、不锈钢制和尼龙等工程塑料制三种。按格栅间隙可分为粗格栅、中格栅和细格栅三种。一般粗格栅的栅条间距为 50~150mm，中格栅的栅条间距为 10~50mm，细格栅的栅条间距为 5~10mm。一般工业废水处理用细格栅即可。

2. 格栅的主要参数

① 过栅流速一般采用 0.6~1m/s。

② 格栅前渠道内水流速一般采用 0.4~0.9m/s。

③ 格栅倾角一般采用 45°~75°。

④ 通过格栅的水头损失：粗格栅一般为 0.2m，细格栅一般为 0.3~0.4m。

⑤ 过渣量：当格栅间隙为 16~25mm 时，负荷可按 0.1~0.05m³ 栅渣/10³m³ 污水过滤；当栅间隙为 30~50mm 时，应按 0.03~0.01 栅渣/10³m³ 污水过滤。

3. 常用的机械格栅

（1）链条式格栅

见图 2-6。

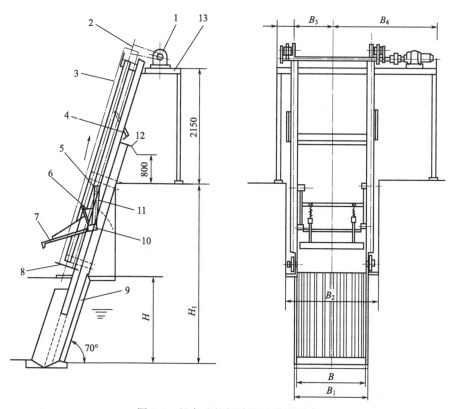

图 2-6　链条式格栅除污机外形示意

1—电机减速机；2—驱动链轮；3—主体用链条；4—刮渣板；5—主滚轮；
6—齿耙缓冲装置；7—齿耙；8—从动链轮；9—格栅；10—导轮；
11—导轮轨道；12—底板；13—平台

1）工作原理。格栅由栅体、栅条、栅耙和传动机构组成，且电动和传动机构在水面以上。通过电机和传动机构带动链条上的耙斗上下往返动作，将截留在栅条上的污物，通过排污斗排到机外。

2）特点。主要包括：

a.可做成不同栅条间距格栅，即粗格栅和细格栅；b.电机及机械设备在地面和水面之上，维修方面；c.链条传动稳定可靠。

（2）钢绳牵引式格栅

见图2-7。

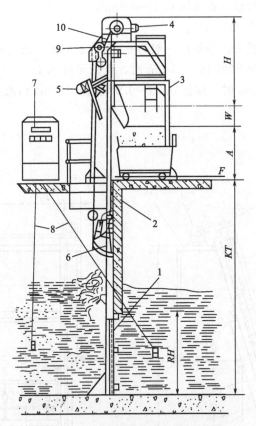

图 2-7　钢丝绳格栅除污机结构示意

1—栅箅；2—支架和导轨；3—顶部钢架和导轨；4—旋转轴承装置；

5—滑臂；6—清理耙；7—控制箱；8—液位差传感器；

9—旋转轴承开关机械；10—松线传感器和传动装置

注：具体尺寸由用户提供制作。

1）工作原理。该格栅由机架、耙斗、栅条与挡板、除污推杆、升降转鼓等组成。两根钢丝绳固定在耙斗两端内侧，一根固定于耙斗底中间，工作时钢索通过开合用的齿轮减速电机输出轴上双臂端部滑轮的十字扭转而改变钢索的行程长度，使三根钢索间产生差动，实现耙斗的张合。耙斗在上方时张开，到底部时合耙，将污物捞入耙中，行至排污口将污物排出。

2）特点。

a.由于钢索牵引力强，适用于清除粗大污物，适用于大型污水厂；

b.当池底垃圾过多时，可调整合耙位置，可分次将垃圾清除。

（3）回转式格栅规格型号

回转式格栅规格型号表见表2-1。

表 2-1 回转式格栅规格型号表（参考）

型号	FH300	FH400	FH500	FH600	FH700	FH800	FH900	FH1000	FH1100	FH1200	FH1400
安装角度/(°)	60,75	60,75	60,75	60,75	60,75	60,75	60,75	60,75	60,75	60,75	60,75
耙齿间隙/mm	1,3,5,6, 8,10,20	1,3,5,6, 8,10,20	1,3,5,6, 8,10,20	1,3,5,6, 8,10,20	1,3,5,6, 8,10,20	1,3,5,6, 8,10,20	1,3,5,6, 8,10,20	1,3,5,6, 8,10,20	1,3,5,6, 8,10,20	1,3,5,6, 8,10,20	1,3,5,6, 8,10,20
耙齿节距/mm	100	100	100	100	100	100	100	100	100	100	100
电动机功率/kW	0.75	0.75	0.75	0.75~1.1	0.75~1.1	0.75~1.1	0.75~1.1	0.75~1.1	1.1~2.2	1.1~2.2	1.1~2.2
运转速度/(m/min)	3.6	3.6	3.6	3.6	3.6	3.6	3.6	3.6	3.6	3.6	3.6
过水流量/(t/d)	9720	21600	27000	51840	60480	86400	97200	108000	118800	129600	151200
流体流速/(m/s)	≥0.3	≥0.5	≥0.5	≥0.8	≥0.8	≥1	≥1	≥1	≥1	≥1	≥1
有效带宽 K_1/mm	300	400	500	600	700	800	900	1000	1100	1200	1400
设备宽 K_2/mm	460	560	660	760	860	960	1060	1160	1260	1360	1560
设备总宽 K_3/mm	880	980	1080	1180	1280	1380	1480	1580	1700	1800	2000
排渣高度/mm	100	100	100	100	100	100	100	100	100	100	100
水槽宽度/mm	550	650	750	850	950	1050	1150	1250	1350	1450	1650
生产厂											江苏某设备厂

回转式格栅结构示意见图 2-8。

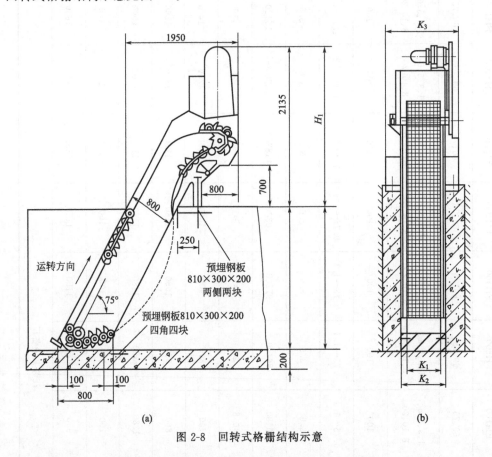

图 2-8　回转式格栅结构示意

1) 工作原理。将耙齿做成回转栅链，在电机和减速器的驱动下，按照逆水方向做回转运动，将垃圾等污物从底部提升至顶部，靠重力和清扫器排入机外。

2) 特点。

① 该格栅除可用碳钢和不锈钢制作外，还可用尼龙等强塑料制作，相对成本较低。

② 分离效率高，动力消耗小，噪声小，一般情况下不会产生堵塞。

③ 适宜做成中细格栅，因此在工业污水处理中广泛应用。

(4) 阶梯式格栅

JT 型阶梯式格栅除污机外形见图 2-9。

1) 工作原理。该格栅是由动栅片、静栅片和电机、减速器及偏心旋转机构组成。其作用原理是：偏心旋转机构作用下，动栅片与静栅片做相对运动，从而将垃圾等污物从底部转移至顶部，排除栅外。

2) 特点。

① 体积相对较小，能防止卡壳等难题，一般用细格栅。

② 可实现机械和电气过载保护及安全报警，易实现自控。

4. 格栅计算

格栅计算一般包括以下内容：

① 栅条宽度，栅条间隙。

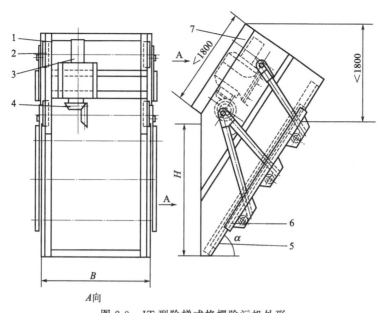

图 2-9　JT 型阶梯式格栅除污机外形

1—箱体；2—传动机构；3—减速机；4—锥齿轮；5—固定栅条；6—移动栅条；7—箱体盖

② 水力计算，包括通过格栅的水头损失。

③ 栅槽总长度和总高度。

④ 每日栅渣量。

格栅宽度和栅条间隙数按式(2-1) 和式(2-2) 计算：

$$B = S(n-1) + bn \tag{2-1}$$

$$n = \frac{Q_{max}\sqrt{\sin\alpha}}{bhv} \tag{2-2}$$

式中　S——栅条宽度，m；

　　　B——栅槽宽度，m；

　　　n——栅条间隙数，个；

　Q_{max}——最大设计流量，m^3/s；

　　　b——栅条间隔，m；

　　　α——格栅倾角，(°)；

　　　h——栅前水深，m；

　　　v——过栅流速，m/s。

通过格栅的水头损失按下式计算：

$$h_1 = h_0 K \tag{2-3}$$

$$h_0 = \varepsilon \frac{V^2}{2g}\sin\alpha \tag{2-4}$$

式中　h_1——设计水头损失，m；

　　　h_0——计算水头损失，m；

　　　g——重力加速度，m/s^2；

　　　K——系数，一般采用3；

ε——阻力系数，一般采用 0.64。

栅后槽总高度按式(2-5)计算：

$$H=h+h_1+h_2 \tag{2-5}$$

式中　H——栅后槽总高度，m；

　　　h_2——栅前渠道超高，m，一般采用 0.3m。

栅槽总长度按式(2-6)计算：

$$L=L_1+L_2+1+0.5+\frac{H_1}{\tan\alpha} \tag{2-6}$$

$$L_1=\frac{B-B_1}{2\tan\alpha_1} \tag{2-7}$$

$$L_2=\frac{L_1}{2} \tag{2-8}$$

$$H_1=h+h_2 \tag{2-9}$$

式中　L——栅槽总长度，m；

　　　L_1——进水渠道渐宽部分长度，m；

　　　B_1——进水渠宽，m；

　　　α_1——进水渠道渐宽部分展开角度，(°)，一般采用 20°；

　　　L_2——栅槽与出水渠道连接处的渐窄部分长度，m；

　　　H_1——栅前渠道深，m。

每日栅渣量按式(2-10)计算：

$$W=\frac{86400Q_{\max}\times W_1}{1000K_2} \tag{2-10}$$

式中　W——每日栅渣量，m^3/d；

　　　W_1——栅渣量，$m^3/10^3 m^3$ 污水（格栅间隙为 16～25mm 时，$W_1=0.1～0.05$）；格栅间隙为 30～50mm 时，$W_1=0.03～0.1$；

　　　K_2——生活污水流量总变化系数。

三、沉淀

1. 概述

(1) 沉淀法

沉淀法是在重力作用下，将重于水的悬浮物或轻于水的颗粒物在物化作用下从水中分离的一种污水处理工艺。

悬浮物或颗粒物在水中的沉淀可分为 4 种类型。

1) 自由沉淀。颗粒物在沉淀过程中互不干扰，即形状、尺寸及质量均不改变，沉淀速度也不改变，在工程实践应用中常用于初沉池、沉沙池等。

2) 絮凝沉淀。由于投加絮凝剂的作用，颗粒在沉淀过程中发生絮凝作用，以致形状、尺寸、质量及沉降速度发生变化。在工程中，生化处理后的二次沉淀池属此类沉淀。

3) 受阻沉淀。沉淀过程中，絮凝颗粒形成层状物，呈整体沉淀状态，并明显形成固-液界面。在工程中，常见于污泥浓缩池。

4) 压缩沉淀。沉淀过程中，最后的沉淀颗粒相聚于池底，互相挤压和支撑，并进一步继续缓慢沉淀，工程中常见于污泥干化场。

（2）沉淀速度

从水力学角度，颗粒在静水中的沉淀速度（u）是颗粒在水中的重力，等于水流对颗粒所产生的阻力的条件下形成的。而水流对颗粒的阻力，受雷诺数影响，即：阻力系数 CD 与雷诺数有关。

当雷诺数 $Re<2$ 时，$CD=24/Re$；

当雷诺数 $2 \leqslant Re \leqslant 500$ 时，$CD=\dfrac{18.5}{R^{0.6}}$；

当雷诺数 $Re>500$ 时，$CD=0.4$。

将上述 CD 值代入颗粒在静水中的沉淀公式，可得出

层流区：

$$u=\frac{1}{18}\frac{\rho_s-\rho}{\mu}gd^2 \tag{2-11}$$

即斯托克斯（Stokes）公式。

式中 ρ_s，ρ——颗粒和液体密度，g/m^3；

       μ——水的动力黏度；

       g——重力加速度，cm/s^2；

       d——与颗粒等体积的球体直径，cm。

过渡区（$2 \leqslant Re \leqslant 500$）：

$$u=\left(\frac{4g}{55.5}\frac{\rho^{0.6}}{\mu^{0.6}}\frac{\rho_s-\rho}{\rho}\right)^{\frac{10}{14}}d^{\frac{16}{14}} \tag{2-12}$$

即爱伦（Allen）公式。

式中符号意义同上。

紊流区（$Re>500$）：

$$u=\sqrt{3.3\left(\frac{\rho_s-\rho}{\rho}\right)gd} \tag{2-13}$$

即牛顿（Newton）公式，式中符号意义同上。

从上式中可以看出，颗粒沉淀速度与粒径、液体温度、密度等有关。虽然上式是理论推导公式，但对实际应用还是有一定的指导意义。

为防止公式计算出现的偏差，还可以通过沉降实验来决定沉淀性能。

沉淀实验一般可用一组（一般5～6个）试验管进行，实验时可根据不同沉淀时间和出水悬浮颗粒浓度或液面下降高度，分别予以记录，并做出沉淀时间与沉淀效率曲线和颗粒沉速与沉淀效率曲线，以分析确定沉淀池的有关参数。关于沉淀试验本书不做详述。

在实际工作中，关于沉淀池的设计已有现成的设计公式可供选用（见以下沉淀池设计部分）。

2. 沉淀池的种类

按水流方向，沉淀池可分为平流式沉淀池、竖流式沉淀池和辐流式沉淀池三种。另外，还有斜板（管）沉淀池。在辐流式沉淀池中又有中心进水和周边进水两种，各种形式简述如下。

（1）平流式沉淀池

平流式沉淀池-剖面图见图 2-10。

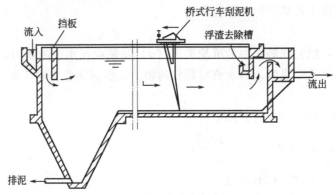

图 2-10 平流式沉淀池-剖面图

（2）竖流式沉淀池

① 普通竖流式沉淀池见图 2-11。

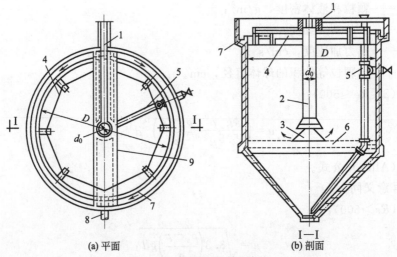

(a) 平面 （b) 剖面

图 2-11 普通竖流式沉淀池

1—进水槽；2—中心管；3—反射板；4—挡板；5—排泥管；6—缓冲层；7—集水槽；8—出水管；9—过桥

② 设有辐射式支渠的竖流式沉淀池见图 2-12。

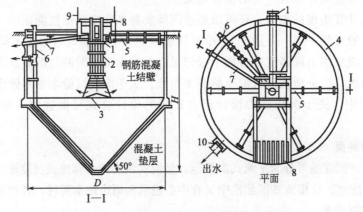

图 2-12 设有辐射式支渠的竖流式沉淀池

1—进水槽；2—中心管；3—反射板；4—集水槽；5—集水支架；6—排泥管；7—浮渣管；8—木盖板；9—挡板；10—闸板

（3）辐流式沉淀池

包括中心进水辐流式沉淀池和周边进水辐流式沉淀池，其中中央驱动辐流式沉淀池见图2-13。

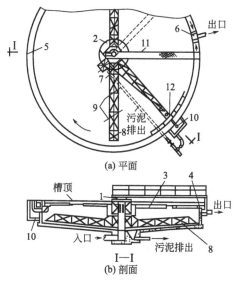

图 2-13 中央驱动辐流式沉淀池

1—驱动装置；2—竖流筒；3—撇渣挡板；4—堰板；5—周边出水槽；6—出水井；7—污泥斗；
8—刮泥板桁架；9—挂板；10—污泥井；11—固定桥；12—球阀式撇渣机构

（4）斜板（管）沉淀池

斜板（管）沉淀池见图2-14。

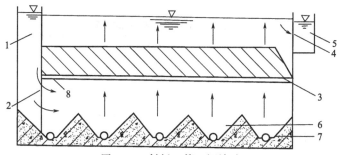

图 2-14 斜板（管）沉淀池

1—配水槽；2—穿孔墙；3—斜板或斜管；4—淹没孔口；5—集水槽；6—集泥斗；7—排泥管；8—阻流板

3. 各类沉淀池的优缺点及适用条件

各类沉淀池的优缺点及适用条件见表2-2。

表 2-2 各类沉淀池的优缺点及适用条件

池型	优点	缺点	适用场合
平流式	(1)沉淀效果好； (2)对冲击负荷和温度变化适应能力强； (3)处理流量大小不限； (4)施工方便造价较低	(1)池子配水不宜均匀； (2)采用多斗排泥时，每个集泥斗需单独设排泥管，操作工作量大，采用机械排泥时，设备机件浸于水中，易锈蚀	(1)适用于地下水位高及地质较差地区； (2)适用于大、中、小型污水处理厂及废水处理

池型	优点	缺点	适用场合
竖流式	(1)排泥方便,管理简单; (2)占地面积小	(1)池子深度大,施工困难; (2)对冲击负荷和温度变化适应性差; (3)池子直径不宜过大; (4)造价较高	适用于处理水量不大的废水处理厂(站)
辐流式	机械排泥定型化运行,管理简单	(1)机械排泥复杂,要求高; (2)施工质量要求高	(1)使用地下水位较高地区; (2)适用于大型污水厂
斜板(管)式	(1)水力负荷高; (2)占地少,节省基建投资	斜板(管)易堵塞	(1)适用于室内; (2)适用于中小型废水处理

4.沉淀池设计与计算

(1) 一般规定

1) 当废水为自流入池时,应按每期的最大设计流量计算。

2) 当废水为泵提升入池时,应按水泵的最大组合流量计算。

3) 池超高不应小于 0.3m。

4) 沉淀池缓冲层高度,一般采用 0.3~0.5m。

5) 污泥斗倾角,方斗不宜小于 60°,圆角不宜小于 55°。

6) 排泥管直径视处理量大小,一般不应小于 150~200mm。

7) 当采用重力排泥时,一般采用铸铁管,顶端敞口并伸出水面以便疏通。在水面以下 1.5~2m 处,由排泥管接出排出管,靠静水压力将污泥排出。

8) 当无实验资料时,沉淀池设计可参照表 2-3 选用。

表 2-3　沉淀池设计参数参照表

沉淀类型	沉淀时间 /h	表面负荷 /[m³/(m²·h)]	参考污泥量 /[g/(L·d)]
普通沉淀池	1~2	1~2.5	14~25
生化后二沉池	1.5~2	1~2	10~21

9) 池子的长宽比不应小于 4(以 4~5 为宜),长深比一般采用 8~12,池底坡度以 0.01~0.02 为宜。

10) 平流式沉淀池设计计算有三种方法,分为有实验资料和无实验资料时的设计计算方法。本书只介绍常用的在无实验资料时的设计计算方法,其余三种方法不做详述。

(2) 平流式沉淀池设计与计算

池子总表面积

$$A = \frac{Q_{max} \times 3600}{q'} \qquad (2-14)$$

式中　A——池子总表面积,m^2;

q——表面负荷,$m^3/(m^2 \cdot h)$;

Q_{max}——最大设计流量,m^3/s。

沉淀部分有效水深

$$h_2 = q't \qquad (2-15)$$

式中,t 为沉淀时间,一般采用 1.5~2.5h。

沉淀部分有效容积

$$V'=Q_{\max}t\times3600 \tag{2-16}$$

或
$$V'=Ah_2$$

池长
$$L'=Ut\times3.6 \tag{2-17}$$

式中 V'——沉淀部分有效容积，m^3；

U——最大设计流量时的水平流速（一般不大于 5mm/s），mm/s；

L'——池长，m。

池子总宽度
$$B=\frac{A}{L} \tag{2-18}$$

池子个数（或分格数）
$$n=\frac{B}{b} \tag{2-19}$$

污泥量
$$\Delta X=YQ(S_a-S_e)-K_dVX_V \tag{2-20}$$

式中 B——池子总宽度，m；

b——每个池子（或分格）宽度，m；

n——池子个数（或分格数），个；

Q——每日处理水量，m^3/d；

S_a，S_e——进出水 BOD，kg/m^3；

K_d——活性污泥自身氧化率（见表 2-4）；

Y——产率系数（见表 2-4）；

V——池有效容积，m^3；

X_V——挥发性悬浮固体，kg/m^3。

生活污水和部分工业废水 Y、K_d 值见表 2-4。

表 2-4 生活污水和部分工业废水 Y、K_d 值

项目	生活污水及相似废水	酿造废水	制药废水	造纸废水	合成纤维废水	含酚废水	亚硫酸浆粕废水
Y	0.5~0.6	0.93	0.77	0.76	0.38	0.53	0.55
K_d	0.05~0.1			0.016	0.1	0.13	0.13

（3）竖流式沉淀池设计与计算

中心管面积
$$f=\frac{Q_{\max}}{V_g} \tag{2-21}$$

中心管直径
$$D_g=\sqrt{\frac{4f}{\pi}} \tag{2-22}$$

中心管喇叭口与反射板直径的缝隙高度
$$h_3=\frac{Q_{\max}}{v_1\pi d_1} \tag{2-23}$$

沉淀部分有效断面积
$$F=\frac{Q_{\max}}{V} \tag{2-24}$$

沉淀池直径
$$D=\frac{\sqrt{4(F+f)}}{\pi} \tag{2-25}$$

沉淀部分有效水深
$$h_2=Vt\times3600 \tag{2-26}$$

沉淀部分所需总容积
$$V=\frac{SNT}{1000} \tag{2-27}$$

或
$$V = \frac{Q_{\max}(C_1 - C_2)T \times 36400 \times 100}{K_2 Y(100 - \rho_0)}$$

圆截锥部分容积
$$V_1 = \frac{\pi h s}{3}(R^2 + Rr + r^2) \tag{2-28}$$

沉淀池总高度
$$H = h_1 + h_2 + h_3 + h_4 + h_5 \tag{2-29}$$

式中　f——中心管面积，m^2；

$\quad D_g$——中心管直径，m；

$\quad F$——沉淀部分有效断面积，m^2；

$\quad D$——沉淀池直径，m；

$\quad R$——圆锥上部半径，m；

$\quad r$——圆锥下部半径，m；

$\quad H$——沉淀池总高度，m；

$Q_{\max}$——每池最大设计流量，m^3/s；

$\quad V_g$——中心管内流速，m/s；

$\quad V_1$——污水由中心管喇叭口与反射板之间缝隙留出速度，m/s；

$\quad d_1$——喇叭口直径，m；

$\quad V$——沉淀部分所需总容积，m^3；

$\quad t$——沉淀时间，h；

$\quad SN$——每日污泥量，L/d；

$\quad T$——每次清理污泥间隔时间，d；

C_1，C_2——进出水悬浮物浓度，t/m^3；

$\quad K_2$——流量变化系数；

$\quad Y$——污泥容重，t/m^3；

$\quad \rho_0$——污泥含水率，%；

$\quad h_1$——超高，m；

$\quad h_2$——沉淀池有效水深，m；

$\quad h_3$——中心管喇叭口与反射板直径的缝隙高度，m；

$\quad h_4$——缓冲高度，m；

$\quad h_5$——圆锥部分高度，m。

（4）辐流式沉淀池设计与计算

1）主要形式及一般规定。按进出水方式，辐流式沉淀池可分为中心进水周边出水（中进周出）、周边进水中心出水（周进中出）和周边进水周边出水（周进周出）三种形式。在工程实践中，中进周出和周进周出应用较多。特别应该说明的是由于周进周出形式的辐流式沉淀池具有较高的容积负荷及良好的水力循环状态，近年来受到广大水处理设计工作者和使用方的欢迎。

关于辐流式沉淀池设计的一般规定是：

a. 池子的直径与池深比一般采用 6~12，池底坡度一般采用 0.05。

b. 池径大于 20m 时，一般采用周边传动刮泥机。池径小于 20m 时，一般采用中心传动刮泥机。刮泥机速度一般为 1~3r/h。

c. 进水口处应考虑整流装置，以确保水流及水质的稳定均匀入池。

2）辐流式沉淀池设计计算公式。可参照上述竖流式沉淀池设计计算公式。

（5）斜板（管）沉淀池

1）概述。所谓斜板（管）沉淀池，是指利用浅层理论，在沉淀池中加入斜板或蜂窝斜管而大大提高沉淀效率的新型沉淀池，它的主要优点是：

a.由于利用了层流原理，水流在板间或管内流动具有较大湿周和较小的水力半径，雷诺数较低，对沉淀十分有利；b.大大增加了沉淀面积，也就提高了沉淀效率；c.缩短了颗粒沉降距离，也就缩短了沉淀时间。

2）一般规定。

① 斜板（管）沉淀池按水流流向可分为上向流、平向流和下向流三种。一般采用上向流（升流式异向流）形式，其设计表面负荷可比普通沉淀池提高一倍左右。

② 斜板垂直净距一般采用 80～100mm，斜管孔径一般采用 50～80mm。

③ 斜板（管）斜长一般为 1～1.2m，倾角一般为 60°。

④ 斜板（管）上部水深和底部缓冲层高度均可采用 0.5～1m。

⑤ 在池壁与斜板的间隙处应加装阻流板，以防水流短路。

⑥ 一般采用重力排污，每日排污至少 1～2 次。

⑦ 池内停留时间可按 0.5～1h 计。

3）设计公式可参照式(2-30)～式(2-38)。

池子水面面积

$$F = \frac{Q_{max}}{nq \times 0.91}　\qquad (2-30)$$

式中　F——池子水面面积，m^2；

　　Q_{max}——最大设计流量，m^3/h；

　　　n——池数，个；

　　　q——设计表面负荷，$m^3/(m^2 \cdot h)$（一般采用 4～6）；

　0.91——斜板区面积利用系数。

池子平面尺寸可见式(2-31)、式(2-32)：

a.圆形池直径，m；

$$D = \sqrt{\frac{4F}{\pi}}　\qquad (2-31)$$

b.方形池边长，m；

$$a = \sqrt{F}　\qquad (2-32)$$

池内停留时间　　　　$$t = \frac{(h_2 + h_3) \times 60}{q}　\qquad (2-33)$$

式中　D，a——圆形池直径和方形池边长，m；

　　　t——池内停留时间，min；

　　　h_2——斜板（管）区上部水深，m（0.5～1）；

　　　h_3——斜板（管）高度，m（0.866～1）。

污泥部分所需容积　　　　$$V = \frac{SNT}{n}　\qquad (2-34)$$

$$V = \frac{Q_{max}(C_1 - C_2) \times 24 \times 100 \times T}{K_2 \gamma (100 - \rho_0) n}　\qquad (2-35)$$

式中 V——污泥部分所需容积，m^3；

　　SN——每日污泥量，m^3/d；

　　T——污泥室储泥周期，d；

C_1，C_2——进出水悬浮物浓度，t/d；

　　K_2——污泥量变化系数（1.2～2.3，一般取1.5）；

　　γ——污泥容量，t/m^3（约为1）；

　　ρ_0——污泥含水率，%。

污泥斗容积

① 圆锥体

$$V_1 = \frac{\pi h_5}{3}(R^2 + Rr + r^2) \tag{2-36}$$

② 方椎体

$$V_1 = \frac{h_5}{6}(2a^2 + 2aa_1 + 2a_1^2) \tag{2-37}$$

式中 h_5——污泥斗高度，m；

　　a——污泥斗上部边长，m；

　　R——污泥斗上部半径，m；

　　r——污泥斗下部半径，m；

　　V_1——污泥斗容积，m^3；

　　a_1——污泥斗下部边长，m。

沉淀池高度　　　　$H = h_1 + h_2 + h_3 + h_4 + h_5$ $\tag{2-38}$

式中 H——沉淀池高度，m；

　　h_1——超高，m；

　　h_2——斜板（管）区以上水深，m；

　　h_3——斜板（管）高度，m；

　　h_4——斜板（管）区底部缓冲层高度，一般采用0；

　　h_5——污泥斗高度，m。

四、过滤

1.概述

（1）过滤处理

所谓过滤处理是指用坚硬的滤料（如石英砂）层将废水中悬浮杂质截留的废水处理方法。一般用于混凝沉淀或生化处理后的进一步净化处理，以及废水深度处理。

（2）过滤池功能

过滤池的主要功能为：①可去除经物化处理或生化处理后未能去除的残留悬浮物及絮凝体；②有去除残留的浊度、BOD、COD、磷、重金属、细菌病毒等物质的作用；③为后续深度处理如活性炭处理减轻负担。

（3）滤料的选择

滤料的种类、性质、形状及级配是决定过滤效果的重要因素，而滤料种类的选择就成为首要的问题。滤料应具有足够的机械强度和化学稳定性，并应有合适的密度和孔隙率，同时，还应有较高的比表面积。

当前作为滤料的主要有石英砂、无烟煤、矿石粒以及人工生产的陶粒、瓷粒、纤维球、塑料颗粒、聚乙烯泡沫等。但应用最广泛的是石英砂和无烟煤滤料。

（4）滤池的类型

滤池按滤速可分为慢滤池、快滤池和高速滤池；按水流向可分为下向流、上向流、横向流等；按滤料可分为砂滤池、煤-砂双层滤池、三层滤池、陶粒滤池、纤维球滤池等；按驱动能力可分为重力式滤池和压力式滤池；按使用阀门情况可分为无阀滤池、虹吸滤池、单阀滤池和多阀滤池等。其中无阀滤池、虹吸滤池、单多阀滤池多用于给水工程，而在废水处理工程中，多采用压力式滤池和快滤池。因此本书将着重对快滤池和压力式滤池予以介绍。另外，对用于废水处理的新型滤池也一并予以介绍。

2. 快滤池

普通快滤池结构形式见图 2-15。

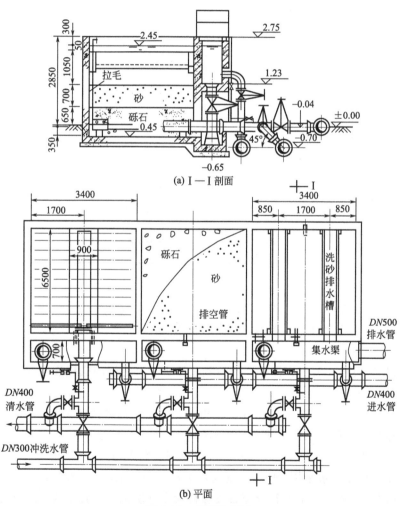

(a) Ⅰ—Ⅰ 剖面

(b) 平面

图 2-15　普通快滤池

快滤池的一般规定及设计公式如下。

1）单层砂滤料的正常滤速一般采用 8～10m/h。

2）滤池面积（F）。

$$F = \frac{Q}{VT} \tag{2-39}$$

$$T = T_0 - t_0 - t_1 \tag{2-40}$$

式中　F——滤池面积，m^2；

　　　Q——设计水量，m^3/d；

　　　V——设计滤速，m/h；

　　　T——每日实例工作时间，h；

　　　T_0——滤池每日工作时间，h；

　　　t_0——滤池每日冲洗后，停留和排放初滤水时间，h（一般采用 0.5～0.67）；

　　　t_1——每日冲洗和操作时间，h。

3）滤池个数。

考虑事故备用，一般可采用 2 个，具体采用个数可参考表 2-5。

表 2-5　快滤池个数选用表

滤池总面积/m^2	滤池个数/个	滤池总面积/m^2	滤池个数/个
<30	2	150	4～6
30～50	3	200	5～6
100	3 或 4	300	6～8

4）滤池长宽比可参照表 2-6。

表 2-6　滤池长宽比参照表

单个滤池总面积/m^2	长∶宽	单个滤池总面积/m^2	长∶宽
≤30	1.5∶1～2∶1	当采用螺旋式表面冲洗时	3∶1～4∶1
>30	2∶1～4∶1		

5）滤池布置。

a. 当滤池数小于 5 个时，宜采用单行排列，反之可双行排列；

b. 当滤池数大于 5 个时，可考虑设置中央积水渠。

6）滤料。

a. 一般采用石英砂、河砂、海砂，应达到杂质少、有足够的机械强度并有适当的孔隙率的要求（40% 左右）。

b. 一般砂滤料粒径应在 0.5～1.2mm 范围内，且不均匀系数应≤2。

7）滤层厚度，一般要求不能小于 700mm。

8）滤层上面水深一般采用 1.5～2m，滤池超高一般采用 0.3m。

9）滤层工作周期一般采用 24h，冲洗前水头损失一般采用 2～2.5m。

10）承托层：承托层可用卵石或碎石按颗粒大小分层铺成。其组成和厚度见表 2-7。

表 2-7　快滤池承托层组成和厚度表

层次（自上而下）	粒径/mm	厚度/mm
1	2～4	100

续表

层次（自上而下）	粒径/mm	厚度/mm
2	4～8	100
3	8～16	100
4	16～32	本层顶面高度应高出配水系统孔眼100mm以上

11) 冲洗强度：单层滤料一般可按 12～15L/（s·m²）考虑，冲洗时间 5～7min；双层滤料一般可按 13～16L/（s·m²）考虑，冲洗时间 6～8min。

12) 配水系统：普通快滤池配水系统一般采用管式大阻力系统，配水孔眼总面积一般占滤池面积的 0.2%～0.28%。

a. 干管始端流速和支管始端流速分别为 1～1.5m/s 和 5～6m/s。

b. 支管中心距约为 0.25～0.3m，支管长度与直径比不应大于 60。

c. 孔眼直径约为 9～12mm，设于支管两侧，与垂线呈 45°角向下交错排列。

d. 干管横截面与支管总横截面之比应大于 1.75～2，干管直径若大于 300mm 时，顶部应装滤头。

13) 水头损失计算

a. 大阻力配水系统，水头损失可按式（2-41）计算

$$h_2 = \frac{1}{2g}\left(\frac{q}{10uk}\right)^2 \tag{2-41}$$

式中　h_2——平均水头损失，m；

q——冲洗强度，L/（s·m²）；

k——孔眼总面积与滤池面积之比（采用 0.2%～0.28%）；

u——流量系数，一般为 0.65。

b. 砾石支撑层水头损失可按式（2-42）计算

$$h_3 = 0.022H_1q \tag{2-42}$$

式中　h_3——砾石支撑层水头损失，m；

H_1——支撑层高度，m；

q——冲洗强度，L/（s·m²）。

c. 滤料层水头损失可按式（2-43）计算

$$h_4 = \left(\frac{r_1}{r}-1\right)(1-m_0)H_2 \tag{2-43}$$

式中　h_4——滤料层水头损失，m；

r_1——滤料相对密度（石英砂为 2.65）；

r——水相对密度；

m_0——滤料膨胀前孔隙率（石英砂 0.41）；

H_2——滤料层高度，m。

d. 滤池高度可按式（2-44）计算

$$H = H_1 + H_2 + H_3 + H_4 \tag{2-44}$$

式中　H——滤池高度，m；

H_1——支撑层高度，m；

H_2——滤料层高度，m；

H_3——砂面上水深，m；

H_4——保护高度，m。

3. 压力滤池（罐）

压力滤池（罐）构造示意见图 2-16。

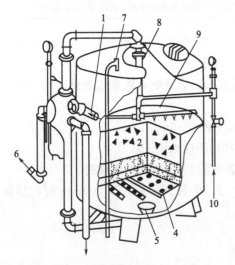

图 2-16　压力滤池（罐）构造示意
1—进水管；2—无烟煤滤层；3—砂滤层；
4—滤头；5—下部配水盘；6—出水口；
7—排气管；8—上部配水盘；9—旋转式
表面冲洗装置；10—表面冲洗高压水进口

（1）概念

1）压力滤池（罐）通常做成密封式圆柱形钢罐（或高强塑料罐）。一般采用上部进水下部出水形式。罐内滤层由承托层（一般为砾石或碎石）和石英砂或石英砂与煤层组成。由于水通过压力过罐，因此，滤层相对可做的较厚。

2）由于废水中悬浮物含量较高，过滤时水头损失增加较快，因此，设计时应按高水头损失考虑。

3）压力滤池（罐）的反冲洗：水量较小采用一个罐时，可按进清水或过滤罐出水进行反冲洗。水量较大时，需设计成多个进行处理时，某一罐需冲洗时，可考虑用其余罐的出水汇集在一起予以冲洗。

4）常用滤料有石英砂（密度为 $2.65g/cm^3$）、磺化煤（密度 $1.4\sim1.7g/cm^3$）、石榴石（密度 $3.6\sim4.2g/cm^3$）、钛铁矿（密度 $4.2\sim4.6g/cm^3$），并常以磺化煤和石英砂做成双层滤料，以石英砂、磺化煤和石榴石或钛铁矿做成三层滤料。

石榴石是几种不同的矿物质的总称，是由铁、铝和钙的硅酸盐混合物组成的。钛铁矿是一种铁钛矿石，它与赤铁矿和磁铁矿有关，都是铁的氧化物。

5）滤料大小分布是以不均匀系数（uc）表示，在我国 uc 是指 d_{80} 与 d_{10} 的比值（美国等国家以 d_{60} 与 d_{10} 的比值表示）。uc 值一般要求在 1.5～2，并应将 d_{10} 值的误差控制在 ±10% 以内。

（2）设计公式

1）滤池半径（r，以圆柱形钢池为例）

$$r=\sqrt{\frac{F}{\pi}} \tag{2-45}$$

式中　r——滤池半径，m；

F——$F=\dfrac{处理量（m^3/h）}{滤速（m/h）}$，$m^2$。

2）处理水量 Q

$$Q=\pi r^2 \times 滤速,m^3/h；r=\sqrt{\frac{Q}{滤速\times\pi}},m \tag{2-46}$$

3）滤速。

a. 对于直流过滤，把混凝剂直接加到过滤器的进水管的过滤方式，滤速为 6～8m/h；

b. 当压力滤器中只有单层滤料时，滤速一般为 8～12m/h，双层滤料时为 12～16m/h，三层滤料时为 25～30m/h。

4）水头损失。应大于 0.294（0.3）kg/cm^2。

5）运行周期。一般不低于 6～8h，最高 48h。

6）反冲洗强度一般为 10～18L/(s·m^2)，可参照快滤池反冲洗强度，参照表见表 2-8。

表 2-8　快滤池反冲洗强度参照表

过滤器形式	滤料			反冲洗强度 /[L/(s·m^2)]
	种类	级配 ϕ/mm	层高/mg	
单层滤料	石英砂	0.5～1.2	1200	15～18
	无烟煤	0.5～1.2	1200	10～12
双层滤料	石英砂	0.5～1.2	800	13～16
	无烟煤	0.8～1.6	400	13～16

设计时可参照压力滤池（罐）生产厂家提供的设备参数，如表 2-9 所示的江苏某厂压力滤池（罐）设备参数。

表 2-9　江苏某厂压力滤池（罐）设备参数

型号	规格 ϕ/mm	产水量 /(m^3/h)	总高 /mm	滤速 /(m/h)	压力 /MPa	进管 /mm	出管 /mm
Y-1200	1200	10	2918			80	80
1600	1600	20	3018	10	0.45	100	100
2000	2000	30	3174			100	100
2400	2400	45	3378			150	150

反冲洗流量/[L/(s·m)]		水头损失/m				
		过滤系统		白煤	黄沙滤料	
双层滤料	单层滤料	双层滤料	单层滤料	滤料	双层滤料	单层滤料
20.3	17	1.36	0.94	0.56	0.64	0.81
36.4	30.3	1.3	0.9	0.56	0.64	0.81
56.6	47.2	1.3	0.91	0.56	0.64	0.81
81.3	67.8	1.24	0.9	0.56	0.64	0.81

4. 新型滤池

近些年来，国内外都在积极开发新型的过滤装置，归纳起来主要是在以下方向进行研发。

（1）多介质及多介质层滤池开发

多介质研发是指用各种过滤介质进行过滤实验及工程应用。所谓多介质主要包括纤维、核桃壳、硅藻土及陶瓷等。目前已有高效纤维过滤器、硅藻土过滤器等用于电厂和含油废水处理工程实践中。

所谓多层介质过滤是指在同一个过滤器中，用两种以上过滤介质进行过滤的实验及工程应用。如：已有上部为陶瓷或塑料，下部为石英砂，第三层为磁铁矿及无烟煤、石英砂等多层滤料滤池。

（2）高滤速过滤

国内某高校对高速滤池课题进行了研究，其主要内容是用石英砂和彗星纤维滤料组合进行了高滤速滤池试验，同时还进行了试验中投加混凝剂试验，试验结果表明，这种组合的滤料最高过滤速度范围为 15～20m/h，为普通砂滤滤速的 2 倍，最佳滤速为 18m/h；是否能应用于工程实践有待进一步考察。

（3）滤池自动清洗

滤池自动清洗问题是滤池设计乃至提高滤池档次的课题。据报道国外已有自动冲洗滤池，国内也已开始自动冲洗滤池的研制和生产。

所谓自动冲洗滤池，其原理主要是：滤池所使用的不锈钢滤网，当连续过滤到一定时间时，由于悬浮颗粒对滤网的逐渐堵塞形成了压差，然后靠液压阀的开启和活塞动作实现冲洗和过滤的转换。

（4）生物活性砂过滤

国外有资料报道，一种将生化处理和过滤相结合的新型滤池已投入运行。其主要原理是某种特殊的砂滤料经生化处理培养其表面生成生物膜，在对废水生化处理的同时，一并进行过滤处理，既可节约占地还可节省投资。

5. 高效纤维过滤罐

（1）简介

由飞特天源集团公司开发的高效纤维过滤罐是一种先进的压力式纤维过滤器。它采用了一种新型的束状填料——纤维作为过滤器的滤元，其滤料直径可达几十微米甚至几微米，并具有比表面积大、过滤阻力小等优点，解决了粒状滤料的过滤精度受粒径限制等问题。由于微小的滤料直径极大地增加了滤料的比表面积，以致增加了水中杂质与滤料的接触机会和吸附能力，从而提高了过滤效率和截污容量。高效纤维过滤罐外形见图 2-17。

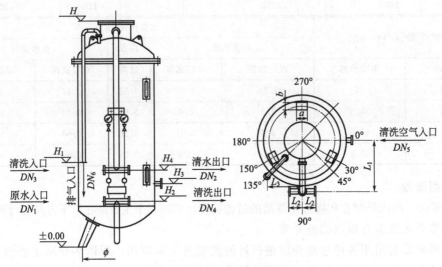

图 2-17 高效纤维过滤罐外形

其主要过滤原理是：滤器上端设有可改变纤维密度的调节装置设备，运行时，水从上至下通过滤层，纤维被加压，密度逐渐加大，相应滤层孔隙逐渐减小，实现深层过滤。需清洗时，调节装置使纤维处于放松状态，清水从下至上通过滤层，完成清洗。

（2）主要特点

1）过滤精度高。水中悬浮物去除率可接近 100%，经良好混凝处理的天然水，浊度为20FTU 时，过滤出水浊度能控制在 0 度。

2）过滤速度快。一般为 30m/h，是传统过滤器的 2～4 倍。

3）占地面积小。制取相同水量，占地仅为传统过滤器的 1/3～1/2。

4）截污容量大。一般为 5～10kg/m³，是传统过滤器的 2～4 倍。

5）吨水造价低。吨水造价低于传统过滤器。

6）自耗水量低。仅为周期制水量的 1%～3%，一般情况下可用原水进行反洗。

7）不需更换滤元，滤元污染后清洗方便。该过滤器曾获国家发明奖，首届中国科学技术博览会金奖，并获中国、美国、德国、法国、英国、芬兰、意大利、日本等国专利。

该过滤器可应用于电力、石油化工、冶金、食品、饮料、自来水、游泳池等。目前在电厂应用较多，并获得用户好评。

五、气浮

1. 概述

气浮的主要原理是：通过制空气设备向废水中注入空气，并通过专用的溶气释放器，在废水中产生微小气泡。这些微小气泡黏附在杂质颗粒上，使其形成相对密度小于 1 的浮体，上浮至水面，再由除渣装置将其清出体外，达到净水的目的。

气泡之所以会黏附在颗粒物质上，是由于液体的表面张力和表面能理论决定的。而带气泡颗粒的上浮速度与斯托克斯公式是相符的：$u = \dfrac{g(\rho_s - \rho)}{18\mu} d^2$。

从上式可以看出，上升速度取决于颗粒密度（d）、密度（ρ_s）以及液体密度（ρ）和黏滞度（μ），而黏附了气泡的颗粒密度远远小于水的密度，这就是上浮速度比混凝沉淀速度要快得多的原因。

常规的气浮工艺流程示意见图 2-18。

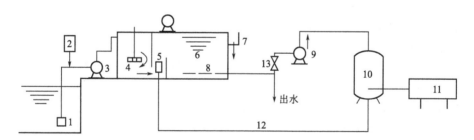

图 2-18 气浮工艺流程示意

1—取水口；2—混凝剂投加设备；3—污水泵；4—反应池；5—气浮接触部分；
6—气浮池；7—排渣槽；8—集水管；9—溶气泵；10—溶气罐；
11—空压机；12—溶气管；13—阀门

2. 气浮种类

气浮法可分为布气气浮法、电气浮法、化学和生物气浮法和溶气气浮法几种。

（1）布气气浮法

所谓布气气浮法是指利用机械剪切力，将空气粉碎成微小气泡，分散在废水中，将污染去除的方法。代表的方法有：射流气浮、负压气浮、叶轮及扩散板气浮及涡凹气浮等。

（2）电气浮

所谓电气浮也叫电解凝聚气浮，是指利用在水中设置的正负电极，通电后产生的小气泡使废水中污物上浮的方法。

（3）化学及生物气浮法

所谓化学及生物气浮法是指向废水中投加化学药剂，产生絮凝作用，或利用生物生化反应所产生的气体产生气浮作用的方法。

（4）溶气气浮法

所谓溶气气浮法是指空压机等空气源经压缩后通过释放器释放出微小气泡，在废水中发生气浮作用的方法。有时还可同时投加混凝剂，以使气浮效果更佳。其主要的形式有平流式气浮系统、竖流式气浮系统以及浅层气浮系统等。

当前，在工业废水处理中应用最多的气浮装置是平流式气浮系统和浅层气浮系统。所谓浅层气浮系统是指：溶气水及药液一起进入进水管与之混合，再经布水管均匀地布水在气浮池内，布水管移动速度与出水速度相同，而方向相反，由此产生了零速度，使进水扰动降至最低，以使絮体静态下沉降。同时，排泥装置与主机行走机构也是同步移动，边旋转边移动，并通过中央排泥管将泥排出机外，清水经过收集管排走。由于浅层气浮具有有效水深浅（只 400～500mm），池内水力停留时间短（只 3～5min），表面负荷高 ［可达 6～10m³/（m²·h）］，占地小、安装维修费用低，净化效率高等特点，目前该种气浮已广泛应用在造纸、印染等工业废水处理中。

3. 气浮系统设计

（1）一般规定

1）气浮系统溶气压力通常采用 2～4kgf/cm²（1kgf/cm²＝98.0665kPa），回流比采取 5%～10%。

2）反应池停留时间一般为 10～15min。

3）进入气浮池的流速易控制在 0.1m/s 以下。

4）流速一般采用 1.5～2.5mm/s。

5）气浮池有效水深一般为 2～2.5m，单格宽不应超过 10m，池长不宜长于 15m，停留时间一般为 10～20min。

6）刮渣机的移动速度应控制在 5m/min 以内。

（2）气浮系统设计计算公式

气浮所需空气量 $$Q_g = QR'a_e\phi \qquad (2\text{-}47)$$

式中　ϕ——水温校正系数，1.1～1.3；

　　Q_g——气浮所需最大空气量，L/m；

　　Q——气浮设计水量，m³/h；

　　R'——采用的回流比，%；

　　a_e——采用的释气量，L/m³。

空气所需额定量 $$Q_g' = \phi'\frac{Q_g}{60 \times 1000} \qquad (2\text{-}48)$$

式中　Q_g'——空压机额定气量，m³/m；

　　ϕ'——安全与空压机效率系数（一般取 1.2～1.5）。

需加压溶气的水量

$$Q_P = \frac{Q_g}{736 y p k_T}$$

(2-49)

式中　Q_P——加压回流溶气水量，m^3/h；

　　　y——溶气效率，%，一般为80%～98%（水温低时取低值）；

　　　p——设计中采用的压力，kgf/cm^2；

　　　k_T——溶解度系数，见表2-10。

表 2-10　溶解度系数表

温度/℃	0	10	20	30	40
k_T	3.77×10^{-2}	2.95×10^{-2}	2.43×10^{-2}	2.06×10^{-2}	1.79×10^{-2}

接触室平面面积（A_c）

$$A_c = \frac{Q + Q_p}{3600 V_0}$$

(2-50)

式中　A_c——接触室平面面积，m^2；

　　　V_0——接触室水流上升平均速度，m/s。

分离室平面面积（A_S）

$$A_S = \frac{Q + Q_P}{3600 V_S}$$

(2-51)

式中　A_S——分离室面积，m^2；

　　　V_S——分离室水流向下平均速度，m/s。

水深（H）

$$H = \frac{V'_S t}{1000}$$

(2-52)

式中　V'_S——分离室向下平均流速，mm/s；

　　　H——池深，m；

　　　t——气浮池分离室停留时间，s。

六、反渗透

1. 概述

（1）反渗透原理

反渗透法是一种利用膜分离处理废水的新技术。主要原理是废水在这种半透膜的一边，在压力的作用下，水分子被压到膜的另一边，而溶质被留在膜的这一边，从而达到净化废水的目的。

（2）反渗透膜的种类和要求

1）工业水处理采用的膜分离技术主要有反渗透（RO）、超过滤（UF）和电渗析（ED）三种，以反渗透的应用最为广泛。

反渗透膜按其化学组成不同可分为纤维素酯类膜和非纤维素酯类膜两大类。其中，纤维素膜有：醋酸纤维素膜、三醋酸纤维素膜、醋酸纤维素复合膜及中空纤维膜等。非纤维膜有芳香族聚酰胺膜、聚苯并唑酮（PBLL）膜和PEC-100复合膜、NS-100复合膜等。

2）对反渗透膜的要求。反渗透膜的功能主要是要有较高的透水速度和脱盐性能，因此，应要求具有下列性能：

a.单位膜面积的透水速度快，脱盐率高。

b.机械强度好，压密实作用小。

c.化学稳定性好,能耐酸碱和微生物的侵袭。

d.使用寿命长,性能衰减小。

醋酸纤维素膜虽然是最先发展起来的反渗透膜,但由于它易发生水解,降低乙酰基的含量,使膜易受损害和受到生物侵袭,因此,近年来,聚酰胺复合膜已逐渐被广泛采用。

用于净水处理的典型膜滤法见表2-11。

表 2-11　用于净水处理的典型膜滤法

项目	微滤	超滤	纳滤	反渗透
膜孔径	0.02～1μm	5～20nm	2～5nm	≤2nm
纯水透过流速 /[L/(m² · h)]	500～10000	100～2000	20～200	10～100
膜构造	均质、非对称	非对称	非对称、复合	非对称、复合
制法	相转化法、延伸法、烧结法	相转化法、烧结法	相转化法（表面处理）	相转化法（表面处理）
膜材料	CA、PC、PE、PTFE、CE、PVDF	C、CA、PA、PS、PAN、PES、PVA、CE	CA、PA	CA、PA
膜件	平板型、管型、旋管型、卷型、中空纤维型			
处理对象	微粒、细菌、病毒、藻类等	微粒、细菌、病毒、藻类、腐殖酸等	微粒、细菌、病毒、藻类、腐殖酸、烯酸、氨氮、无机盐消毒副产物等	微粒、细菌、病毒、藻类、腐殖酸、烯酸、氨氮、无机盐消毒副产物等
过滤压力 /kPa	20～200	50～500	500～3000	2000～10000
运转能 /(kW · h/m³)	0.03～0.3	0.05～0.5	0.5～3	1～7
	水回收率为90％时,膜处理过程膜件耗电量			

注:C为再生纤维素;CA为醋酸纤维素;CE为陶瓷;PA为聚酰胺;PAN为聚丙烯腈;PC为聚碳酸酯;PE为聚乙烯;PES为聚醚砜;PVA为聚乙烯醇;PS为聚砜;PTFE为聚四氟乙烯;PVDF为聚氟乙烯。

2.反渗透膜件的形式及处理流程组合

(1) 反渗透膜件的形式

反渗透膜件一般有板式、管式、螺旋卷式和中空纤维式四种。

所谓板式是指在微孔承压板两侧设置渗透膜,然后将压过滤板和渗透膜的水排出膜体外。

所谓管式是指在多孔耐压支撑管内(或外)安置渗透膜,废水经管内(或外)压滤至膜体外。

所谓螺旋卷式是指将两层渗透膜间加一透水垫层,并将之围绕中心的集水管绕卷的渗透膜件。

所谓中空纤维式是指将无须支撑的渗透膜(一般内径42～50μm,外径84～90μm)多支做成"U"形装入耐压容器中,并将一端用环氧树脂封灌,另一端将管内水引至膜体外。

(2) 处理流程组合

在膜处理工艺中可采用多种组合方式来满足不同原水的技术要求,一般组合有一级一段、一级多段、二级一段和二级多段形式。其膜处理(反渗透)工艺流程见图2-19。

3.反渗透设计

(1) 设计步骤

1) 根据水质、水量确定回收率,脱盐率。

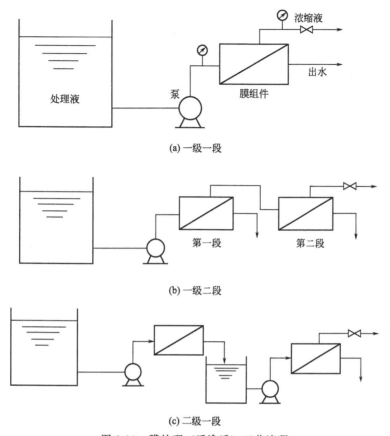

图 2-19　膜处理（反渗透）工艺流程

2）选择膜类型。

3）设计膜数量（将期望处理能力除以设计通量和单个膜面积，求出总膜数，再除以单根膜壳填装膜数，取整数）。

4）选择确定适当的排列方式，求得期望回收率，必要时增加组件数。

5）选择高压泵及安装位置。

6）选择管材。

7）选择与水接触的就地仪表和探测敏感元件。

8）确定集中控制盘和就地控制内容。

9）合理选择阀门（如球阀、针形阀、截止阀等）。

10）确定高压给水泵启动方式。

（2）主要设计公式

1）脱盐率。脱盐率受温度、离子种类、回收率、膜种类等因素影响，其设计公式为：

$$系统脱盐率 = \frac{进水含盐量(mg/L) - 出水含盐量(mg/L)}{进水含盐量(mg/L)} \times 100\%$$

近似计算：

$$系统脱盐率 = \frac{进水电导率 - 出水电导率}{进水电导率} \times 100\%$$

2）

$$透水率[L/(m^2 \cdot h)] = \frac{单位时间渗透水量(L/h)}{单位膜面积(m^2)}$$

3)

$$回收水率 = \frac{渗透出水量（L）}{进水量（L）} \times 100\%$$

（3）反渗透设计参数

反渗透设计参数见表 2-12。

表 2-12　反渗透设计参数

原水水源		RO 产水	地下水	地表水	深井海水	表面海水	三级废水
进水水质指标	推荐最大 SDI	1	2	4	3	4	4
	浊度/NTU	0.1	0.2	0.4	0.3	0.4	0.4
	TOC/(mg/L)	1	3	5	3	3	10
	BOD(粗估算：TOC×2.6)/(mg/L)	3	8	13	8	8	26
	COD(粗估算：TOC×3.6)/(mg/L)	4	8	18	11	11	36
系统平均通量/(GFD/LHM)		23/39.1	18/30.6	12/20.4	10/17	8.5/14.45	10/17
前端膜元件通量/(GFD/LHM)		30/51	27/45.9	18/30.6	24/40.8	20/34	15/25.5
通量衰减率/年		5	7	7	7	7	15
透盐率增加率/年		5	10	10	10	10	10
Beta 值(单只膜元件)		1.4	1.2	1.2	1.2	1.2	1.2
进水流量(单只压力容器最大值,4″)/[GPM/(m³/h)]		16/3.6	16/3.6	16/3.6	16/3.6	16/3.6	16/3.6
进水流量(单只压力容器最大值,8″)/[GPM/(m³/h)]		75/17	75/17	75/17	75/17	75/17	75/17
浓水流量(单只压力容器最大值,4″)/[GPM/(m³/h)]		2/0.5	3/0.7	3/0.7	3/0.7	3/0.7	3/0.7
浓水流量(单只压力容器最大值,8″)/[GPM/(m³/h)]		8/1.8	12/2.7	12/2.7	12/2.7	12/2.7	12/2.7
压力损失(单只压力容器)/(psi/bar)		40/2.72	35/2.38	35/2.38	35/2.38	40/2.72	40/2.72
压力损失(单只膜元件)/(psi/bar)		10/0.68	10/0.68	10/0.68	10/0.68	10/0.68	10/0.68
水温	℉	33～113	33～113	33～113	33～113	33～113	33～113
	℃	0.1～45	0.1～45	0.1～45	0.1～45	0.1～45	0.1～45

注：1psi=6.985kPa；1bar=10⁵Pa。

第三节 ▶ 废水化学法处理技术

一、混凝沉淀法

1. 概述

水中杂质按其本性可分为无机物、有机物和微生物三类。按其颗粒物的大小及与水之间的相互关系可分为悬浮物、胶体物和溶解物三类。悬浮物通称粗分散系，其颗粒在 $0.2\mu m$ 以上，包括悬浊液、乳浊液及大多数微生物。胶体物属胶态分散系，颗粒物为 1nm（10Å）

到 100～200nm（0.1～0.2μm）。其中高分子物以溶液存在，溶胶微粒以溶胶存在。溶解物属分子-离子分散系，颗粒物小于 10Å，包括各种无机、有机的低分子物及其离子，它们在水中形成溶液。

水中胶体颗粒由三部分组成，即胶核、吸附层、扩散层。水中胶体胶核带负电，吸附层带正电，扩散层负电大于正电，因而整个胶体呈电负性。

胶体物质难以处理是由于它们均带同性电荷而不易沉降。如用 ε 表示吸附层和扩散层间的电位差，则 ε 电位越大，带电量也越大，胶体就越稳定而不易沉降。如果使 ε 变小或直接接近于零，则胶体接近不带电，就能使胶粒之间相互黏合而沉降。因此，在工程中，往往采取措施，使 ε 电位尽量降低或趋于零，这个过程也称为脱稳。

高分子混凝剂溶于水后，会产生水解和缩聚反应而形成高聚合物。这种高聚合物是线型结构，线的一端拉着一个胶体颗粒，而另一端拉着另一个胶体颗粒，在两个颗粒之间起到了黏合架桥作用，使颗粒逐步变大，形成絮凝体（俗称矾花），这种过程称为絮凝。

为了尽快形成矾花，还应增加颗粒的碰撞机会，这种碰撞符合布朗运动。因此，在水处理工程中，往往采用投药混凝后，快速搅拌，以达到较高的碰撞次数，提高混凝沉淀效果。

所谓混凝沉淀，就是指向废水中投加混凝药剂，使之产生电离和水解作用，并使水中胶体产生凝聚和絮凝，并在搅拌的状态下，使其形成较大的絮凝体（矾花）而沉淀的过程。胶体结构及双电层示意图可参见图 2-20。

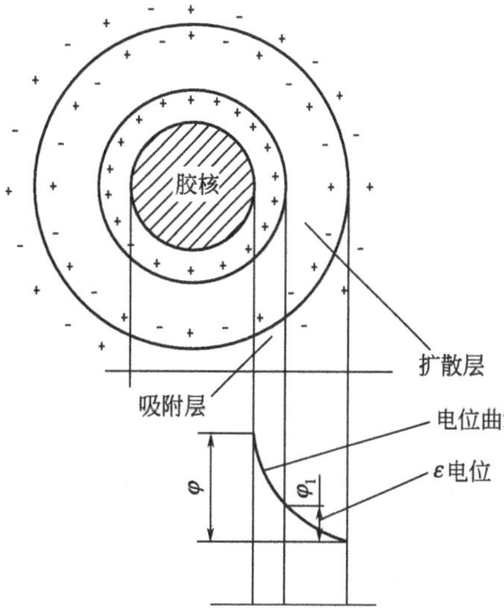

2. 常用的混凝剂和助凝剂

图 2-20 胶体结构及双电层示意

（1）无机高分子混凝剂

无机高分子混凝剂一般有聚合氯化铝（碱式氯化铝，PAC）、聚合硫酸铁（PFS）、聚合氯化硫酸铁（PFCS）、聚磷硫酸铁（PPFS）、聚磷氯化铝（PPAC）、聚硅硫酸铁（PFSS）、聚合氯化铝铁（PAFC）、聚合硅酸铝铁（PSAFS）等，常用 PAC。

（2）无机低分子混凝剂

一般有硫酸铝 $[Al_2(SO_4)_3 \cdot 18H_2O]$、三氯化铝（氯化铝，$AlCl_3$）、硫酸亚铁（$FeSO_4 \cdot 7H_2O$）、三氯化铁（$FeCl_3 \cdot 6H_2O$）、高铁酸钾（$K_2FeO_4$），常用的为硫酸亚铁和氯化铝。

（3）阳离子有机高分子絮凝剂

一般有聚 2-羟丙基-1,1-二甲氯化铵、环氧氯丙烷与 N,N-二甲基-1,3-丙二胺缩聚物、聚乙烯亚胺、丙烯酰胺-氨基乙烯共聚物、聚丙烯酰胺-氨基乙烯共聚物、聚丙烯酰胺-丙烯酰氨基二甲胺、丙烯酰胺-丙烯酸酰胺共聚物等，常用聚丙烯酰胺做助凝剂。

（4）阴离子有机高分子絮凝剂

一般有聚苯乙烯磺酸钠、丙烯酰胺-乙烯基磺酸钠共聚物、二醛交联丙烯酰胺等。

3. 常用混凝剂适用条件及优缺点

常用的混凝剂适用条件及优缺点见表 2-13。

表 2-13　常用的混凝剂适用条件及优缺点

药剂名称	分子式	适用条件及优缺点
精制硫酸铝	$Al_2(SO_4)_3 \cdot 18H_2O$	(1)白色结晶体,相对密度约 1.62,Al_2O_3 含量不小于 15%,不溶杂质含量不大于 0.3%; (2)制造工艺复杂,水解作用慢,价格较贵; (3)含无水硫酸铝为 50%~52%; (4)适用水温为 20~40℃,随着水温的降低,凝聚效果变差,水温低于 10℃时效果很差; (5)腐蚀性小,使用方便,对出水水质和管道无不利影响; (6)当 pH=4~7 时,主要去除有机物;pH=5.7~7.8 时,主要去除悬浮物;pH=6.4~7.8 时,处理浊度高、色度低(小于 30℃)的水
粗制硫酸铝	$Al_2(SO_4)_3 \cdot 18H_2O$	(1)白色结晶体,Al_2O_3 含量不小于 14%,不溶杂质含量不大于 24%; (2)制造工艺比较简单,水解作用缓慢,价格比精制硫酸铝便宜 20%左右; (3)各地产品不同,设计时一般采用 20%~25%; (4)质量不够稳定,因杂质较多,增加了配制和排渣麻烦; (5)其他同精制硫酸盐
明矾	$Al_2(SO_4)_3 \cdot K_2SO_4 \cdot 21H_2O$	(1)明矾是硫酸铝和硫酸钾的复盐,无色或白色结晶体,相对密度约 1.76,Al_2O_3 含量约 10.6%,属天然矿物,主要是硫酸铝起混凝作用; (2)其他同精制硫酸铝第(4)~(6)条
硫酸亚铁	$FeSO_4 \cdot 7H_2O$	(1)半透明绿色结晶体,溶解度较大; (2)矾花形成较快,较稳定,沉淀时间短; (3)适用于碱度高、浊度高、pH=8.1~9.6 的水,使用稳定,效果较好,但原水色度高时不宜采用
三氯化铁	$FeCl_3 \cdot 6H_2O$	(1)通常是具有金属光泽的褐色结晶体,杂质较少,极易溶解,易混合,渣少; (2)受水温影响小,结成的矾花大、重,不易破碎,沉淀速度快,净水效果好; (3)适用原水 pH=6~8.4,当原水碱度不足时,可适量加石灰; (4)处理浊度高或水温低的水时,明显比硫酸铝好,且投加量少; (5)容易吸湿潮解,腐蚀性大,可使塑料管发热变形,出水含铁较高; (6)溶解时发热并有呛人气味,操作条件差
碱式氯化铝 (聚合氯化铝,PAC)	$[Al_n(OH)_mCl_{3n-m}]$(通式)	(1)净水效率高,耗药量小,出水浊度低,色度小,过滤性能好,原水浊度高时尤为显著; (2)对原水温度变化适应性强,pH 值适用范围大(在 pH=5~9 范围内均可使用); (3)对各类水质均可使用,形成絮体颗粒大,沉淀快,出水水质好; (4)使用、操作、管理方便; (5)成本小于三氯化铁

4. 影响混凝效果的主要因素

(1) 水温

当水温低时,混凝剂水解困难。特别是硫酸铝,当水温低于 5℃时,水解速度相当慢。同时,水温低还影响矾花的形成和质量。虽然可加大投药量,但矾花形成还是缓慢且结构松散，颗粒小。再有，当水温低时由于水的黏度大，水中杂质的布朗运动减弱，颗粒间碰撞的机会则会减少，也不利于脱稳、凝聚和沉淀。

所以，为了克服水温低的弱点，有时要投加助凝剂或采取提高水温的措施，来保证混凝沉淀效果。

（2）pH 值

一般来说，在 pH 值低时，高电荷低聚合度的多核配合离子占主要地位。因而就起不了架桥作用，混凝效果就差。而当 pH 值在 6.5～7.5 时，聚合度大的中性氢氧化铝胶体占大多数，$Al(OH)_3$ 的溶解度最小，故凝聚效果好。当 pH>8.5 时，氢氧化铝胶体又重新溶解为负离子，混凝效果变差。

以三价铁盐为例，它的水解性优于铝盐，水解生成的氢氧化物胶体溶解度较小，只有当 pH<3 时，水解才受到严重抑制（pH>3 时生成氢氧化铁）。而只有在强碱的情况下，形成的 $Fe(OH)_3$ 才能重新溶解。因此三价铁盐适用的 pH 值范围较大，但应用它的最佳 pH 值为 6～8.4。而对于硫酸亚铁，在 pH<8.5 时，混凝效果差。但当废水中有足够的氧气或 pH>8.5 时，Fe^{2+} 可迅速氧化为 Fe^{3+}，生成的 $Fe(OH)_3$ 胶体不易溶解，且具有良好的混凝沉淀效果。所以，硫酸亚铁对于碱性废水或废水中有充分的氧的情况下（如曝气）混凝效果较好。

对于高分子混凝剂，尤其是有机高分子混凝剂，受 pH 值的影响较小，这也是高分子混凝剂适用范围大、混凝效果稳定的原因之一。

（3）碱度

如果被处理水碱度不足造成废水 pH 值下降，以致到达最佳混凝条件以下，混凝沉淀效果肯定不佳，这时需投加石灰等碱性物质，提高 pH 值，以使混凝沉淀效果恢复正常。

（4）水力条件

混凝剂投入废水后，必须使药剂与废水充分混合和反应，这必须有良好的水力条件予以保证，即制造良好的水力条件，使水流紊动。一般情况下，混合阶段时间为 10～30s（不超过 2min），反应时间一般为 10～30min，这就需用所选择的反应装置予以保证。如隔板反应池，反应时间为 20～30min，旋流反应池反应时间为 8～15min，涡流反应池反应时间为 6～10min 等。

一般情况下，反应速度常用梯度 G 值（s^{-1}）来控制，其平均速度梯度 G 值为 10～75s^{-1}（通常为 30～60s^{-1}）。而 G 与反应时间 t 的乘积（无量纲）在 10^4～10^5，基本上能保证反应过程的充分和完善。

5. 混凝剂投加量的确定

混凝剂投加量的确定对废水处理来讲十分重要。一个合适的投加量不但能保证处理后的水质，同时还可以保证合理的处理成本。一般情况下，混凝剂的投加量可以从以下几方面获得：①同类生产废水处理工程的实际数据；②混凝剂供货方提供的数据；③自行烧杯试验、分析、总结得出的数据。本书建议最好采用第三种方法，即通过自己的烧杯试验获得第一手资料，经分析总结，最后确定工程所采用的混凝剂品种、投加量及助凝剂的品种和投加量，具体做法如下。

（1）确定混凝剂的品种

混凝剂的品种很多，首先要根据工程废水的性质（BOD、COD、悬浮物、色度等指标）确定对各指标的原水浓度和排放要求的标准，选择 2～3 种混凝剂（如铝盐、铁盐或高分子絮凝剂等）做水样的平行试验：取同量的废水水样，分别放入同容量的三个烧杯中，分别再取同量的三种不同的混凝剂，分别加入三个放入同量废水的烧杯中，用玻璃棒搅动 1min，并开始计时，约 15min 后观察各杯中的沉淀情况（指沉淀后上浮液厚度、混凝情况等），并做记录，沉淀 30min 后再观察上述情况并做记录。如此操作重复做 2～3 次，选出最理性的混凝剂。如均不理想，可修改混凝剂投加量，重复上述操作，直至选出较理想的混凝剂为止。

（2）确定混凝剂的投加量

在上述确定了混凝剂品种的情况下，继续做烧杯平行试验：在三个同容量的玻璃烧杯中，分别放入同量的废水，并以上述试验中确定的较理想的混凝剂投加量±（5％或 10％）的量进行平行试验，并按投加 20min、40min、60min 的效果（上浮液情况、沉淀物情况、色度等）进行观察、记录，并将最好的水样取出进行指标化验，如满意即可确定混凝剂的品种和投加量。如不满意可按上述思路重新试验。

二、氧化还原法

1. 概述

在化学反应中，氧化还原法的实质就是元素（原子或离子）发生失去或得到电子引起化合价升高或降低的现象。失去电子的叫氧化，得到电子的叫还原。因此，得到电子的叫氧化剂，失去电子的叫还原剂。

水处理中常用的氧化剂有氧、氯、臭氧、二氧化氯和高锰酸钾等。还原剂有硫酸亚铁、亚硫酸氢钠、二氧化硫等。现举例如下，并对工业废水经常采用的氯氧化法和臭氧氧化法做重点介绍。

（1）空气氧化及脱硫（氧化法）

石油炼厂的含硫废水中，硫化物一般以钠盐或铵盐形式存在，当含硫量不大（1000～2000mg/L 以下）无回收价值时，可用氧化法脱硫，即可向废水中注入空气和蒸汽，硫化物即被氧化成无毒的硫代硫酸钠或硫酸盐，其反应方程式如下：

$$2HS^- + 2O_2 \longrightarrow S_2O_3^{2-} + H_2O$$
$$2S^{2-} + 2O_2 + H_2O \longrightarrow S_2O_3^{2-} + 2OH^-$$
$$S_2O_3^{2-} + 2O_2 + 2OH^- \longrightarrow 2SO_4^{2-} + H_2O$$

（2）漂白粉法去除氰（氧化法）

用漂白粉（或氯气）处理含氰废水时，CN^- 被氧化成氰酸盐 CNO^-，其反应式如下：

$$CN^- + ClO^- \longrightarrow CNO^- + Cl^-$$

氰酸盐可进一步水解成无毒的碳酸盐和铵离子，其反应式如下：

$$CNO^- + 2H_2O \longrightarrow CO_3^{2-} + NH_4^+$$

虽然氰酸盐的毒性很小（只有氰化物的千分之一），但氰酸盐在水体中可能被还原成氰化物。因此，为保证水体安全，最好增加漂白粉的数量，将氰酸盐完全氧化成 CO_2 和 N_2 是比较适宜的，其反应式如下：

$$2CNO^- + 3ClO^- + H_2O \longrightarrow 2CO_2 \uparrow + N_2 \uparrow + 3Cl^- + 2OH^-$$

漂白粉氧化氰离子时，要求介质为碱性。因为反应生成物中的 Cl^- 与碱中和后有助于反应向右移动，促使氧化反应的完成。所以，当 pH＝10～11 时，CN^- 氧化成 CNO^- 最有效，反应在 3～5min 即可完成。当 pH＝8.5 时，反应则需 30min 才能完成。

3）亚铁石灰法除铬（还原法）

电镀车间的含铬废水中主要含六价铬，同时也含有三价铬。加入还原剂硫酸亚铁后，使六价铬还原成三价铬，然后再加入石灰，形成氢氧化铬沉淀，其反应式如下：

$$6FeSO_4+H_2Cr_2O_7+6H_2SO_4\longrightarrow3Fe_2(SO_4)_3+Cr_2(SO_4)_3+7H_2O$$
$$Cr_2(SO_4)_3+3Ca(OH)_2\longrightarrow2Cr(OH)_3\downarrow+3CaSO_4\downarrow$$

上式中可看出，还原过程要求介质为酸性（pH＜3～4），搅拌下反应 10～15min 即可。石灰凝聚过程，pH 值要求 8～9，搅拌下反应 10～15min，沉淀时间为 1～1.5h。

2. 水处理高级氧化技术

高级氧化技术是近 20 年来新发展的技术。它是以羟基自由基为基础的强氧化剂，是一种无选择性地彻底氧化废水中各种有机物和无机物的新型氧化技术。

羟基自由基，没有选择性，可以与废水中任何物质发生反应。同时，还可以发生聚合反应，两个羟基自由基可以结合成一个过氧化氢分子，产生极强的氧化作用而处理污水。同时还可产生中间产物。羟基自由基的形成，一般是通过羟基加成反应、夺氢反应和电子转移 3 个途径来完成的。

高级氧化技术主要包括湿式空气氧化技术、超临界水氧化技术、光化学催化氧化技术、臭氧氧化技术和新型高效催化氧化技术等。除臭氧氧化技术将专门详细介绍外，现就这种技术简介如下。

（1）湿式空气氧化技术

湿式空气氧化法（简称 WAO 法），是指在高温（150～350℃）和高压（5～20MPa）操作条件下，在液相中用氧气或空气作为氧化剂，氧化水中溶解态和悬浮态的有机物或还原态的无机物的一种处理方法。最终产物是二氧化碳和水。

（2）催化湿式氧化技术

由于湿式氧化法需要较高的温度和压力，还需要较长的停留时间，因此，产生了一种在处理过程中加入适宜的催化剂以降低反应所需的温度和压力的方法，这就是催化湿式氧化法。这种方法又分为均相催化湿式氧化法和非均相催化湿式氧化法两种。由于篇幅所限本书不做详细介绍。

（3）超临界水氧化技术

1）原理。超临界水氧化技术是一种彻底破坏有机物结构的新型氧化技术。其原理是废水在超临界水状态下将废水中有机物氧化分解成水和二氧化碳。

通常水是以蒸汽、液态和冰这三种形态存在的。该技术是利用将水的温度和压力升高到临界点（$T_c=374.3℃$、$p_c=22.05MPa$）以上，这时的水不是气、液、固态，而是一种临界态。此时的密度、介电常数、黏度、扩散系数、电导率等指标都不同于水。并具有极强的溶解能力，高度的可压缩性，并且容易与许多产物分离，能使有机碳转化为 CO_2，氢转化为水，卤素原子转化为卤化物的离子，硫和磷分别转化为硫酸盐和磷酸盐，氮可转化为硝酸根离子或氮气。

2）超临界水氧化技术的应用。

有资料报道：该技术可以完成对酚、一些有机物和污泥的氧化，本书不做详细介绍。

（4）光化学氧化和光催化氧化

1）原理。所谓光化学反应是指在光的作用下，分子被激发并与有机物进行化学反应，并将有机物生成 CO_2 和 H_2O 或其他离子的过程。之所以会发生这种反应是由于光化学反应会产生羟基自由基（•OH），可以将有机污染物进行彻底分解。这是由于羟基自由基会有很强的氧化功能，是与较高的氧化电极电位和较高的电负性或亲电性以及具有加成反应能力的结果。

所谓光催化氧化是指以半导体及空气为催化剂，以光为能量，将有机物降解为 CO_2 和 H_2O 及其他无害成分的方法。具体说就是将紫外线照射在 TiO_2 催化剂上，而 TiO_2 催化剂吸收光能产生电子跃进和空穴跃进，并结合产生电子空穴，与吸附的水分和氧气生成氧化性极强的羟基自由基，将各种有害物体进行氧化分解成 CO_2 和 H_2O 的过程。

2）光化学氧化形式。

① UV/H_2O_2 系统。H_2O_2 是一种强氧化剂，用于工业废水中应用较多。虽然价格要比物理及生化法高，但从效果上讲十分不错。

UV/H_2O_2 的氧化机理主要是以下 3 个方面。即：•OH 的产生、亲电子的加成反应和电子转移，由于篇幅所限，本书不再详述。

② UV 灯。现在使用的 UV 灯是在低压汞蒸气灯基础上改进的产品，水处理效果还可以，在应用中，有的还在汞蒸气中掺杂气从而产生连续光谱，使得处理废水的范围及深度大大提高。

③ UV/O_3 系统。UV/O_3 是将紫外线与臭氧相结合的氧化系统，由于它是 UV 和 O_3 复合的氧化系统，因而比单独使用 UV 或 O_3 降解效率都要高。

④ $UV/O_3/H_2O_2$ 系统。这是一种在 UV/O_3 基础上进一步增加 O_3 的系统。但由于 O_3 是一种不稳定的气体，现场生成和储存不便，因此在一般情况下，使用 UV/H_2O_2 系统即可。

3）光催化氧化形式。光催化氧化有均相光催化氧化和非均相光催化氧化两类。均相法主要是指 UV/Fenton 试剂法。Fenton 试剂是指亚铁离子和过氧化氢的组合，它在应用时可分为两种：一种是直接用于处理氧化有机废水；另一种是与其他方法联用，如与生化法、物理法联用。

非均相法是指用半导体，如 TiO_2、ZnO 等通过光催化作用氧化降解有机物。即用 UV 光时 TiO_2 的光激发形成电子和空穴，并由此产生•OH 等粒子对废水中的有机物进行氧化。

光催化氧化法虽然有着去除废水中污染物彻底、适用范围广并能氧化难以处理的废水等特点，但由于处理成本高，目前仍未被普遍采用。

3. 臭氧氧化法

（1）臭氧的性质

臭氧（O_3）是氧气（O_2）的同素异构体，常温下是一种不稳定的、淡蓝色的、有强烈刺激气味的气体。它的主要物理性质如下。

① 熔点：(-192.5 ± 0.4)℃。

② 沸点：(-111.9 ± 0.3)℃。

③ 临界温度：-12.1℃。

④ 临界压力：5.46MPa。

⑤ 临界容积：111cm^3/mol。

⑥ 固体密度：1.728g/cm^3。

⑦ 气体密度：2.144g/L（0℃、0.1MPa）。

⑧ 自由能（ΔF）：135.65kJ/mol（25℃）。

⑨ 色：固体，暗紫色；液体，蓝黑色；气体，淡蓝色。

（2）臭氧的作用

臭氧是一种强氧化剂，比氯的氧化能力强，仅次于氟。在废水处理中具有氧化有机物（去除 COD）、铁、锰、氰化物、硫酸盐及去色、除臭杀菌等功能。

（3）臭氧的制备

臭氧一般可由空气或氧气制备，一般由空气制备，并由臭氧发生器完成，臭氧发生器与发生单元见图 2-21。

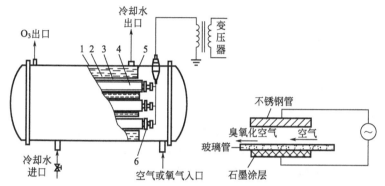

图 2-21　XY 系列臭氧发生器与发生单元示意

1—冷却水；2—不锈钢管；3—放电环隙；4—玻璃管内涂石墨导电层；

5—花板；6—熔断器

臭氧发生器主要是依靠高压无声放电法制备臭氧，即通过不锈钢管与玻璃介电体间的高压放电，电离空气而产生臭氧。因此，两者间的间歇及平行度以及耗电指标就成为臭氧发生器制造的关键问题。

（4）臭氧消毒工艺流程

臭氧消毒如图 2-22 所示。

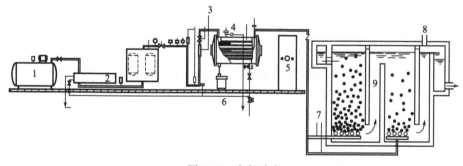

图 2-22　臭氧消毒

1—压缩机组；2—换热器；3—空气流量计；4—臭氧发生器；5—电气柜；

6—变压器；7—臭氧化空气进口；8—尾气管；9—接触池

（5）废水臭氧处理设计要求

1）处理的水质较好时，可在过滤后加臭氧。

2）处理的水质较差时，需去除有机物、铁、锰时，可在滤前或混凝前加臭氧，过滤后再加一次臭氧。

3）以干空气为原料时，在 $10\sim20kV$ 交流电压作用下，通过电极间放电，制取低浓度臭氧。

4）国产臭氧发生器（卧式）按每生产 $1kg$ 的臭氧耗电量 $27\sim35kW\cdot h$ 计。

5）臭氧需要量按式(2-53)计：

$$D=1.06aQ \qquad (2\text{-}53)$$

式中　a——臭氧投加量，kg/m^3；

　　　Q——处理水量，m^3/h。

6）臭氧发生器压力：

$$H\geqslant h_1+h_2+h_3 \qquad (2\text{-}54)$$

式中　h_1——接触池水深，m；

　　　h_2——布气装置水头损失，m；

　　　h_3——臭氧输气管水头损失，m。

7）臭氧浓度按 $10\sim20g/m^3$ 计。

8）接触池反应接触时间：当水质较好时可按 $4\sim6min$，臭氧浓度可按 $0.4\sim0.6g/m^3$ 计。水质较差时，接触时间可按 $4\sim12min$，臭氧浓度可按 $5g/m^3$ 及以上计。

9）臭氧与废水接触反应后，从尾气管排出的尾气不能直接排入大气，应经过活性炭或药剂（如 $NaOH$、Na_2SO_4）处理后排放大气。

4. 氯氧化法

（1）概述

1）氯氧化法主要包括液氯法、氯胺法、次氯酸钠法、漂白粉法、二氧化氯法等，多用于水处理工程消毒措施。在工业废水处理工程中，主要采用漂白粉法、次氯酸钠法和二氧化氯法。本书着重对这 3 种方法予以介绍。

2）氯气是黄绿色气体。在大气压下 $0℃$ 时每升重 $3.22g$，密度为空气的 2.5 倍，在 $-33.6℃$ 时为液态，常温下加压到 $0.6\sim0.8MPa$ 时为液态，此时每升重 $1468g$，约为水重的 1.5 倍。所以，同样重的氯气和液氯相比，体积相差 456 倍。故使用时常使氯气液化，缩小体积而灌瓶，便于运输和储藏。

氯气能溶于水，溶解度随水温增加而减小，在常压下，水温 $10℃$ 时可溶解 1%，$20℃$ 时可溶解 0.7%，$30℃$ 时只能溶解 0.55%。

氯气有毒且有强烈刺激性气味，当浓度为 $3.5mg/L$ 时，就可使人嗅到气味；$14mg/L$ 时，使人咽喉疼痛；$50mg/L$ 时会发生生命危险。

（2）漂白粉消毒

1）概述。

漂白粉 $[Ca(ClO)_2]$ 为白色粉末，有氯的气味，含有效氯 $20\%\sim50\%$，漂粉精 $[Ca(ClO)_2]$ 含有效氯 $60\%\sim70\%$，两者的消毒作用和氯相同，都适用于小水量废水的消毒。

2）使用要求。

a. 每包 $50kg$ 的漂白粉先加 $400\sim500kg$ 的水搅拌成 $10\%\sim15\%$ 的溶液，再加水调成 $1\%\sim2\%$ 浓度的溶液，澄清后，由计量设备投加到滤后的水中。如在滤泵前投加，可不必澄清。

b. 溶液池和溶解池一般需设 2 个，以便轮流使用，且应有防腐措施。

c. 加漂白粉间和泵房应用墙隔开，漂白粉仓库也应与漂白粉间间隔开。

3）设计要求。

a. 漂白粉用量

$$W = 0.1 \frac{Qa}{C} \tag{2-55}$$

式中　W——漂白粉用量，kg/d；

　　　Q——设计水量，m^3/d；

　　　a——最大加氯量，mg/L；

　　　C——有效氯含量（20%～25%）。

b. 溶液池容积

$$V_1 = 0.1 \frac{W}{bn} \tag{2-56}$$

式中　V_1——溶液池容积，m^3；

　　　b——漂白粉溶液浓度（1%～2%，有效氯时为0.2%～0.5%）；

　　　n——每日调制次数（$n<3$）。

c. 溶解池容积

$$V_2 = (0.3 \sim 0.5)V_1 \tag{2-57}$$

5. 次氯酸钠消毒

（1）概述

次氯酸钠（NaClO）是一种强氧化剂，为淡黄色透明液体，pH=9.3～10，含有效氯6～11mg/mL。在溶液中它生成次氯酸离子，再通过水解反应生产次氯酸，起到消毒作用。因次氯酸钠中的有效氯易受日光、温度等外界影响而分解，不宜成品运输，故一般由次氯酸钠发生器现场制作投加使用。

次氯酸钠发生器的原理是利用阳极电解食盐水，以得到次氯酸钠。有效氯产率一般为0.5～5000g/h。发生器是由电解槽、整流器、储液箱、盐水供应系统和冷却循环系统组成。

（2）设计与使用

每生产1kg有效氯，按需3～4.5kg食盐、耗电5～10kW·h计。电解时盐水浓度以3%～3.5%为宜。次氯酸钠的投加方式有水射器和高位投加等方式。如储液箱允许高位安装时，可采用高位投加方式。次氯酸钠不宜久储，夏天应当天用完，冬季不要超过一周。

6. 二氧化氯消毒

（1）概述

二氧化氯（ClO_2）是黄色气体，带有辛辣味，比氯毒性大，相对密度为2.4，易溶于水，溶解度是氯的5倍，但不与水发生化学反应。在常温下可被压缩成液体并易挥发，储存在容器中，ClO_2 浓度易下降。空气中浓度>10%或水中浓度>30%将发生爆炸。因此，不宜储存，应在现场经活化后使用。

当pH值为6.5时，氯的灭菌率比二氧化氯高。但随着pH值的提高，二氧化氯的灭菌效率要比氯高（如pH=8.5时，水中99%的大肠杆菌被杀灭）。而用 ClO_2 消毒时，水中将会留存亚氯酸根（ClO_2^-），它对人体健康有危害。因此规范规定，残留 ClO_2^- 不得超过0.2mg/L。

（2）设计要求

1）投加量。一般为0.1～0.2mg/L（用于除铁、锰、藻时为0.5～3mg/L，兼作除臭时0.5～1.5mg/L），并必须保证管网末梢有0.02mg/L的剩余 ClO_2。

2）接触时间。用于预处理时，接触时间为15～30min；用于出水前接触时为10～15min。

3）为防爆，废水溶液浓度应控制在 6～8mg/L。

4）制取间应设喷淋装置，以防引起泄漏事故。同时应有通风和报警等安全措施。

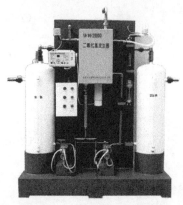

图 2-23　二氧化氯发生器外形

（3）二氧化氯发生器

二氧化氯的制备有多种方法，如还原法、氧化法和电化学法（电解法）。而在工业废水处理中应用较多的 ClO_2 发生器是应用盐酸法（RS 法），其反应式如下：

$$2NaClO_3 + 4HCl \longrightarrow 2ClO_2 + Cl_2 + 2NaCl + 2H_2O$$

理论上每 10g 氯酸钠加 3.9g 氯可生成 7.5g 二氧化氯。

本方法的特点是：系统封密，反应残留物是氯化钠，可以经电解再生氯酸钠，生产成本低，但耗电大且使用中会产生氯气。

二氧化氯发生器外形见图 2-23。

三、电解法

1. 概述

电解法的原理是废水中有害物质通过电解装置中的阳极和阴极分别发生氧化和还原反应，转化为无害物质的净水方法。一般阳极和阴极材料用钢板制成（也可阳极用钢板，阴极用无机材料制成）。具体来说即在外电场作用下，阳极失去电子发生氧化反应，阴极获得电子发生还原反应。废水作为电解液，在电场作用下，发生氧化还原反应而将有毒物质去除。反应式表达为（以电解食盐水制备次氯酸钠为例）：

氯化钠溶液电离：$NaCl \Longleftrightarrow Na^+ + Cl^-$

阳极反应：$2Cl^- \Longrightarrow Cl_2 \uparrow + 2e^-$

阴极反应：$2H_2O + 2e^- \Longrightarrow H_2 \uparrow + 2OH^-$

溶液中生产 NaOH 在氢气搅拌下与 Cl_2 反应：$2NaOH + Cl_2 \Longrightarrow NaClO + NaCl + H_2O$

在电解槽电解过程中，除阳极发生的氧化作用和阴极的还原作用外，还有两个作用在进行：混凝作用和上浮作用。

（1）混凝作用

若用铁板（铝板）做阳极，则通电后 Fe^{2+} 或 Al^{3+} 进入溶液中，当 pH＞3.8 时，反应生产的 Fe$(OH)_3$ 或 Al$(OH)_3$ 是活性的带正电荷的胶体，并有较强的吸附作用，能对废水中的有机物和无机物起到接触凝聚作用，当形成的絮凝物相对密度小时就会上浮，相对密度较大时就会沉淀。

（2）上浮作用

在电解时，在阴极产生的氢气泡（具有还原性）和阳极产生的氧气泡（具有氧化性）会黏附在污物颗粒上而将之浮到水面，这实际上起到电浮选的作用。

2. 影响电镀工艺的技术条件和参数

（1）废水的 pH 值

一般来说，虽然废水的 pH 值低对电解有利，但对氢氧化物的沉淀不利。所以，处理不同的废水，pH 值不同。如处理含铬废水，废水的 pH 值为 4～6.5，电解后 6～8，就不需要调整废水的 pH 值。而处理含氰废水就应在碱性条件下进行，因为 pH 值偏低时，不利于氯对氰根的氧化。所以，电解处理含氰废水，pH值一般控制在9～10。

（2）单位耗电量

单位耗电量一般应与废水性质、电解槽特性及操作条件等因素有关。通常可通过试验或实践操作积累总结而定，并与投盐量无关。

（3）阳极电流密度和电解时间

不同的废水电解处理，阳极电流密度和电解时间亦不同。而一般情况下，电流与电解时间为反比关系，采用低电流密度和较长的电解时间，经济上较为合理。

（4）食盐投加量

电解中投加食盐的目的是加大废水的导电率，降低槽电压和减少电耗。但如果投盐量过大，会使水中的氯离子增多，影响出水水质，所以投盐量要合适，具体投盐量视废水性质及电解操作参数而定。

（5）极距

一般视电解材料、废水性质及操作参数而定。如：阳极和阴极均为钢板制作，可为10mm左右；若阳极采用石墨或无机材料，极距可为20～30mm。

（6）搅拌

空气搅拌一方面可加快离子扩散，另一方面可防止沉淀和浓差极化，但空气量不宜太大，以控制空气量不使悬浮物沉淀为宜。

3. 电解法设计及主要参数

（1）主要参数

1）电解时间：可采用10～20min。

2）极板间距：8～30mm。

3）食盐投加量：0.5～1g/L（极板间距小时可不投）。

4）空气量：按每分钟0.2～0.3m³/m²计，压力为1～2kgf/cm²。

5）电源电压：一般为≥36V（可高达150V）。

（2）电解槽设计

包括：计算电源、计算阳极电流密度、计算电压、计算整流设备、极板计算、电解槽尺寸计算、空气量计算、电耗计算。

详细设计情况可见第十一章，电镀废水处理。

4. 新型电解处理工艺

在传统的电解法基础上，目前新开发的一种微电解技术（内电解技术），已开始运用于废水处理工程中。所谓微电解技术其实质是利用填充在电解装置中微电解材料（如铁、碳）的1.2V的电位差，废水中会形成无数个微原电池，这些细微电池是以低电位的铁形成阴极，高电位的碳作阳极，在酸性电解质水溶液中发生电化学反应。即铁变成二价铁离子进入溶液，利用它的混凝作用（前已述）将污染混凝去除。为了增加电位差，促进铁离子的释放，在微电解技术的基础上又开辟了添加一定比例的催化剂技术，即催化微电解技术。

该技术的特点：

1）可处理毒性大、高浓度、高色度、难生化的污水；COD的去除可提高20%，色度可去除60%～90%。

2）损耗量可降低60%以上，污泥量减少50%以上。

3）反应速度快，一般只需30～60min。

4）操作方便，减少二次污染。

四、吸附法

1. 概述

1）所谓吸附是一种或几种物质（称为吸附质）在另一种物质（称吸附剂）表面上发生累积和浓积的过程。也可以说是物质从液相（或气相）到固体表面的一种传质现象。

吸附剂对吸附质的吸附，既有物理作用又有化学作用，一般也称为物理吸附和化学吸附。物理吸附是由于固体表面粒子（分子、原子或离子）存在着的剩余吸引力引起的，而化学吸附是由吸附剂和吸附质的原子间或分子间的电子转移（即化学键）来完成的。

2）有些无机物质，它们有着很多的孔隙，即有着很大的比表面积，从而具有明显的吸附能力，这些物质如活性炭、磺化煤、焦炭、木炭、泥煤、高岭土、硅藻土、硅胶、炉渣、木屑、金属粉（如铁粉、活性铝等），都有一定的吸附能力。但用于工业废水处理的主要是活性炭，另外还有磺化煤、金属粉和炉渣等。

3）影响吸附的因素

① 吸附剂性质。因为不同的吸附剂有不同的比表面积，比表面积越大，吸附能力越强。

② 吸附质的性质。一般情况下，吸附质溶解度越小或吸附剂化合反应的生成物溶解度越小，则越易被吸附，越不易解吸。在吸附竞争里存在着吸附质与水的竞争，原则上吸附剂对水及吸附质都能吸附，竞争有 2 种情况：a.吸附质在吸附剂表面浓度大于在废水中的浓度就叫正吸附，此时废水得到了净化；b.反之相反，吸附质在吸附剂表面的浓度小于在废水中的浓度叫负吸附，这种情况在废水处理中较少遇到。

③ 温度。吸附过程是放热反应，温度升高吸附量会减少。一般情况下，吸附量是在常温下进行的。

④ 浓度。从吸附曲线上可知，吸附量随着吸附的进程而逐渐减少，当吸附剂表面被吸满时，吸附就到了极限状态，吸附量就不能随浓度增加而增加。

⑤ 吸附时间。吸附速度依吸附剂与吸附质的性质而变化，达到吸附平衡所用的时间也不相同，短的几秒钟长的则10h以上。但在实践操作中，应保证有足够的吸附时间，如要求尽快完成吸附，可增加搅拌措施。

⑥ pH 值。pH 值对吸附也有影响，这是因为 pH 值对吸附质在水中存在的状态（分子、离子、络合物）有影响，进而影响吸附效果。

2. 活性炭

因在工业废水处理中，吸附工艺主要采用的是活性炭，因此本书对活性炭的使用和设计等情况，做较详细的叙述。

（1）活性炭的制造

活性炭是用煤或果壳（核桃壳、椰壳）等做原料经高温炭化和活化而成的。炭化是在 300~400℃下，将原料热解为炭渣，再经活化而成。活化的目的是使炭渣内部形成稳定的多孔结构，活化的方法有 2 种：①气化法，它是在 920~960℃的高温下通入水蒸气、二氧化碳和空气的方法；②药化法，常用氯化锌、硫酸等做活化剂进行活化。

制成的活性炭的比表面积和孔隙容积见表 2-14。

表 2-14 活性炭的比表面积和孔隙率

活性炭	孔隙半径 /nm	水蒸气活化粉状活性炭		氯化锌活化粉状活性炭	
		比表面积 /(m²/g)	孔隙容积 /(mL/g)	比表面积 /(m²/g)	孔隙容积 /(mL/g)
小孔	<2	700～1400	0.25～0.6	500～1000	0.4～0.9
中孔	2～100	1～200	0.02～0.2	200～800	0.3～1
大孔	100～10000	0.5～2	0.2～0.5	—	—

表中，大孔主要起通道作用；中孔除能起到将被吸附物质送到微孔外，还对直径较大的物质有一定的吸附作用；小孔（微孔）对吸附来说是最重要的，因为吸附主要是靠100Å以下的微孔表面起作用。

（2）活性炭的主要技术指标

1）碘值。指在一定浓度的碘液中，在规定的条件下，每克炭吸附碘的毫克数（mg/g炭）。它是用以鉴定活性炭对半径小于 2mm 吸附质分子的吸附能力，同时也可用它的降低来确定它的再生周期，是活性炭的一个重要指标。

2）亚甲蓝值。指在一定浓度的亚甲蓝溶液中，在规定的条件下，每克炭吸附亚甲蓝的毫克数。它是用以鉴定活性炭对半径为 2～100nm 吸附质的吸附能力。它的值越高，说明对中等分子的吸附能力越强，也是活性炭的一个重要指标。因为 $D>1.5nm$ 的孔隙时，吸附水中的有机物非常有效。也就是说，活性炭的有效孔隙直径 D 与需去除物质分子的直径 d 之比应≥1.7，否则污染分子将无法进入。

3）糖蜜值。指 $D>2.8nm$ 的活性炭孔隙提供的比表面积。

4）吸酚值。指该产品脱出水中异味的能力。

5）SV 值。指单位时间内，单位体积活性炭层，处理多少倍体积水的能力。

（3）粒装活性炭特性

1）粒径：0.44～3mm。

2）长度：0.44～6mm。

3）强度：≥80%～95%。

4）碘值：700～1300mg/g。

5）亚甲蓝值：100～150mg/g。

6）半脱氯值：≤5cm。

7）水分：≤3%。

8）真密度：2～2.2g/cm³。

9）堆积重：0.35～0.5g/cm³。

10）总孔容积：0.7～1cm³/g。

11）总表面积：599～1500m²/g。

12）pH 值：8～10。

13）灰分：≤8%～12%。

14）比热容：约 0.24cal/(g·℃)（1cal=4.1840J）。

（4）设计参数

1）水力负荷。升流形式：横断面负荷 9～25m/h；降流形式：横断面负荷 7～

12.5m/h。

2）接触时间。一般采用 30min，对于三级处理，当出水要求的 COD 为 10～20mg/L 时为 10～20min，要求出水 COD 为 5～10mg/L 时为 20～30min。

3）操作压力。通常每 30cm 炭厚时不大于 0.07kgf/cm^2，采用 3m 高炭层时，操作压力不超过 7m H$_2$O（1mmH$_2$O＝9.80665Pa）。

4）炭层厚度。一般工业废水处理为 1.5～2m。

5）反冲洗强度和时间。反冲洗强度一般为 8～15L/(s·m^2)，反冲洗时间一般为 10～15min。

6）炭的 COD 负荷能力。一般为 0.3～0.8kg COD/kg 炭，一般可选用 0.5kg COD/kg 炭。

（5）活性炭再生

活性炭再生一般有 4 种方法，即加热再生、溶剂再生、化学氧化法再生和生物氧化法再生。常用的方法是加热再生和溶剂再生。

1）加热再生。加热再生分高温和低温两种。高温再生适用于吸附气体炭的再生，低温再生适用于水处理粒状炭的再生。高温炭再生分 5 步进行：①脱水，让活性炭与液体分离；②干燥，加热至 100～150℃，使活性炭孔中的水分蒸发出来；③炭化，加热至 300～500℃，使一部分低沸点的有机物挥发，高沸点的有机物分解；④活化，用水蒸气或二氧化碳进行气化，活化温度为 700～1000℃；⑤冷却，活化后急冷。

2）溶剂再生。用硫酸、盐酸或碱等溶剂再生。

3）化学氧化法和生物氧化法再生。用臭氧氧化、电解氧化、湿式氧化以及微生物氧化。这些方法在我国使用较少，在此不做详述。

4）由于加热再生需一套完整的加热设备，投资较大，因此，应建立独立的活性炭再生厂或送回活性炭生产厂再生。目前我国在这方面，尚很薄弱。今后需统一规划，逐步建立健全活性炭再生的规划和建设。

五、离子交换法

（1）离子交换的概念

所谓离子交换是指在固体颗粒和液体之间的界面上发生的离子交换的过程，即水中的离子和离子交换剂上的离子所进行的等电荷反应。而离子交换剂是由骨架和交换基团组成的，它包括无机交换剂和有机交换剂两大类。无机交换剂包括天然沸石和人工沸石等。有机交换剂主要是化学合成的树脂，如阳离子树脂和阴离子树脂等。这其中又有强酸性树脂、弱酸性树脂、强碱性树脂和弱碱性树脂之分。

（2）离子交换树脂性能

1）物理性能。

① 外观。离子交换树脂的外观是一种透明或半透明物质，由于组成不同而呈黄、白或赤褐色。粒径一般为 0.3～1.2mm（相当于 16～50 目），树脂外形呈球状，用于水处理的树脂颗粒以 20～40 目为宜。

② 密度。一般用含水状态下的湿真密度和湿显密度及干真密度表示。

湿真密度＝湿树脂的质量/湿树脂颗粒体积（一般为 1.04～1.3g/mL）；

湿显密度＝湿树脂质量/湿树脂堆体积（一般为 0.6～0.8g/mL）；

干真密度＝干树脂质量/干树脂体积（一般为1.6g/mL左右）。

③ 含水率和溶脂性。含水率是指每克湿树脂所含水分的百分数，含水率越大，孔隙率越大，交联度越小。

溶脂性是指树脂浸水之后发生溶胀，从而使交联网孔胀大，它与交联度、活性基团、交换容量、水中电解质密度、可交换离子性质有关。

④ 交联度。指交联剂的百分数。交联度越高，树脂越牢固，越不容易溶胀。如果交联度改变，会引起交换容量、含水率、溶胀率和机械强度等性能改变。

⑤ 其他。树脂还有耐磨性、溶解性、耐热性、导电性等性能，不再详述。

2）化学性能。

① 交换容量。指一定量树脂中所含交换基团或可交换离子的摩尔数（mol/mL），它是树脂的最重要的性能，分为全交换容量、工作交换容量及平衡交换容量。

② 树脂还具有可逆性、酸碱性、选择性和中和性及水解性能。同时，它具有的pH值的有效范围，见表2-15。

表 2-15　树脂 pH 值的有效范围

树脂类型	强酸阳树脂	弱酸阳树脂	强碱阴树脂	弱碱阴树脂
有效 pH 值范围	1～14	5～14	1～12	0～7

③ 离子交换树脂对不同离子的亲和力有一定的差别，离合力大的容易被吸附，但再生置换下来也困难；反之亦然。所以，树脂对不同离子交换是有先后的，其选择次序如下：

a. 强酸阳离子交换树脂

$Fe^{3+}>Al^{3+}>Ca^{2+}>Mg^{2+}>K^+>Na^+>H^+>Li^+$；

b. 弱酸阳离子交换树脂

$H^+>Fe^{3+}>Al^{3+}>Ca^{2+}>Mg^{2+}>K^+>Na^+>Li^+$；

c. 强碱阴离子交换树脂

$SO_4^{2-}>NO_3^->Cl^->OH^->F^->HCO_3^->HSiO_3^-$；

d. 弱碱阴离子交换树脂

$OH^->SO_4^{2-}>NO_3^->Cl^->HCO_3^-$。

3）离子交换处理装置的分类和适用范围见图2-24。

在上述各种离子交换装置中，工业废水处理常用逆流再生固定床和混合床。

（3）离子交换装置的设计与计算

1）装置工作面积。

$$F=\frac{Q}{V} \tag{2-58}$$

式中　F——装置工作面积，m^2；

　　　Q——最大需产水量，m^3/h；

　　　V——装置中水流速，m/h。

一般阳床流速为20～30m/h，混床流速为40～60m/h。

2）装置直径（D）。

$$D=\sqrt{\frac{4F}{\pi}}=1.33\sqrt{F} \tag{2-59}$$

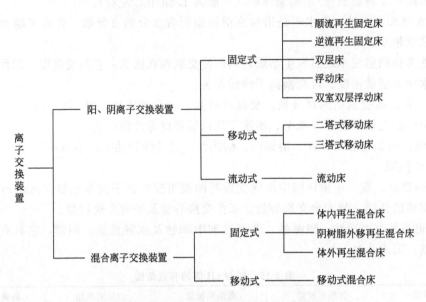

图 2-24　离子交换处理装置的分类和适用范围

3）装置一个周期离子交换容量。

$$E_c = QC_0 T \tag{2-60}$$

式中　E_c——装置一个周期离子交换容量，meq/g；

$\quad\quad Q$——产水量，m^3/h；

$\quad\quad C_0$——需去除阳（阴）离子总量；

$\quad\quad T$——一个周期的工作时间，h。

4）装置装填树脂量（V_R）。

$$V_R = \frac{E_c}{E_0} \tag{2-61}$$

式中，E_0 为树脂工作交换容量。

5）树脂层高度（h_R）。

$$h_R = \frac{V_R}{F} （一般不应小于 1.2m） \tag{2-62}$$

6）反冲洗水量。

$$q = V_2 F \tag{2-63}$$

式中，V_2 为反冲流速（阳树脂 15m/h，阴树脂 6~10m/h）。

7）再生剂需要量（G）。

$$G = \frac{V_R E_0 N n}{1000} = \frac{V_R E_0 R}{1000} = V_R L \tag{2-64}$$

式中　N——再生剂当量值；

$\quad\quad n$——再生剂实际用量为理论值的倍数；

$\quad\quad R$——再生剂耗量；

$\quad\quad L$——再生剂用量，$kg/(m^3 \cdot R)$。

8）求得 G 后，再根据再生剂实际含量求得再生剂用量。

$$G_G = \frac{G}{\varepsilon} \times 100\% \qquad (2\text{-}65)$$

式中　ε——再生剂含量，%。

9）正洗水量（V_2）。

$$V_2 = aV_R \qquad (2\text{-}66)$$

式中　a——正洗水耗比，m^3/m^2（强酸树脂 $a = 4 \sim 6$，强碱树脂 $a = 10 \sim 12$，弱酸弱碱树脂 $a = 8 \sim 15$）。

第四节 ▶ 废水生化法处理技术

一、概述

所谓生化法是指由微生物（细菌或菌胶团）经驯化后将废水中的有机污染物予以生物降解使之成为无毒物质（二氧化碳和水）的废水处理方法。通常有好氧处理（由好氧菌对废水中污染物进行降解）和厌氧处理（在封闭状态下，由厌氧菌对废水中污染物进行降解）。由于生化法的相对经济性，致使它成为当前国内外废水处理中不可缺少的主要方法之一。

二、好氧处理法

（一）原理

好氧处理法原理示意如图 2-25 所示。

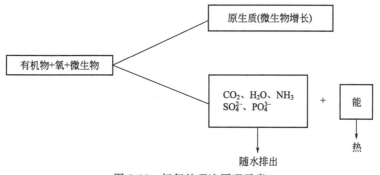

图 2-25 好氧处理法原理示意

废水中的有机污染物在微生物和氧气作用下，被降解为 CO_2、H_2O 等无毒物质，同时污染物又可作为微生物的营养物质，使其维持生命及繁衍并产生热。其反应式为：

$$(C_5H_7NO_2)_n + 5nO_2 \longrightarrow 5nCO_2 + 2nH_2O + nNH_3 + 能量 \qquad (2\text{-}67)$$

（二）种类

1. 活性污泥法及变形

（1）活性污泥法

1）原理。活性污泥法创建于 1917 年，是一种应用最广的好氧生物处理技术。活性污泥法工艺基本流程示意见图 2-26。

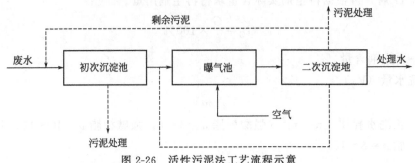

图 2-26　活性污泥法工艺流程示意

从初沉池来的污水和二沉池来的部分回流污泥一同进入曝气池，在曝气的作用下，污水与在曝气池中形成的活性污泥（细菌及微生物菌胶团）接触，使污水中的有机物得到生物降解，从而达到去除大部分有机污染物的目的。

2）活性污泥法正常运转的条件。

① 成熟健康的菌胶团。

② 充足的氧气（溶解氧）。

③ 污水污物成分要适当。

④ 操作运转正常。

（2）活性污泥法变形

虽然因活性污泥法具有投资低、处理成本低等优点而被广泛用于污水处理中，但仍然存在着如能耗较大、不能满足除磷脱氮的要求等缺点。因此，近年来在活性污泥的基础上开发出了几种活性污泥法的变形工艺，介绍如下。

1）A/O 工艺（缺氧-好氧生物脱氮工艺）。

A/O 工艺创于 20 世纪 80 年代初，它将缺氧反硝化反应池置于该工艺之首，所以又称为前置反硝化生物脱氮工艺，其 A/O 工艺流程示意见图 2-27。

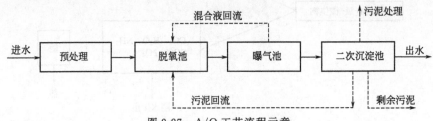

图 2-27　A/O 工艺流程示意

生物脱氮的基本原理是在传统的活性污泥法中，通过硝化和反硝化菌的作用，将氨氮转化为亚硝态氮，硝态氮再通过反硝化作用将硝态氮转化为氮气，从而达到从污水中脱氮的目的。

在活性污泥法中，污水中的氮磷去除量，仅是微生物细胞在合成时从污水中摄取的数量，仅为污水中含氮量的 20%～40%，含磷量的 5%～20%，而 A/O 工艺的脱氮量一般可达到 70%～80%。

2）A_2/O 工艺（厌氧-好氧生物除磷工艺）。城市污水中磷通常以有机磷、磷酸盐或聚磷酸盐形式存在，其浓度一般为 4～15mg/L。A_2/O 工艺一般由前段厌氧池和后段好氧池串联组成。其 A_2/O 工艺流程示意见图 2-28。

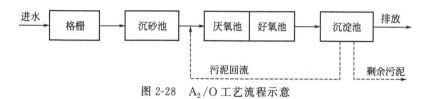

图 2-28 A_2/O 工艺流程示意

污水和回流污泥进入厌氧池,在搅拌器的作用下,回流污泥与污水混合,回流污泥中的聚磷菌在厌氧池可吸收去除一部分有机物,同时释放大量磷,然后混合后进入好氧池,在污水中有机物在氧化分解的同时,聚磷菌摄取更多的磷,最后,通过排放剩余污泥使污水中的磷得以去除。

3) A^2/O 工艺(厌氧-缺氧-好氧生物脱氮除磷工艺)。

在上述除磷和脱氮工艺的基础上开发的这种除磷脱氮工艺,流程见图 2-29。其原理为:在好氧段,硝化细菌将流入污水中的氨氮及有机氮氨化成氨氮,通过生物硝化作用转化为硝酸盐;在缺氧段,反硝化细菌将回流的硝酸盐通过生物反硝化作用,转化成氮气。在厌氧段,聚磷菌释放磷,并吸收低级脂肪酸等容易降解的有机物;而在好氧段,聚磷菌超量吸收磷,并通过剩余污泥排放。A^2/O 工艺流程示意见图 2-29。

图 2-29 A^2/O 工艺流程示意

4) AB 工艺。

① 原理。AB 工艺也称吸附生物降解工艺,它是德国 B. Bohnke 教授于 20 世纪 70 年代中期发明,20 世纪 80 年代开始应用于工程实践,由 AB 两端组成。A 段为吸附段,该段有机负荷较高 [F/M 为 $2\sim6$kg BOD/(kg MLSS·d)],BOD 去除率为 $40\%\sim70\%$,SS 去除率为 $60\%\sim80\%$。B 段为氧化段,在低负荷下运行 [$F/M<0.15$kg BOD/(kg MLSS·d)]。二段活性污泥各自回流。AB 两段 BOD 总去除率可达 $90\%\sim95\%$,COD 总去除率可达 $80\%\sim90\%$,总磷去除率可达 $50\%\sim70\%$,总氮去除率可达 $30\%\sim40\%$。

② 特点。AB 法与活性污泥法相比,处理效率高,运行稳定,投资和运行费用相对较低,且不设初沉池。AB 工艺流程示意见图 2-30。

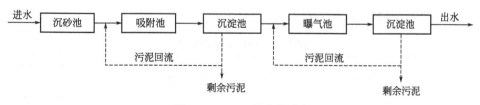

图 2-30 AB 工艺流程示意

2. SBR 法及变形

（1）SBR 法

1）概述。序批式活性污泥法（SBR）也称为间隙式活性污泥法，是 20 世纪 70 年代由美国人研发的一种好氧处理新技术。其主要原理是：在至少两个反应池中，连续进水但是分别进入各池的操作方式，而在每个池中又分为进水期、反应期、沉淀期和排水期。按一定时间顺序间歇操作的活性污泥处理工艺就叫 SBR 法。

SBR 法的主要优点是：①不设二沉池，曝气池兼二沉池功能，同时也不设污泥回流设备，建设和运行费用均相对较低；②SVI 值较低，污泥易沉淀，不易产生污泥膨胀现象；③对水质变化适应性强，同时具有除磷脱氮功能。

2）影响 SBR 法的因素。

① 基质浓度。废水中生物降解基质的浓度越大，除磷越高。通常以 BOD_5/TP 的比值作为评价，一般在 $BOD_5/TP>20$ 时，去除磷的效果较稳定。

② NO_3^--N 对除磷脱氮的影响。由于废水中 NO_3^--N 的存在，会产生反硝化反应。NO_3^--N 大于 1.5mg/L 时，会使聚磷菌释放时间滞后，影响除磷效果。所以一般应采取一些措施，如曝气、停止曝气、再曝气措施，提高脱氮效率，以减少下一周期进水工序状态时的 NO_3^--N 浓度。

③ 运行状态和 DO 的影响。进水状态时为缺氧状态，DO 应控制在 0.3～0.5mg/L，以满足释磷要求。好氧反应状态，DO 可控制在 2mg/L 以上，沉淀排放状态 DO 一般不应高于 0.7mg/L。

④ BOD 污泥负荷与排出比（$1/m$）的影响。所谓排出比（$1/m$）是指每一周期排污量与反应池容积之比。周期数与排出比不同组合的负荷情况如图 2-31 所示。

图 2-31　周期数与排出比不同组合下的负荷

在高负荷运行时，周期数和排出比较大时，反应池容积可小一些，基建投资低，但剩余污泥多，除磷效果好。在低负荷运行时，周期数和排出比较小时，反应池容积要大些，基建费用增高，但剩余污泥少，脱氮效果好。

3）SBR 法设计参数。可参见表 2-16。

表 2-16　SBR 法设计参数

有机物负荷条件	高负荷运行	低负荷运行
	间歇进水	间歇进水，连续进水
BOD 污泥负荷/[kg BOD/(kg MLSS·d)]	0.1～0.4	0.03～0.1

续表

有机物负荷条件	高负荷运行	低负荷运行
	间歇进水	间歇进水,连续进水
MLSS/(mg/L)	1500～5000	
周期数	大(3～4)	小(2～3)
排出比(1/m)	1/4～1/2	1/6～1/3
安全高度 ε(活性污泥界面上水深)/cm	50 以上	
需氧量/(kg O_2/kg BOD)	0.5～1.5	1.5～2.5
污泥产量/(kg MLSS/kg SS)	约 1	约 0.75

4）SBR 法设计计算公式如下。

BOD 污泥负荷

$$L_S = \frac{Q_S C_S}{e C_A V} \qquad (2\text{-}68)$$

式中 L_s——BOD 污泥负荷，kg BOD/(kg MLSS·d)；

Q_S——废水进水量，m^3/d；

C_S——进水平均 BOD_5，mg/L；

C_A——曝气池内 MLSS 浓度，mg/L；

V——曝气池容积，m^3；

e——曝气时间比，$e = nT_A/24$。

曝气时间

$$T_A = \frac{24 C_S}{L_S m C_A} \qquad (2\text{-}69)$$

式中 T_A——曝气时间，h；

L_S——BOD 污泥负荷，kg BOD/(kg MLSS·d)；

$1/m$——排出比。

沉淀时间

$$T_S = \frac{H \frac{1}{m} + \varepsilon}{V_{max}} \qquad (2\text{-}70)$$

式中 T_S——沉淀时间，h；

H——反应池水深，m；

ε——安全高度，m；

V_{max}——$7.4 \times 10^4 t C_A^{-1.7}$（MLSS≤3000mg/L），$4.6 \times 10^4 t C_A^{-1.26}$（MLSS>3000mg/L）。

一个周期所需时间

$$T_C = T_A + T_S + T_D \qquad (2\text{-}71)$$

式中，T_D 为排水时间。

反应池容积

$$V = \frac{m}{Nn} Q_S \qquad (2\text{-}72)$$

$$n = \frac{24}{T_C} \qquad (2\text{-}73)$$

式中 n——周期数；

V——反应池容积，m^3；

N——池个数，个。

曝气装置供氧能力

$$R_0 = \frac{O_D C_{SW}}{1.024^{T_1-T_2} \partial (\beta C_S - C_A)} \times \frac{760}{P} \tag{2-74}$$

式中 R_0——曝气装置供氧能力，kg/h；

O_D——每小时需氧量，kg/h；

C_{SW}——清水 T_1 的氧饱和浓度，mg/L；

C_S——清水 T_2 的氧饱和浓度，mg/L；

T_1——以曝气装置为基点的清水温度，℃；

T_2——混合液水温，℃；

C_A——混合液 DO，mg/L；

∂——K_{la} 修正系数（0.83~0.93）；

β——氧饱和修正系数（0.95~0.97）；

P——大气压，mmHg（1mmHg=133.322Pa）。

反应池内各水位高度（见图 2-32）计算：

$$h_1 = 有效水深 \times \frac{1}{1+变化系数} \times \frac{m-1}{m} \tag{2-75}$$

$$h_2 = 有效水深 \times \frac{1}{1+变化系数} \tag{2-76}$$

$$h_3 = 有效水深 \tag{2-77}$$

$$h_4 = 有效水深 + 0.5 \tag{2-78}$$

$$h_s = h_1 - 0.5 \tag{2-79}$$

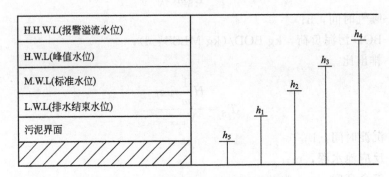

图 2-32 反应池内各水位高度示意图

设计实例：可见本书第十章第三节制革废水处理。

（2）SBR 法变形

目前，在周期进水、周期曝气和周期排水的传统 SBR 工艺的基础上，又开发了多种连续进水、周期曝气和周期排水的新型 SBR 方法系列，主要有 CASS 工艺（CAST 工艺）、ICEAS 工艺、DAT-IAT 工艺和 Unitank 工艺等。

1）CASS 工艺（CAST 工艺）。CASS 工艺是指在 SBR 法的基础上结合生物反应动力学原理并在合理的水力条件下开发的新工艺。运行中，主要是在 SBR 池的旁边加了一个生物选择区，在此，进入池中的废水与反应区回流的污泥混合，使磷在厌氧条件下得到很好的释放，并且可以起到克服污泥膨胀的作用。该工艺的主要特点是：①能做到脱氮除磷；②工艺控制灵活；③污泥沉降好；④造价相对较低。因此，该工艺方法已被广泛地应用在工业废水和城市污水的处理中。

2）ICEAS工艺。该工艺主要是在反应池前增加一个预反应区，并且两个池为一组，预反应区一般处于厌氧和缺氧状态，连续进水，其工序由曝气、沉淀和滗水组成。其特点是：①有理想的推流性能和对污泥膨胀的控制；②虽然在主反应区底部的水力紊动影响泥水分离，使进水量受一定限制，但该工艺设施简单，管理方便。

3）DAT-IAT工艺。该工艺是由DAT池和IAT池组成，其中DAT池为一个连续曝气池（也称连续曝气区），IAT池相当于SBR池。废水先进入DAT池进行初步生化，然后再进入IAT池进行反应、沉淀、出水和闲置几个过程。与CASS工艺相比，这种工艺更加灵活，并有相对较好的除磷脱氮效果。

4）Unitank工艺。该工艺由三个相等的矩形池组成。相邻池之间以开孔的公共墙隔开，每个池都装有曝气系统，而中间池两边的池可作为反应池和沉淀池，并按时向程序转换，且都可以以溢流堰形式排水。该工艺的特点是：①可在恒水位下交替运行，用固定堰排水而省去滗水器；②沉淀池可按平流式沉淀池设计；③由于采用三个矩形池设计，弥补了单个反应池完全混合不足的缺陷。

3. 氧化沟法及变形

（1）概述

氧化沟法实质上是一种完全混合式和推流式的活性污泥法。在适宜的控制条件下，沟内有好氧区和厌氧区，可以达到去除BOD、COD和脱氮除磷的效果，是当前国内外生化处理的主要形式之一。

由于氧化沟工艺属于推流式生化工艺，因此，水力停留时间长（可达10～40h），泥龄一般大于20d，有机负荷较低，仅为0.05～0.15kg BOD/(kg MLSS·d)，容积负荷为0.2～0.4kg BOD/(m³·d)，活性污泥浓度为2000～6000mg MLSS/L，出水BOD可达10～15mg/L，SS为10～20mg/L，NH₃-N为1～3mg/L，总磷可去除50%左右（若增加沟前生物反应池功能，磷的去除率可提高）。

氧化沟的形式主要有基本型、卡鲁赛尔型、奥伯尔型、一体化型和交替型。

（2）氧化沟形式

1）基本型氧化沟。处理流程示意见图2-33。

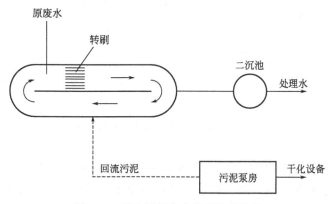

图2-33　基本型氧化沟处理流程示意

基本型氧化沟为废水从沟一端进入，在沟中转圈流动，处理后出水由另一端流出进入二沉池。一般基本型氧化沟规模较小，水深 1~1.5m，沟内水平流速 0.3~0.4m/s，其循环量为设计流量的 30~60 倍。

2）卡鲁赛尔氧化沟。该氧化沟为一个多沟串联系统，进水与活性污泥混合后沿箭头在左沟内不停地循环流动，每沟端处安置一台曝气机。沟深 4~4.5m，沟内水流速 0.3~0.4m/s，预反硝化区占氧化沟的 15%，BOD 去除率一般可≥95%，脱氮率 90%，除磷率 50%，平均传氧效率≥2.1kg/(kW·h)。卡鲁赛尔氧化沟处理流程示意见图 2-34。

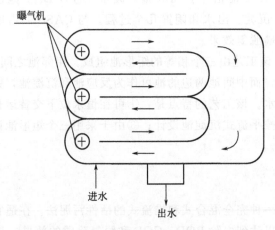

图 2-34　卡鲁赛尔氧化沟处理流程示意

3）奥伯尔氧化沟。奥伯尔氧化沟为 3 条沟，外沟容积为总容积的 60%~70%，中沟容积为总容积的 20%~30%，内沟为 10%，沟中流速 0.3~0.9m/s，水深 3.5~4.5m。奥伯尔氧化沟处理流程示意见图 2-35。

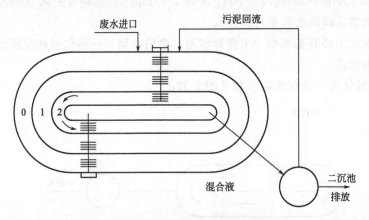

图 2-35　奥伯尔氧化沟处理流程示意

4）一体化氧化沟。该氧化沟是将船形沉淀池（船式分离器）连在氧化沟内，沟内混合液通过回流孔流入船形分离器，经沉淀后上浮液溢流排至沟外，该沟主要特点：减少占地，节省投资费用。一体化氧化沟处理流程示意见图 2-36。

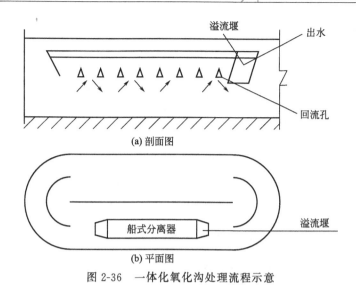

图 2-36　一体化氧化沟处理流程示意

5）交替型氧化沟。交替型氧化沟处理流程示意见图 2-37。交替型氧化沟有以下几种情况。

① VR 型：利用定时改变转刷方向，改变水流方向，见图 2-37(a)。

② D 型：可以脱氮，A、B 两池交替作为曝气池和沉淀池（一般 8h 为一周期），见图 2-37(b)。

③ T 型（三沟式氧化沟）：废水由配水井进行进水切换，见图 2-37(c)。

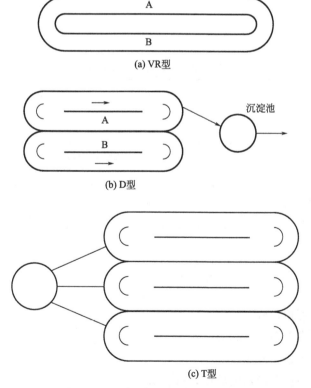

图 2-37　交替型氧化沟处理流程示意

(3) 氧化沟特征和适用条件

氧化沟特征和适用条件见表 2-17。

表 2-17 氧化沟特征和适用条件

类型	特征	适用条件
卡鲁赛尔氧化沟	(1)曝气器下游为富氧区,上游为低氧区,外环可能出现缺氧区,有利于生物凝聚和沉淀,形成生物脱氮; (2)BOD 去除 95%~99%,脱氮 90%,除磷 50%,若投药除磷可达 95%; (3)立式曝气机功率大,可调,低负荷时可停止部分曝气机; (4)沟深可达 5m 以上	(1)处理规模范围大(200~6500m³/d); (2)适用于脱氮除磷工艺; (3)适用于处理要求高、不宜进行污泥处理的污水
交替型氧化沟	(1)交替作为曝气池和沉淀池,省去沉淀池,沉淀效果好,不需污泥回流; (2)经调控能完成 BOD、硝化、反硝化,即 BOD 和脱氮效果	(1)适用于脱氮除磷工艺; (2)适用于处理要求高、不宜进行污泥处理的小城镇和工业废水处理
奥伯尔氧化沟	(1)圆形或椭圆形状,更能利用水流惯性,节省推动水流能耗; (2)多渠串联可减少短流; (3)曝气盘氧利用高,混合好,渠深可达 3.5~4.5m,沟底流速为 0.3~0.9m/s; (4)DO 浓度梯度大,充氧好,形成除磷环境	(1)适用于除磷脱氮工艺; (2)适用于处理要求高、不宜进行污泥处理的小城镇和工业废水处理
一体化氧化沟	(1)二沉池建在沟内,节省占地; (2)侧渠型利用两侧沟作为二沉池交替运行,混合液处于静止状态,沉淀效果好,不需设污泥回流	适用于处理要求高的小城镇和工业废水处理

(4) 氧化沟的设计参数与计算

1) 设计参数见表 2-18。

表 2-18 氧化沟的设计参数

项目	设计参数
污泥负荷/[kg BOD/(kg MLSS·d)]	0.05~0.15
水力停留时间/h	10~40
污泥龄 t_s/d	去除 BOD 时 5~8,去除 BOD 并硝化时 10~20,去除 BOD 并反硝化时 30
污泥回流比 R/%	50~100
污泥浓度 X/(mg/L)	2000~5000

2) 氧化沟设计公式。

氧化沟容积
$$V = \frac{YQ(l_0 - l_e)t_s}{X} \qquad (2\text{-}80)$$

式中　V——氧化沟容积,m³;

l_0, l_e——进、出水 BOD,mg/L;

Q——设计废水量,m³;

X——氧化沟中混合液污泥浓度,mg/L;

t_s——泥龄,d;

Y——净污泥产率系数，kg MLSS/kg BOD（一般为 0.5）。

曝气时间

$$t = \frac{24V}{Q} \tag{2-81}$$

式中 t——曝气时间，h；

Q——废水设计量，t/d。

剩余污泥量

$$W_x = \frac{YQL_r}{1 + K_d + t_s} \tag{2-82}$$

式中 W_x——剩余污泥量，kg/d；

L_r——$l_0 - l_e$，mg/L；

K_d——污泥自身氧化率，d^{-1}（一般为 0.05～0.1）。

污泥回流比

$$R = \frac{X}{X_R - X} \times 100\% \tag{2-83}$$

式中 X——氧化沟中混合液污泥浓度，mg/L；

X_R——二沉池底流污泥浓度，mg/L。

需氧量

$$AOR = 1.4Q(l_0 - l_e) \tag{2-84}$$

式中 AOR——需氧量，kg/h；

Q——水量，t/d；

$l_0 - l_e$——处理前后 BOD 值，mg/L。

曝气装置供氧能力

$$SOR = \frac{AOR \times L_{S(20)}}{\partial [\beta \rho C_{S(T)} - C] \times 1.024^{T-20}} \tag{2-85}$$

式中 SOR——曝气装置供氧能力，O_2/h；

$C_{S(T)}$——温度为 T 时饱和溶解氧浓度，mg/L；

C——平均溶解氧，mg/L；

ρ——大气压修正参数；

∂——氧转移参数（0.5～0.95）；

β——饱和溶解氧参数（0.9～0.97）；

T——液体温度；

$L_{S(20)}$——BOD 去除量，mg/L。

3）其他。虽然氧化沟工艺具有处理效果稳定及脱氮除磷的功能，且操作管理方便，运行费用低，但毕竟占地相对较大，一般工业废水生化处理采用此种形式较少，为此，本书在应用实例方面不再详述。

4. 新型好氧处理方法及装置

（1）接触氧化法（SFFR）

该法早在 20 世纪初克罗斯就获得了德国专利，1938 年日本开始了对这项技术的研究。

原理：污水是通过淹没在固体填料上生长的生物膜的氧化降解作用从而达到去除有机污染物的作用。该生物膜一般厚度 1.5～2mm，由于该膜表面为好氧处理，深处为厌氧状态，随着使用，可自行脱落而重新长出新膜继续处理污水。接触氧化法的主要参数为：容积负荷 3～6kg BOD/($m^3 \cdot$ d)，水力停留时间 0.5～1.5h，BOD 去除率一般为 80%～90%。它的优点是：容积负荷高，不需要污泥回流，也不会产生污泥膨胀，操作简单且能适应污水浓度的变化。因此，我国早在 20 世纪 70 年代就已开始应用此工艺处理生活污水及部分工业污水。

（2）曝气生物滤池（BAF）

曝气生物滤池是在 20 世纪 80 年代末普通生物滤池基础上开发的污水处理新工艺。其原理是：在生物反应池内填装高比表面积的颗粒填料，以作为微生物膜生长的载体，池内通入空气，污水经过生物反应池时，填料上的生物膜将污水中的有机物通过生化反应降解，以达到净化的目的。

影响曝气生物滤池处理效果的主要因素有以下几种。

1）温度。一般好氧处理最适宜的温度为 10～35℃。

2）pH 值。一般好氧处理 pH 值为 6.5～8.5 较为适宜。

3）有机负荷。进水浓度和处理等级的不同采用的有机负荷亦不同，如：处理城市污水当 BOD＜200mg/L 时，容积负荷可达 4～6kg BOD/(m³ 滤料•d)。

对于板纸厂污水，当进水 BOD＜200mg/L 时，容积负荷可达 2.8～3.9kg BOD/(m³ 滤料•d)。对于印染污水当 BOD＜140mg/L 时，容积负荷可定为 1.3～2.6kg BOD/(m³ 滤料•d)。即使是同种污水进水浓度不同时，容积负荷也可不同，据国外资料报道，当城市污水二级处理时（BOD 为 150～200mg/L），容积负荷可达 4～6kg BOD/(m³ 滤料•d)；而三级处理时（BOD 进水＜25mg/L），容积负荷可定为 0.2～0.3kg BOD/(m³ 滤料•d)。

4）溶解氧。溶解氧是保证微生物维持正常生命及活动的必要条件。一般情况下溶解氧不应低于 2mg/L，否则影响处理效果。

5）载体结构与性质。包括载体性质、比表面积、粗糙度、强度等都对微生物着膜和处理效果有影响。

6）生物膜质量。包括生物膜厚度、生长情况都对处理效果有影响。

7）有毒物质。污水中有毒物质如重金属离子、酸、氰等都会对处理效果产生影响。

8）营养物质。微生物生长所需的碳、氮、磷及金属元素都应有合适的比例供微生物使用，以确保微生物健康生长。

9）水力剪切力。要注意进水及池内流动的剪切力，以避免对微生物膜的损坏。

（3）膜生物反应器（MBR）

1）原理。MBR 法是将活性污泥法与膜分离法相结合的一种新型好氧处理形式。其原理是污水进入装有膜分离装置的活性污泥反应池，在高污泥负荷状态下，对污水进行混合及好氧分解，然后通过装在池中的膜分离单元，用泵将好氧分解的污水抽吸至池外。由于膜分离单元将经过好氧分解的污水中的大分子物质截留，而达到了净水的目的。MBR 原理见图 2-38。

2）MBR 优点。

① 由于 MBR 法取消了二沉池，并且将活性污泥法与膜法集中在同一池内，因此占地小，相对节约了投资。

② 出水水质稳定可靠。由于 MBR 法有活性污泥法和膜法二道处理工艺把关，且膜法处理水质精细，因此，处理后水质稳定可靠，且可去除活性污泥法无法处理的重金属及悬浮物等物质。

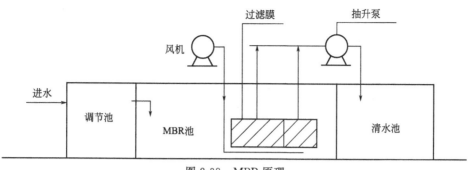

图 2-38　MBR 原理

③ 有利于氨氮的难降解有机物的去除。由于活性污泥被截留在池内，有利于硝化细菌的生长，系统消化率得以提高。同时，难降解的有机物由于水力停留时间的增加，也利于降解。

④ 操作原理简便，易实现自动控制。平时操作只要注意如活性污泥状态和膜泵的抽吸状态即可，容易做到自动控制操作。

3）MBR 缺点。

① 由于活性污泥浓度较高，因此，易发生膜堵塞影响出水效率等现象。

② 能耗相对较高，污水透过膜需一定压力，因此泵的能耗相对较大。

③ 膜的使用：平时需经常清洗且一般 3 年左右需更换，相对处理费用较高。

总体来说，由于上述优点，目前 MBR 法已广泛应用在我国工业废水及城市中污水处理的建设项目中。

4）MBR 工艺设计。

可参见本书第十三章第二节"十一、MBR（膜生物反应器）"。

三、厌氧处理法

1. 厌氧处理法原理

在厌氧的条件下，由厌氧微生物将污水中的有机物降解为甲烷（CH_4）和 CO_2 等产物的污水处理方法即厌氧法。

一般情况，该过程主要经历两个阶段，即酸性发酵阶段和碱性发酵阶段（见图 2-39）。在分解初期，微生物活动中分解的是有机酸、醇、CO_2、氨、硫化氢以及硫化物。在这一阶段，有机酸大量积累，pH 值随之下降，所以叫酸性发酵阶段，参与的细菌称产酸细菌。厌氧处理法原理示意见图 2-39。

在分解后期，由于所产生的氨的中和作用，pH 值逐渐上升，另一群称为甲烷细菌的微生物开始分解有机酸和醇，并产生甲烷和 CO_2，并随着甲烷菌的不断繁殖，有机酸迅速分解，使 pH 值又迅速上升，这一阶段叫碱性发酵阶段。

随着研究工作的不断深入和发展，目前也有人提出厌氧处理过程分三阶段或四阶段完成。所谓三阶段是指水解发酵阶段，产氢、乙酸阶段和产甲烷阶段。即：第一阶段是在厌氧微生物作用下，将多糖水解为单糖，再进一步发酵为丙酸、丁酸等脂肪酸和乙醇。第二阶段是经过产氢产乙酸菌将丙酸、丁酸等脂肪酸转化为乙酸、氢气和 CO_2。第三阶段是甲烷菌利用已产生的氢气、CO_2 和乙酸产生甲烷（CH_4）。

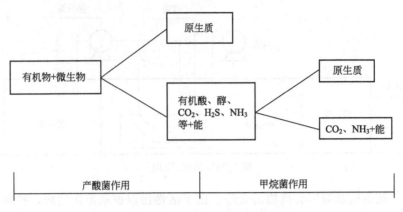

图 2-39　厌氧处理法原理示意

2.影响厌氧处理的因素

（1）温度

温度是影响微生物生存生长及代谢的重要指标。目前厌氧工艺分为常温、中温、高温 3 种形式。

1）常温发酵：10～30℃，是指在自然气温或水温下的厌氧处理活动。

2）中温发酵：35～38℃，是常用的厌氧处理温度。

3）高温发酵：50～55℃，个别时候应用。

不同温度对于处理不同污水及产气量有不同的需求。

（2）pH 值

不同的厌氧处理阶段，对于 pH 值要求是不同的。如：产甲烷菌最适宜的 pH 值要求为 6.8～7.2，如果 pH 值在 6.8 以下及 7.2 以上，厌氧处理会受到严重的抑制，甲烷化速率会降低。而产酸菌的 pH 值要求为 4～7，通常为避免厌氧反应器内积累酸过多，pH 值应定在 6.5～7.5 为好。

（3）有机负荷

所谓有机负荷是指单位有效容积反应器每天接受的有机物量，用 kg COD/(m³·d) 表示。该指标是表示反应器处理能力的指标，也是设计和考察反应器的重要参数。也可用污泥负荷来表示，即 kg COD/(kg VSS·d) 来表示。一般处理工业废水的中温反应中容积负荷为 4～6kg COD/(m³·d)，在实际工程中，应根据不同行业污水的具体情况决定容积负荷或污泥负荷。

（4）水力负荷

所谓水力负荷通常是指水力停留时间。因为反应器内上升流速与污泥和污水之间的接触，即对有机物等去除率有直接影响，所以应尽量提高污水的上升速度，以保证反应区的扰动，但又不能无限加大上升速度，一般传统的 UASB 反应器水力负荷不应超过 1m³/(m²·h)。

（5）营养

反应器内厌氧微生物要达到正常的生长和污染物的去除，必须保证自身所需的碳、氮、磷及微量元素的供给。一般供给的碳、总氮、总磷的比例应达到（200～300）∶5∶1，即碳的比例要比好氧的碳比例高。

3. 厌氧处理的种类

服务于工业废水处理的厌氧处理工艺，概括起来主要包括厌氧消化池、水解酸化池、厌氧生物滤池、升流式厌氧污泥层反应器（UASB）以及新开发的厌氧折板反应器（ABR）和内循环厌氧反应器（IC）等。这些工艺广泛地应用于工业废水处理中，下面将逐项予以介绍。

（1）水解酸化池

前已述及，厌氧处理过程分2个（或3个）阶段进行。第一阶段是在厌氧菌作用下将多糖分解为单糖，再进一步发酵为丙酸、丁酸等脂肪酸和乙酸。也就是说，分解初期可将水中难以降解的大分子物质降解为易生化降解的物质，便于好氧处理，可以说水解酸化就是厌氧处理过程的第一、第二阶段，这也是为什么有的废水处理工程在好氧处理前，加一个水解酸化手段的原因。

试验表明，当采取水解酸化前置的好氧处理工艺时，达到同样效果比不加水解酸化工艺的水力停留时间可缩短1/3。同时，据报道，水解酸化对COD、BOD、SS的去除率分别为43.5%、32.3%和83.6%。另外水解酸化对水质和水温的变化适应性较强，这就大大提高了采用此工艺的可行性。

（2）厌氧消化池

1）该池主要用于处理城市污水厂的污泥，污泥消化有好氧消化和厌氧消化两种。好氧消化主要是指将初沉池和二沉池的剩余污泥混合后持续曝气一段时间，致使微生物自身氧化，并因缺乏营养而死亡，以达到减少污泥量的目的的，在此不予详述。厌氧消化原理利用上述的厌氧处理过程的三个阶段理论（即水解阶段、产酸阶段和产甲烷阶段）对污泥进行分解，以使污泥达到"四化"（减量化、稳定化、无害化和资源化）的目的。

厌氧消化又分为中温消化（29~38℃，一般采用35℃）和高温消化（50~56℃，一般采用55℃）。厌氧消化系统由消化池、加热系统、搅拌系统、进排泥系统和集气系统组成。加热方式有两种：一种是池内加热，即将热量用蒸汽或热水循环直接通入池内进行加热；另一种是池外加热，即将污泥在池外加热到所要求的温度再送入池内。这两种方法均有良好的混合搅拌，其搅拌方式有机械搅拌（包括螺旋桨式搅拌机和喷射泵搅拌机）及沼气搅拌两种。

2）厌氧消化池设计参数与计算。厌氧消化池为圆柱形或卵形。圆柱形一般直径为6~35m，池总高与池径比为0.8~1，池底和池盖倾角一般取15°~20°，池顶集气罩直径取2~5m，高1~3m。池内应有搅拌及加热系统。

厌氧消化池设计步骤：根据给出的已知条件，先计算消化池容积，其公式为$V=\dfrac{污泥量}{P}$（P为污泥投配率，%），然后根据选定的池直径、池各部分高度、上下椎体高度及集气罩和下锥体直径计算各部分容积，得出池总容积。由于厌氧消化池在工业废水处理中应用较少，对于设计和实例本书不再做详细介绍。

（3）厌氧生物滤池

1）概述。厌氧生物滤池处理废水的原理是：废水通过一个密封的水池，其水池中装有填料，填料上培养生长着厌氧菌膜，通过厌氧菌膜对废水中有机物予以分解，从而达到净水的目的。

池中填料是处理效果的关键因素之一。可以当作填料的有碎石、卵石、焦炭、塑料制品、纤维等。填料选择应符合以下要求：①比表面积大、孔隙率高、生物易附着；②足够的强度、不易磨损、化学稳定性高、通水阻力小、无有害物质溢出；③和水的密度差不多，价格便宜。

以碎石、卵石为滤料的厌氧生物滤池，由于比表面积不大（一般为 $40\sim50m^2/m^3$）、孔隙率低（一般为 $50\%\sim60\%$）、运行中易发生短流和堵塞，因此有机容积负荷不高，通常为 $3\sim6kg\ COD/(m^3\cdot d)$。蜂窝滤料的比表面积与内孔直径大小有关，直径为 10mm、15mm 和 20mm 时，比表面积分别为 $360m^2/m^3$、$240m^2/m^3$ 和 $180m^2/m^3$。波纹状塑料滤料的比表面积可达 $100\sim200m^2/m^3$，孔隙可达 $80\%\sim90\%$，中温条件下有机负荷可达 $5\sim15kg$ $COD/(m^3\cdot d)$。粒状活性炭做填料有机负荷可达为 $7.22\sim9.33kg/(m^3\cdot d)$ 时，COD 去除率可达 $86\%\sim90\%$。

2）厌氧生物滤池的特点。

① 优点。

a.有机负荷高：有机负荷一般为 $0.2\sim16kg\ COD/(m^3\cdot d)$，且适应废水范围广。

b.耐冲击负荷能力强：因池中污泥浓度高且停留时间长，所以，即使进水中有机物浓度变化剧烈，微生物也有适应能力。

c.有机物去除快：在相同的负荷下，COD 的去除比其他生化方式要快。

d.不需污泥回流：因微生物在池中以固着态生存，不易流失，因此，不需污泥回流增加污泥浓度。

e.启动时间短：启动或停运后再启动，时间比其他厌氧法相对要短。

② 缺点

a.处理含悬浮物较高的废水易发生堵塞，所以本法最好用于溶解有机废水。

b.反冲洗尚无有效的办法。

c.当池中污泥浓度过高时，易发生短流现象，减少了水力停留时间，影响处理效果。

3）厌氧生物滤池的设计计算。

① 滤料层高度：采用块状滤料时，高度不宜超过 1.2m，塑料滤料高度可达 5m。

② 布水多采用多孔管。

③ 滤料支撑板多采用多孔板或竹子板。

④ 池容积计算可按动力学公式或有机负荷公式计算，见式(2-86)~式(2-88)。

有机负荷公式

$$V=\frac{QS_0}{N_1} \tag{2-86}$$

式中　V——池容积，m^3；

　　Q——处理水量，m^3/d；

　　S_0——处理水 COD 浓度，g/L；

　　N_1——有机负荷，$kg\ COD/(m^3\cdot d)$。

动力学公式　　　　　$$t=\frac{1}{K}\ln\frac{S_0}{S_e} \tag{2-87}$$

$$V=Qt \tag{2-88}$$

式中　K——动力学常数，$1.53d^{-1}$；

　　S_0——处理前 COD，mg/L；

S_e——处理后 COD，mg/L；

t——水力停留时间，d。

4）设计举例。

【例 2-1】 已知工业废水量为 $500m^3/d$，COD 浓度为 $5000mg/L$，水温 $35℃$，要求 COD 去除率为 90%，有机负荷按 $3.2kg\ COD/(m^3 \cdot d)$ 考虑，试计算厌氧生物滤池容积。

解：

a. 用动力学公式

$$t=\frac{1}{K}\ln\frac{S_0}{S_e}=\frac{1}{1.53}\ln\frac{5000}{500}=1.5(d)$$

$$V=Qt=500\times1.5=750(m^3)$$

b. 用有机负荷公式

$$V=\frac{QS_0}{N}=\frac{500\times5}{3.2}=781.3(m^3)$$

（4）上流式厌氧反应器（UASB）

1）概述。上流式厌氧反应器构造示意见图 2-40。

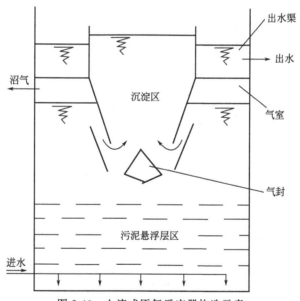

图 2-40 上流式厌氧反应器构造示意

废水进入悬浮层区与污泥中的微生物接触发生酸化和产甲烷反应，产生的气体一部分附着在污泥颗粒上；自由气体和附着在颗粒上的气体和污泥及水一起上升至三相分离区，沼气碰到分离器下部的反射板时，折向反射板四周，穿过水层进入气室。固液混合物经过反射板后进入沉淀区，废水中的污泥在重力作用下沉降，发生固液分离。分离后的水由出水渠排出，而污泥靠重力再返回到反应区。集气室收集的沼气由气管排出反应器。

具体地说，污泥悬浮区由污泥床和悬浮层组成，污泥床位于 UASB 反应器底部，污泥浓度高，可达 $100\sim150g\ MLSS/L$，并由活性生物量占 $70\%\sim80\%$ 的颗粒污泥组成，粒径一般可在 $0.5\sim5mm$，具有优良的沉降性能，其沉降速度可达 $1.2\sim1.4cm/s$，污泥容积指数（SVI）为 10~20mL/g。污泥中主体为厌氧微生物，包括水解菌、乙酸菌和甲烷菌。污泥床容积一般占 UASB 反应器的 30% 左右，但对厌氧处理起到 70%~90% 的作用，悬浮层占反应器的 70%，一般为非颗粒状污泥，沉淀速度明显小于颗粒污泥，SVI 仅为 30~40mL/g，这层污泥只担负着 10%~30% 的有机物去除量。

2）UASB 的主要特点。

① 优点。

a. 污泥浓度高，平均污泥浓度可达 20~40g VSS/L；

b. 有机负荷高，可达 15~40kg COD/(m³·d)；

c. 因有三相分离器，一般不另设沉淀池且不用污泥回流；

d. 无混合搅拌设备，靠产生的沼气的上升运动使上部的污泥处于悬浮状态；

e. 污泥床内不需设载体，节约造价并可避免堵塞。

② 缺点。

a. 进水悬浮物不宜太高（一般应控制在 1000mg/L 以下），太高会磨损污泥颗粒，影响处理效果。

b. 污泥床有时会发生短流现象，影响处理能力。

c. 对水质和负荷突然变化较为敏感，耐冲击力稍差。

3）UASB 反应器设计与计算。UASB 反应器设计应包括进水系统设计、反应区容积设计、三相分离器设计、沉淀区设计及集气系统设计等几方面。

① 设计原则。UASB 反应器的高度一般为 3.5~6.5m，最高可达 10m 左右。当有机负荷在 5~6kg COD/(m³·d) 时，水力负荷为 0.5m³/(m²·h)，最大可达 1.5m³/(m²·h)，此时反应器高度以 6m 为宜。一般情况下，水力负荷越高，反应器应越高。反应器的水力停留时间为几小时至几天不等，具体视水质和处理要求而定，有时可高达 10m³/(m²·h)（即相当于上升流速 10m/h）。

② 主要设计项目。

a. 反应器的有效容积（$V_{有效}$）设计计算可见式(2-89)。

$$V_{有效} = \frac{Q(C_0 - C_e)}{N_V}$$ (2-89)

式中　$V_{有效}$——反应器的有效容积，m³；

　　　　Q——设计水量，m³/d；

　　C_0，C_e——进、出水 COD 浓度，kg/m³；

　　　N_V——COD 容积负荷，kg COD/(m³·d)。

不同温度的容积负荷可见表 2-19。

表 2-19　不同温度的容积负荷

温度/℃	容积负荷/[kg COD/(m³·d)]	温度/℃	容积负荷/[kg COD/(m³·d)]
高温 50~55	20~30	常温 20~25	5~10
中温 30~35	10~20	低温 10~15	2~5

b. 反应器的形状和尺寸等设计可见式(2-90)~式(2-93)。

ⓐ 反应器截面积 $$S=\frac{V_{有效}}{h}$$ (2-90)

式中，h 为反应器高度，一般为 4～6m。

ⓑ 反应器总容积 $$V=BLH$$ (2-91)

式中 B——反应器宽；

L——反应器长；

H——反应器高。

ⓒ 水力停留时间（h） $$HRT=\frac{有效容积}{每天处理量}\times24$$ (2-92)

ⓓ 水力负荷率 $[m^3/(m^2\cdot h)]$ $$V_r=\frac{Q}{S}$$ (2-93)

c.三相分离器设计。三相分离器的好坏，对 UASB 反应器处理废水起着至关重要的作用。它主要有三个功能和三个主要组成部分：三个功能是气液分离、固液分离和污泥回流；三个组成部分是气封、沉淀区和回流缝。三相分离器的设计应满足以下 3 点要求：ⓐ混合液进入沉淀区前，必须将其中的气泡予以脱出，以防对沉淀区的影响；ⓑ沉淀区的表面水力负荷在 $0.7m^3/(m^2\cdot h)$ 以下，进入沉淀区前，通过沉淀区底缝隙的流速不大于 2m/h；ⓒ沉淀区斜底与水平面交角不应小于 50℃，以使斜底上的污泥不积累，尽快落入反应区内。三相分离器设计可参照清华大学胡纪萃老师的有关论述。

d.沉淀区设计。沉淀区设计与二沉池相似，主要应满足以下要求：

ⓐ 表面负荷<$1m^3/(m^2\cdot h)$；

ⓑ 沉淀器斜壁角度：50°；

ⓒ 沉淀区前，底缝隙流速≤2m/h；

ⓓ 总沉淀水深≥1.5m（器顶至水面≥1m）；

ⓔ 水力停留时间 1.5～2h。

三相分离器示意见图 2-41。

e.回流缝设计

$$b_1=h_3/\tan\alpha$$ (2-94)

$$b_2=b-2b_1$$ (2-95)

下三角集气罩间污泥回流缝隙中混合液的上升流速（V_1）

$$V_1=\frac{Q}{S_1}$$ (2-96)

式中 Q——设计流量，m^3/h；

S_1——下三角集气罩回流缝总面积，m^2。

$$S_1=b_2Ln$$ (2-97)

式中 L——三相分离器长度；

n——反应器的三相分离器单元数。

说明：为了使回流缝水流稳定，V_1 应小于 2m/h。

上三角形集气罩与下三角形集气罩斜面之间

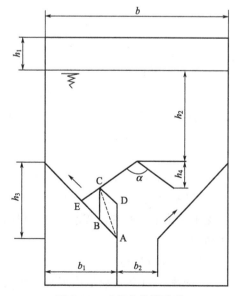

图 2-41 三相分离器示意

回流缝的流速 V_2：

$$V_2 = \frac{Q}{S_2} \tag{2-98}$$

式中　S_2——上三角集气罩回流缝总面积，m^2，$S_2 = CL \times 2n$；

　　　C——上三角集气罩回流缝宽度（图 2-41 中 CE），m。

为了使回流缝和沉淀区的水流稳定，确保良好的固液分离效果和污泥的顺利回流，应确保：$V_2 < V_1 < 2m/h$。

f. 气液分离器设计。欲达到气液分离的目的，上下两组三角形集气罩的斜边必须重叠，重叠的水平距离（AB 的水平投影）越大，气体分离效果越好。去除气泡的直径越小对沉淀区固液分离效果的影响越小。所以重叠量的大小，是决定气液分离效果好坏的关键。一般重叠量应达到 $10 \sim 20cm$ 或计算决定。

由反应区上升的水流从下三角形集气罩回流缝过渡到上三角形集气罩回流缝再进入沉淀区，其水流状态比较复杂，当混合液上升到 A 点后，将沿着 AB 方向斜面流动，并设流速为 V_0，同时假定 A 点的气泡以速度 V_0 垂直上升，所以气泡的运动轨迹将沿着 V_a 和 V_b 合成的速度方向运动，根据速度合成的平行四边形法则，则有：

$$\frac{V_b}{V_a} = \frac{AD}{AB} = \frac{BC}{AB}$$

要使气泡分离后进入沉淀区的必要条件是

$$\frac{V_b}{V_a} > \frac{AD}{AB} = \frac{BC}{AB}$$

气泡上升速度（V_b）与其直径、水温、液体和气体的密度、废水的黏滞系数等因素有关。当气泡的直径很小（$d < 0.1mm$）时，在气泡周围的水流呈层流状态（$Re < 1$），这时气泡的上升速度可用斯托克斯（Stokes）公式计算，即：

$$V_b = \frac{\beta g}{18\mu}(\rho_1 - \rho_g)d^2 \tag{2-99}$$

式中　V_b——气泡上升速度，cm/s；

　　　d——气泡直径，cm；

　　　ρ_1——废水密度，g/cm^3；

　　　ρ_g——气体密度，g/cm^3；

　　　g——重力加速度，cm/s^2；

　　　μ——废水动力黏滞系数，$g/(cm \cdot s)$；

　　　β——碰撞系数（可取 0.95）。

$$\mu = V\beta \tag{2-100}$$

式中　V——废水运动黏滞系数，cm^2/s。

4）UASB 反应器设计实例。

见本书第七章中啤酒废水处理。UASB 反应器有关参数和控制还可参见第十三章第二节有关内容。

（5）ABR 反应池

1）概述。ABR 反应池原理是：在反应器中，分成几个串联的反应室，每个反应室都可看作是相对独立的上流式污泥床。废水进入反应器后沿导板上下折流运动前进。废水中的有机物通过与微生物的接触而得以去除。ABR 反应池构造示意见图 2-42。

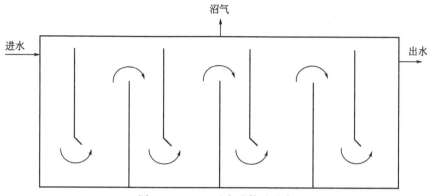

图 2-42　ABR 反应池构造示意

借助于废水流动及沼气上升的作用，搅动反应器中的污泥，而污泥被截流在反应室中。

由于微生物种群沿长度方向形成了产酸和产甲烷的菌群，并使得产酸菌集中在第一相反应室中，产甲烷菌群集中在后相室中，且活性都比单相运行高出几乎 4 倍，因此获得了较好的处理效果。

经过学者的不断研究与实践，目前 ABR 反应器又在构造及运行方式等方面进行了改变，以期获得良好的处理效果。其改动及发展主要体现在以下几个方面。

① Boopathy 等提出将第一格反应室间距设计成其余反应室 2 倍的做法，不仅可以减小水流的上升速度，还可以将进水悬浮物尽量沉淀于此。

② Tilche 等提出将最后一格反应室增加一个沉降室，增加了废水的沉淀效果（改进后 ABR 池示意见图 2-43）。

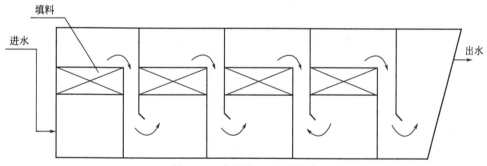

图 2-43　改进后 ABR 池示意

③ 在每个反应室中增加填料，一是可防止污泥流失，二是增加处理能力。

④ 两相厌氧处理系统。两相厌氧系统就是把产酸菌和甲烷菌分别培养在两个串联的反应器内，并分别提供各自的最佳生长环境条件，以便发挥各自的最大活性。也就是说，废水先经过水解酸化反应器，产生有机酸；接着进入甲烷反应器，产生甲烷（CH_4）和 CO_2。为了保证两相反应器的正常工作，通常用以下 3 种方法予以保证：a. 物理法，使用反渗透法（用半透膜使两个反应器基质不同）；b. 化学法，即投加抑制剂，抑制甲烷菌在产酸相中的生长；c. 动力化学控制法，即控制两个反应器的操作参数，如有机负荷、水力停时间等（一般采用此种方法）。

具体两相厌氧处理系统的设计参数为：

a. 产酸器和产甲烷器的容积比一般为 1：(3～5)；

b. 产酸器水力停留时间为 4～16h，或容积负荷为 25～50kg COD/(m³·d)；

c. 产酸器废水 pH 值应为 4～5.5，发酵温度为 25～35℃；

d. 产甲烷器水力停留时间为 12～48h，或容积负荷为 12～25kg COD/(m³·d)；

e. 产甲烷器进水 pH 值应为 5.5～7；

f. 系统产气率为 0.45～0.55m³CH₄/kg COD。

2）ABR 处理工艺的特点。

① 优点。

a. 适应范围广；

b. ABR 反应池构造简单，造价低，操作管理方便；

c. 良好的处理效果和稳定的运行；

d. 可作为好氧处理前的预处理方法。

② 缺点。

a. 容易发生堵塞而影响处理效果；

b. 需完善的沼气收集系统，否则易产生事故。

3）ABR 反应池的设计与计算。

① 反应池体积计算。可按有机负荷和停留时间两种方法计算。

有机负荷一般情况下按 2～10kg COD/(m³·d) 计算，但多数情况下应根据不同行业水质及处理后要求，经小型试验或从已建成的废水处理工程的经验数据分析而得，水力停留时间一般可按 1～2d 计算，具体采用多少也可根据经验数据获得。

② ABR 反应池一般反应室不应少于 3 个，一般为 4～6 个，每个反应室的上升区与下降区面积之比为 4：1，要求上升区流速为：当 COD 值大于 3000mg/L 时为 0.1～0.5m/h，当 COD 值小于 3000mg/L 时为 0.6～3m/h。

③ 为防止反应池堵塞，各反应室水力落差应≥300mm，且每块隔板下端应有一块 45°斜板，以利于水流通畅。

④ 气体收集装置，沼气产量一般可按 0.4～0.5m³/kg COD 估算。气管直径选择可按气流速度 5m/s 计算，排泥管一般不应小于 D150mm。

⑤ 排泥量计算可按式(2-101)进行：

$$\Delta X = \gamma Q S_0 E \tag{2-101}$$

式中　ΔX——排泥量，kg/d；

　　　γ——产泥系数，0.15kg 干泥/(kg COD·d)；

　　　Q——每天处理水量，m³/d；

　　　S_0——废水 COD 含量，mg/L；

　　　E——处理效率，E＝80%～90%。

⑥ 反应池保温。有条件的地方，应对反应池予以保温，以使池内废水温度保持在 15～35℃范围内，以利于处理效果。

4）工程实例。见本书第七章第三节啤酒废水处理工程实例。

（6）内循环厌氧反应器（IC）

1）概述。为了克服 UASB 反应器处理中低浓度废水时，容积负荷率只能限制在 5～8kg

COD/$(m^3 \cdot d)$，而处理高浓度废水时，产气太多而造成紊乱，以至悬浮物流失等现象，荷兰某公司开发了 IC 反应器，其主要原理是：废水从反应器底部进入反应室，与该室内的厌氧颗粒污泥混合，废水中大部分有机物被转化为沼气，并被下反应室集气罩收集，和下反应室的混合液一起被提升管提升至气液分离室。在此，被分离出来的沼气由沼气管排出，而泥水混合液则沿着回流管返回下反应室底部，并与下反应室的颗粒污泥混合，实现了混合液的内部循环。经下反应室处理过的废水会自动进入上反应室，并被上反应室中的厌氧颗粒污泥进一步降解，废水得到进一步净化。产生的沼气由上反应室集气罩收集，并通过集气管进入气液分离室。而上反应室中的混合液进入沉淀区进行固液分离，其上清液由出水管排出体外。也可以说，IC 反应器是由两个上下重叠的 UASB 反应器组成的，是用下反应室产生的沼气作为提升的动力，使升流管和回流管的混合液产生密度差，从而达到混合液在反应器内的循环。IC 反应器示意见图 2-44。

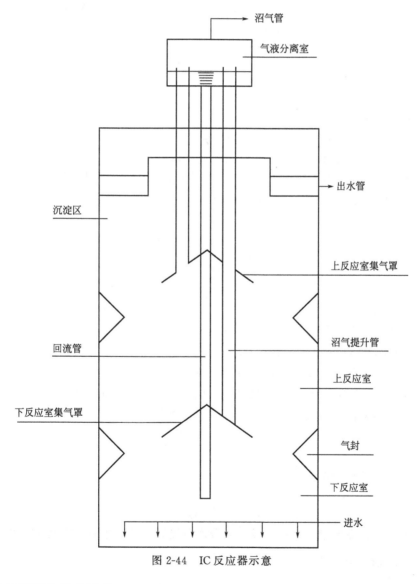

图 2-44 IC 反应器示意

2）IC 反应器的技术特点。

① 优点。

a. 容积负荷率高。一般情况下，容积负荷率是 UASB 反应器的 3 倍。处理低浓度的废水如啤酒废水，当 COD 为 2000～3000mg/L 时，容积负荷可达 20～50kg COD/(m^3·d)；HRT 仅为 2～3h。处理高浓度的废水如土豆加工废水，当 COD 为 10000～15000mg/L 时，容积负荷可达 30～40kg COD/(m^3·d)。

b. 抗冲击负荷能力强。由于 IC 反应器实现了内循环，循环流量可达进水量的 2 倍，甚至是 10～20 倍（对于高浓度而言），这就使得废水在下反应室与循环流量充分混合而得到稀释，从而达到了耐冲击负荷的能力。

c. 出水的稳定性好。由于 IC 反应器是由上下两个 UASB 系统组成，下反应室相当于粗处理，上反应室相当于精处理，因而保证了处理的稳定可靠。

d. 在 IC 反应器内，用沼气实现内循环，不必用泵来实现，从而节约能耗。

e. 具有缓冲 pH 值的能力。循环流量相当于下反应器厌氧出水的回流，可利用 COD 转化的碱度，对 pH 值起缓冲作用，使反应器内保持 pH 值的稳定。

f. 节省占地及投资。由于 IC 反应器是由二级 UASB 系统叠加而成的，高度较高，占地小，特别适用于占地面积紧张的使用单位。

② 缺点。

a. 设备投资相对较大；

b. 能耗较高，处理 $1m^3$ 废水，耗电约 1.5kW·h；

c. 运行费用高，处理 $1m^3$ 废水，运行费约 2 元以上；

d. 机械设备维护及管理工作量较大，并需要专门的技术人员操作管理。

3）IC 反应器的设计与计算。IC 反应器的设计主要有以下几方面内容。

① 有效容积（$V_{有效}$）：可按式（2-102）进行。

$$V_{有效}=\frac{Q(C_0-C_e)E}{N_V} \tag{2-102}$$

式中　$V_{有效}$——反应器的有效容积，m^3；

　　　　Q——设计水量，m^3/d；

　C_0，C_e——进、出水 COD 浓度，kg/m^3；

　　　　N_V——COD 容积负荷，$kg COD/(m^3·d)$；

　　　　E——上、下反应室去除 COD 比例，%。

② IC 反应器的几何尺寸。小型 IC 反应器高径比（H/D）一般为 4～8，高度 15～20m，大型 IC 反应器高度一般为 20～25m，则反应器体积为

$$V=AH=\frac{\pi d^2 H}{4} \tag{2-103}$$

③ 进水在反应器中停留时间（t_{HRT}）

$$t_{HRT}=\frac{V}{Q} \tag{2-104}$$

④ 沼气产量、污泥产量、沉淀区及三项分离器设计计算见本章中有关 UASB 工艺介绍。

四、生化法处理形式汇总

综上所述，生化法处理形式汇总见图 2-45。

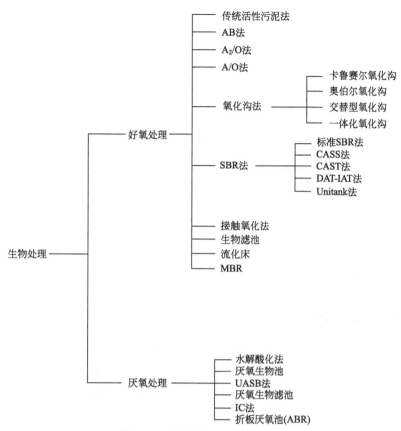

图 2-45　生化法处理形式汇总图

第三章 ▶▶
纺织印染废水处理技术与工程实践

第一节 ▶ 概述

一、纺织印染废水的来源及性质

纺织品按原料来源可分为棉、毛、麻、丝及化纤五类，再加上各类织物在染色时所使用的染料及加工工艺的不同，产生的废水性质亦不同。为了弄清废水的性质，首先应了解棉、毛、麻、丝及化纤原料的染整工艺和由此产生的废水的水质和水量，以便正确选择废水处理方案。现就棉、毛、麻、丝及化纤染整情况分别予以介绍。

1. 各种织物所适用染料

各种织物所适用染料见表 3-1。

表 3-1　各种织物所适用染料

织物染料	染料
棉染料	活性染料、硫化染料、直接染料、还原染料
毛丝染料	酸性染料、中性染料
涤纶染料	分散染料
腈纶染料	阳离子染料
维尼纶染料	中性染料
尼龙染料	分散染料

2. 常用化学药剂

常用化学药剂见表 3-2。

表 3-2　常用化学药剂

生产工序	主要化学药剂
烧毛灭火	烧碱
退浆	烧碱、硫酸、淀粉酶、亚溴酸钠

续表

生产工序	主要化学药剂
煮炼	碳酸钠、烧碱、亚硫酸氢钠、水玻璃、太古油
漂白	次氯酸钠、亚氯酸钠、过氧化氢、过硼酸钠、硫酸、硫代硫酸钠
丝光	烧碱、硫酸
整理	尿素、甲醛、氯化铵、磷酸二氢铵（磷酸氢二铵）、氯化镁、硝酸锌

（3）常用浆料

常用浆料见表 3-3。

表 3-3　常用浆料

浆类种类	上浆用	印花用	整理用
天然浆料	淀粉（小麦、马铃薯）、橡子粉、海藻酸钠	淀粉（小麦）、海藻酸钠、湖精、龙胶、树胶、甲壳质	淀粉（小麦、玉米、马铃薯）、田仁粉、橡子粉、海藻酸钠、明胶
化学浆料	聚乙烯醇（PVA）、聚丙烯酰胺、羧甲基纤维素（CMC）	PVA、聚丙烯酸钠、CMC、甲基纤维素、乳化浆	PVA、聚丙烯酰胺、聚丙烯酸乙酯、聚甲醛丙烯酸甲酯、CMC

（4）印染织物常用的染料和化学药剂

印染织物常用的染料和化学药剂见表 3-4。

表 3-4　印染织物常用的染料和化学药剂

染料种类	主要化学药剂
直接染料	碳酸钠、氯化钠、硫酸钠（元明粉）、表面活性剂、硫酸铜
硫化染料	硫酸钠、碳酸钠、氯化钠、重铬酸钾、硫化钠、双氧水、过硼酸钠
还原（及可溶性还原）染料	苛性钠、保险粉、元明粉、重铬酸钾、过硼酸钠、双氧水、乙酸、红油、平平加、硫酸、亚硫酸钠
活性染料	纯碱、小苏打、元明粉、尿素、表面活性剂
分散染料	保险粉、载体（各种油及化合物）、表面活性剂
不溶性偶氮染料	氯化钠、亚硝酸钠、盐酸
苯胺黑染料	盐酸、苯胺、氯酸钠、表面活性剂
酸性染料	元明粉、硫酸铵、乙酸、硫酸、乙酸钠、表面活性剂
金属络合染料	硫酸、乙酸、硫酸铵、元明粉、表面活性剂
阳离子染料	乙酸、乙酸钠、元明粉、尿素、表面活性剂

（5）常用整理剂

常用整理剂见表 3-5。

表 3-5　常用整理剂

硬挺整理	硬挺剂、充填剂、防腐剂	膨润土、滑石粉、水杨酸、硼酸、甲醛、石炭酸、羟苯乙酯
柔软整理	柔软剂	太古油、丝光膏、肥皂、石蜡乳化液

增白整理	荧光增白剂	BSL、VBL、R、VBU、DT
树脂整理剂	热固性树脂	尿素、甲醛、甲醇、三聚氰胺、三嗪酮、二甲基乙酰脲、双羟甲基脲、二甲基丙烯脲
	热塑性树脂	聚醋酸乙烯乳液、聚乙烯乳液、乙烯-醋酸乙烯共聚乳液、聚丙烯酸酯乳液、聚氨基甲酸酯
催化剂	无机酸、有机酸	盐酸、草酸等
	金属盐类	氯化镁、硝酸锌等
	铵盐	氯化铵、硫酸铵、磷酸氢二铵(磷酸二氢铵)、硫氰酸铵
	有机胺类	三乙醇胺盐酸盐、蚁酸铵等
	氧化剂	双氧水、过乙酸等
添加剂	渗透剂	非离子型表面活性剂
	硬挺剂	小麦粉、龙胶、热塑性树脂(如:丙烯酸酯、聚乙烯醇等)
	柔软剂	柔软剂 VS、防水剂 PF、有机硅等

二、印染废水主要来源

印染废水主要来源汇总见表 3-6。

表 3-6　印染废水主要来源

棉印染厂	毛纺织厂	丝绸厂	亚麻加工厂	苎麻加工厂
退浆	洗毛	煮茧	浸解	碱脱胶
煮炼	染色	缫丝	洗涤	酸洗
漂白	洗呢	废茧处理	漂白	染整
丝光	缩绒后冲洗	丝绸染整	染整	印花
染色	炭化后中和	印花	印花	
印花				
整理				

三、印染废水的主要特点

1. 废水量大

印染加工排出的废水量大，可占到印染用水量的 70%～90%。一个中等的涤棉印染厂，每天废水量可达 4000～6000m³，一个中等毛纺厂每天的废水量也可达到 3000～4000m³。

2. 水质复杂

废水中除有染料及辅料的残余物外，还有其他的有机物及微量有毒物质，悬浮物高，致使废水耗氧量、色度、COD、BOD、硫化物指数均较高。棉混织物废水 BOD 较低，生化性不好，难以生化降解，给废水处理造成一定困难。

3. 水质水量变化大

印染工业受原料、季节、市场需求等因素变化的影响，使废水水质和水量在不用时期亦相差较大，这对废水处理设施的设计、使用、维护等都带来一定困难。

第二节 ▶ 棉纺织工业废水处理

一、棉纺织生产工艺

1. 棉纺织品

棉纺织品主要是由棉花或棉花与化纤混合后经过纺纱、织造、染色（或印花）、整理等工序生产出的产品。其代表性染整工艺见图 3-1。

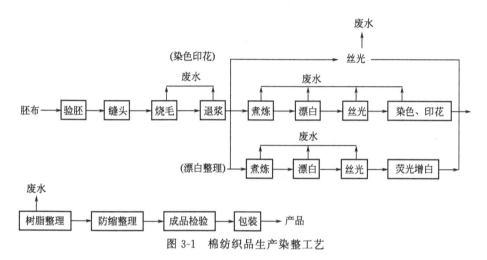

图 3-1 棉纺品生产染整工艺

2. 灯芯绒织物生产工艺

灯芯绒织物生产工艺见图 3-2。

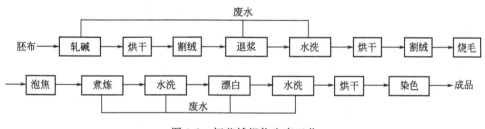

图 3-2 灯芯绒织物生产工艺

3. 绒布织物生产工艺

绒布织物生产工艺见图 3-3。

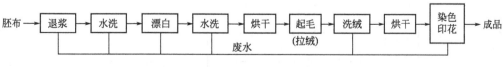

图 3-3 绒布织物生产工艺

4. 黏胶富纤及混纺织物生产工艺

黏胶富纤及混纺织物生产工艺见图 3-4。

图 3-4　黏胶富纤及混纺织物生产工艺

5. 腈、棉、涤中长纤维织物生产工艺

腈、棉、涤中长纤维织物生产工艺见图 3-5。

胚布 ⟶ 松式退浆汽蒸 ⟶ 预热定型 ⟶ 染色 ⟶ 成品

图 3-5　腈、棉、涤中长纤维织物生产工艺

6. 维、棉混纺织物生产工艺

维、棉混纺织物生产工艺见图 3-6。

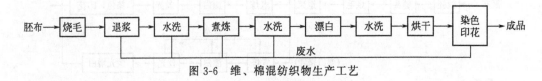

图 3-6　维、棉混纺织物生产工艺

二、棉纺产品水质和水量

1. 水质

棉纺产品水质见表 3-7。

表 3-7　棉纺产品水质

织物	染料	指标				
		pH 值	色度/倍	COD /(mg/L)	BOD /(mg/L)	SS /(mg/L)
纯棉织物	活性	9~11	100~300	400~800	150~350	100~200
纯棉织物（染色＋印花）	活性、士林、直接	10~12	400~550	500~1000	200~350	300~450
棉混纺织物（染色＋印花，棉、化纤各50%）	活性、士林、分散	8.5~10.5	350~550	600~1200	150~300	200~350
纯棉织物（漂白＋染色）	士林、纳夫托	10~13	150~300	400~800	150~300	300~400
棉混纺织物（棉、化纤各50%，漂白＋染色）	士林、分散、纳夫托	8.5~11	150~250	450~800	150~300	150~250
混纺织物（棉、涤纶）	活性、士林	9~10	80~250	400~1000	150~300	100~200
混纺织物（棉、涤纶）	活性、直接、阳离子	9~11	45~100	400~600	150~300	150~400

2. 水量

棉纺产品水量见表 3-8。

表 3-8　棉纺产品水量

织物名称	排水量/(m³/m 织物)
纯棉织物（染色＋印花）	0.2～0.35
棉混纺织物（染色＋印花）	0.2～0.35
纯棉织物（漂白＋染色）	0.2～0.3
针织纯棉织物（染色＋印花＋漂白）	0.25～0.35
针织棉混纺（染色＋印花＋漂白）	0.2～0.25

三、棉纺织物废水的来源及性质

棉纺织物的废水主要来自退浆、煮炼、漂白、丝光、染色及印花等工序。

1. 退浆废水

退浆是指将织物上的化学药剂（化学浆 PVA）或淀粉浆退去，以便于染色的过程。在退浆废水中，含有各种浆料、浆料分解物、纤维屑、酸、碱和酶类等污染物，使废水呈碱性，略带黄色。用化学浆料的废水中 BOD 含量较低，可生化性较差。用淀粉浆料的废水中 BOD 值和 COD 值均较高，可生化性较好。退浆废水量一般占总废水量的 15% 左右，污染物约占总量的 50%。

2. 煮炼废水

煮炼是指用热的碱性洗涤剂或表面活性剂溶液去除棉蜡和其他纤维素杂质。一般用 1%～3% 的氢氧化物溶液、亚硫酸钠、肥皂合成洗涤剂等。废水呈深褐色，碱性强，BOD 值和 COD 值均较高。pH 值一般为 10～14（棉涤织物稍低），废水量大，污染严重。

3. 漂白废水

漂白的目的是去除纤维表面和内部的有色杂质并将织物变白。常用的漂白剂有次氯酸钠、双氧水和亚氯酸钠。废水中含有残留漂白剂，废水 BOD 较低（约为 200mg/L），水量较大但污染较轻。

4. 丝光废水

棉、麻织物在染色、印花和整理前，必须进行丝光处理，以提高其光泽和染料的吸收性能。丝光稀碱液含碱约为 5%，碱回收后，排出的废水碱性仍很强，pH 值为 12～13，并含有很多的纤维屑悬浮物。如果是原坯丝光，由于纤维中大部分杂质可溶于碱液而流入废水，则丝光废水的 BOD、COD 和 SS 含量都很高。如果织物是炼漂后丝光，则污染程度会较低。

5. 染色废水

由于不同的织物染色选用不同的染料、助剂，再加上印染方法、染液浓度和印染设备的不同，使得染色废水水质亦不同且组分复杂，变化多。染色废水是印染废水的主要来源，其中含有残余染料助剂、微量有毒物和表面活性剂等。废水的颜色较深，呈碱性，COD 值和 BOD 值均较高（棉混织物 BOD 相对较低）。

6. 印花废水

废水来源主要有配色调浆、印花辊筒和筛网冲洗水及印花后的冲洗水、皂液水等。印花色浆中除染料外，还含有大量浆料，BOD 和 COD 均较高。印染废水中印花部分的 COD 能占到废水 COD 的 15%~20%。

7. 整理废水

通常含有纤维屑、各种树脂、甲醛油剂和浆料等。由于整理部分水量小，对整个印染废水的水质影响不大。

四、棉及棉混织物印染废水处理技术

1. 概述

棉织物印染废水因其 COD 值和 BOD 值均高，可生化性较好，因此，采取在预处理后进入好氧生物处理系统为宜。棉混织物因其 BOD 值不高，可生化性不好，可在好氧处理前加水解酸化措施，其目的是将难降解的大分子有机物通过酸化变成易降解的有机物。为了处理后出水水质达到标准，在生化处理后，可再进一步进行混凝沉淀措施。如要求更高的出水水质，可增加过滤和活性炭等措施。

2. 纯棉织物印染废水处理流程（见图 3-7）

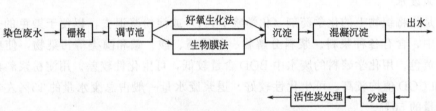

图 3-7 纯棉织物印染废水处理流程

说明：①好氧生物法包括传统活性污泥法、SBR 法等；②生物膜法包括接触氧化法、生物滤池、生物转盘等；③如出水水质要求较高（如达到回用水质），可在混凝沉淀后进行砂滤和活性炭处理。

3. 棉混纺织物印染废水处理流程（见图 3-8）

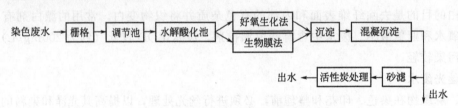

图 3-8 棉混纺织物印染废水处理流程

说明：①水解酸化池停留时间 8h 以上；②其他同上。

第三节 ▶ 毛纺织工业废水处理

一、毛纺织产品生产工艺

1. 洗毛

此过程是指用机械与化学相结合的方法去除原毛中的羊毛脂、羊汗和黏附的砂土等杂质的过程，其目的是避免后续工序发生断头增多、染色不良等现象。洗毛用剂用非离子型合成洗涤剂、硫酸钠或硫酸铵做助剂。

2. 毛粗纺织染工艺

初加工→和毛→加油→梳毛→细纱→整理→打纬→织造→染色→湿整理→干整理→成品。

3. 毛精纺织染工艺

制条→前纺→后纺→整理→打纬→织造→染色→湿整理→干整理→成品。

二、毛纺织废水的性质及废水量

毛纺废水的来源主要是原毛洗涤、炭化、散毛、毛条和织物的染色、漂白以及缩绒后的冲洗等。

（1）洗毛废水

所谓洗毛废水是将原毛中含有 25% 左右的羊粪尿、汗、血、泥沙、脂肪等用热水和洗涤剂洗去，并经回收羊毛脂后的废水。这些废水中除含有上述杂质外，还含有皂碱和洗涤剂，呈悬浮状，高度混浊并呈棕色。

1）废水水质。见表 3-9。

表 3-9　洗毛废水水质

pH 值	COD/(mg/L)	BOD/(mg/L)	SS/(mg/L)	总固体/(mg/L)	油脂/%
8～10	8000～12000	2000～5000	5000～8000	30000～50000	1.2～2.6

2）废水量。洗毛消耗的水量较大，由于洗毛方法和工艺不同又有很大差别，一般来说，洗 1t 羊毛需耗 300～500t 水。

（2）炭化废水

炭化是指羊毛需用 4%～6% 的硫酸浸渍，然后烘干加压以除去羊毛纤维中的植物性杂质如草刺、碎叶等。织物经炭化后，须用水洗去酸，再用低浓度碳酸钠溶液中和，再次水洗，该废水中主要含有硫酸和草碱灰，BOD 值较低（约为废水中 BOD 值的 1% 以下）。

（3）毛织物染整废水

1）毛织物染整废水分类及水质。原毛经洗涤和炭化后进行染色，其色度及 COD 值和 BOD 值均较高，是毛纺废水处理的重点。毛织物染整废水分为毛粗纺废水、毛精纺废水和绒线废水几种情况，其废水水质情况见表 3-10。

表 3-10　毛织物染整废水水质

废水种类	项目				
	COD/(mg/L)	BOD/(mg/L)	SS/(mg/L)	pH 值	色度/倍
毛粗纺废水	300～500	100～150	200～500	5～7	100～250
毛精纺废水	200～400	60～100	50～100	5～7	100～150
绒线废水	200～400	50～100	100～200	5～7	100～150

2）毛织物染整水量

① 粗梳毛织物：$640 m^3/t$ 产品。

② 精梳毛织物：$560 m^3/t$ 产品。

③ 绒线、毛线织物：$300～400 m^3/t$ 产品。

（4）其他废水

在缩绒后，呢坯经过冲洗，可去除缩绒所用的药剂和毛上油用的毛油。这些废水中

BOD 值亦较高，约能占废水总 BOD 值的 20%～25%。

加工白色或浅色毛呢织物时，需将羊毛漂白。常用的漂白剂有二氧化硫、双氧水或加用荧光增白剂。漂白废水污染较轻，BOD 值也相对较低，可一并与染整废水处理。

三、毛纺织废水处理技术

1. 洗毛废水处理

由于洗毛废水中含有大量的油脂及羊血、羊汗、羊粪尿、泥沙等，COD 值较高（一般为 10000mg/L 左右）。因此，洗毛废水的处理，应首先进行羊毛脂回收，既可为后续处理减轻负担，又可有经济效益；然后进行厌氧处理和好氧处理，最后再并入全厂污水处理系统，与全厂废水处理后排放，其洗毛废水处理流程见图 3-9。

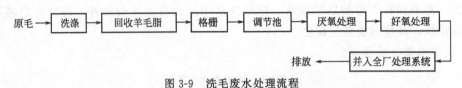

图 3-9　洗毛废水处理流程

流程中，厌氧处理可采用 UASB、ABR 等形式；好氧处理可采用活性污泥法、膜法及 SBR 法等。

2. 毛粗纺织物染色废水处理

由于毛粗纺织物废水 COD 等浓度较高，因此在生化处理后，一般应加物化处理，如混凝沉淀法等，其处理流程见图 3-10。

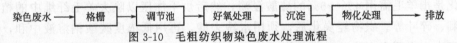

图 3-10　毛粗纺织物染色废水处理流程

流程中，好氧处理可采用活性污泥法、生物膜法及 SBR 法等；物化处理可采用混凝沉淀、气浮、砂滤和活性炭处理等。

3. 毛精纺织物染色废水处理

由于毛精纺织物染色废水浓度相对较低，因此，在生化处理后，经沉淀或加砂滤、活性炭处理即可，其流程见图 3-11。

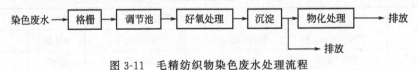

图 3-11　毛精纺织物染色废水处理流程

第四节 ▶ 丝织工业废水处理

一、丝织废水的性质和废水量

1. 丝织废水的来源

由蚕茧上抽出来的长纤维称为天然生丝，它由丝素和丝胶组成，必须经过在碱性条件下的煮茧过程，方能进入下步的加工处理。而绢丝是由废丝和废茧组成，并需经过送料、精炼、烘干、精梳、粗纺、制纱后再进行织造。

真丝与涤纶丝、尼龙丝等化纤混纺可制成锦丝缎、富春纺、线绨等混纺织物。这些丝织物在生产过程中，由于煮炼、印染等工序均产生丝织废水，也就是说，丝织染整废水由煮炼废水和染整废水两部分组成。在煮炼废水中含有丝胶、皂碱、洗涤剂、纯碱、小苏打及酶类等。染整废水中含有染料、助剂及其他有害物质。

2. 丝织物生产工艺

（1）丝织及混纺生产工艺

丝织及混纺生产工艺流程见图 3-12。

图 3-12　丝织及混纺生产工艺流程

（2）绢丝织物生产工艺

绢丝织物生产工艺流程见图 3-13。

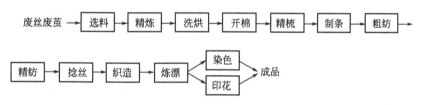

图 3-13　绢丝织物生产工艺流程

3. 丝织物废水水质

丝织物废水水质见表 3-11。

表 3-11　丝织物废水水质

项目	炼染丝绸 （煮炼＋染色）	印花丝绸 （真丝坊）	印花丝绸 （真丝＋合纤）	染丝 （真丝＋合纤）
pH 值	7.5～8.5	6～7.5	6～7.5	7～8.5
COD/(mg/L)	500～850	400～600	350～500	500～650
BOD/(mg/L)	200～350	150～250	80～150	80～150
色度/倍	100～250	50～300	200～400	300～400
硫化物/(mg/L)	5～11	5～11	5～11	5～11
NH_3-N/(mg/L)	6～27	6～20	6～20	6～27

4. 丝织物废水水量

丝织物废水水量见表 3-12。

表 3-12　丝织物废水水量

序号	织物名称	废水排放量
1	桑蚕丝染纱	280~300m³/t 丝
2	合成丝染纱	120m³/t 丝
3	黏胶人丝染纱	120m³/t 丝
4	丝绒染色	5~8m³/t 丝
5	真丝绸	3~3.5m³/100m
6	仿真丝绸(合纤绸)	3~5m³/100m

二、丝织物废水处理技术

1. 概述

丝绸染整废水包括煮炼废水和染整废水两部分。煮炼废水含有丝胶、皂碱、洗涤剂、纯碱、小苏打和酶类等。煮炼废水污染浓度高，其 BOD 平均值可达 6000mg/L 左右，悬浮固体也可达 780mg/L，其废水量占总废水量的 10% 左右，是丝绸废水处理中重点需解决的问题。

2. 煮炼废水处理

由于煮炼废水浓度较高，一般应采取厌氧处理和好氧处理，再并入全厂废水处理系统。其处理流程见图 3-14。

图 3-14　煮炼废水处理流程

在处理流程中，好氧处理可采用活性污泥法、生物膜法和 SBR 法等。厌氧处理中，可采用 UASB 法和 ABR 法等。

3. 丝织及混纺织物废水处理

丝织及混纺织物废水处理应考虑先回收丝胶等有用物质，然后再进行废水处理，其处理流程可参照以下两种。

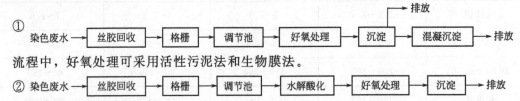

流程中，好氧处理可采用活性污泥法和生物膜法。

4. 绢纺精炼废水处理

绢纺精炼废水可考虑设凉水池，以回收热量。其他可参照上述染色废水，其处理流程可见图 3-15。

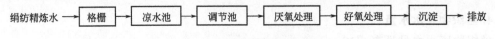

图 3-15　绢纺精炼废水处理流程

第五节 ▶ 麻纺织工业废水处理

一、概述

麻的种类较多，主要有苎麻、亚麻、黄麻和洋麻。而用于纺织织物的原料主要是苎麻和亚麻。一般苎麻多采用化学法脱胶，即在碱性条件下，去除纤维上含有的果胶、木质素等。而生物脱胶是指利用细菌的发酵作用，即苎麻、亚麻工业废水主要来源于原麻浸渍，麻织物的漂白、染色、印花等过程。亚麻浸渍废水主要是有机物，并在废水中呈胶状和溶解状，废水呈深褐色并有刺鼻的酸味，COD 值和 BOD 值均较高。

二、麻纺织品废水水质和废水量

1. 水质

1）苎麻脱胶废水水质。见表 3-13。

表 3-13　苎麻脱胶废水水质

项目	煮炼废水	中段废水	漂洗废水
pH 值	12～14	8.5～9.5	5～6.5
COD/(mg/L)	$(1.2～1.8)×10^4$	350～450	100～150
BOD/(mg/L)	5000～7000	120～150	20～35

2）苎麻染色废水水质。见表 3-14。

表 3-14　苎麻染色废水水质

项目	COD/(mg/L)	BOD/(mg/L)	色度/倍	pH 值
数值	550～850	200～350	200～500	8.5～10.5

2. 水量

1）麻（亚麻、苎麻）化学脱胶废水量：$500～600m^3/t$ 原麻。
2）麻纺织品染色废水量：$200～350m^3/10^4 m$。

三、麻纺织品废水处理技术

1. 麻脱胶废水处理

麻脱胶废水可生化性较好（一般 BOD/COD＝0.3～0.4），但因 BOD、COD 值较高，可采用厌氧处理，其出水可并入好氧处理。其流程见图 3-16。

脱胶废水 ⟶ 格栅 ⟶ 调节池 ⟶ 厌氧处理 ⟶ 好氧处理 ⟶ 沉淀 ⟶ 排出

图 3-16　麻脱胶废水处理流程

流程中：①厌氧处理可采用 UASB 或 ABR 工艺；②好氧处理可采用活性污泥法或生物膜法及 SBR 法。

2. 麻纺织品染色废水处理

麻纺织品染色废水处理流程见图 3-17。

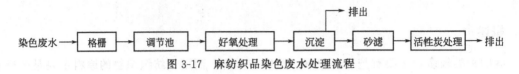

图 3-17 麻纺织品染色废水处理流程

3. 麻纺织脱胶染色混合废水处理

麻纺织脱胶染色混合废水处理流程见图 3-18。

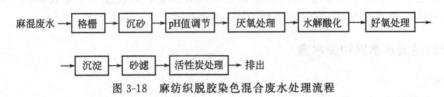

图 3-18 麻纺织脱胶染色混合废水处理流程

第六节 ▶ 印染厂混合废水处理

一、概述

在我国由于市场的需要，许多大型和中小型印染厂已开展了多种纺织品的印染业务。如企业除棉织品外尚有棉涤、化纤以及毛、丝、麻纺织品的印染业务。同时，随之而来的多种印染工艺，如煮炼、印染、漂白、前后整理等全套工艺的全能厂随之出现，其废水处理中也就出现了各种品种和工艺产生的混合印染废水。

二、混合印染废水的水质水量

1. 水质

现将几种印染厂混合废水水质列于表 3-15。

表 3-15 几种印染厂混合废水水质

企业类型	COD /(mg/L)	BOD /(mg/L)	SS /(mg/L)	色度 /倍	硫化物 /(mg/L)	总固体 /(mg/L)	酚 /(mg/L)	氰 /(mg/L)	总铬 /(mg/L)	pH 值
印染全能厂	600~1000	150~300	100~150	300~500	0.7~1	900~1200	0.05~0.08	0.03~0.05	0.2~0.3	8~10
腈纶染厂	800~1000	150~250	—	100~150						4.5~5.5
针织厂	600~1000	60~120	850		2~3	100				5.5~9
织袜厂	450~650	150~250	60~80	150~200	4~6	1200	0.3	0.02	0.1	8~9

2. 废水量

全能印染厂混合废水量可按 $100 \sim 200 m^3/t$ 产品考虑。

三、混合印染废水处理技术

由于染织物的原材料及所使用的染料、助剂等不同，再加上印染工艺的不同，使得所产生的废水亦不同。因此，在确定混合印染废水处理方案前，首先要弄清上述情况，以正确决定废水处理工艺及流程，一般有以下几种情况。

1. 棉及棉混纺织物为主的混合废水

因 COD、BOD、色度等指标均较高，且生化性较好，一般应采取厌氧＋好氧处理工艺，若出水要求水质较高，还应考虑厌氧和好氧出水后再进行物化处理措施。棉及棉混纺织物为主的混合废水处理流程可参照图 3-19。

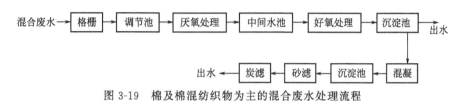

图 3-19　棉及棉混纺织物为主的混合废水处理流程

流程中：

① 厌氧处理可采用 UASB 或 ABR 工艺，好氧处理可采用活性污泥、生物膜（水量较少时）或 SBR 等形式。

② 出水水质要求较高时，在生化处理后可再增加物化处理手段，如混凝沉淀、砂滤和炭滤。

2. 以化纤及混纺为主的混合废水

因废水可生化性较差，可采用水解酸化厌氧处理工艺，处理流程可参见图 3-20。

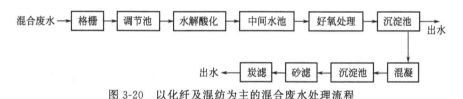

图 3-20　以化纤及混纺为主的混合废水处理流程

说明：① 混合废水中含有退浆废水、煮炼废水、洗毛废水及脱胶废水等高 COD 废水的，有条件的话，尽量单独处理后再并入废水处理系统。

② 根据废水 pH 值情况，决定是否在流程中设 pH 值调节池。

第七节 ▶ 印染废水处理主要构筑物设计要点

印染废水处理主要构筑物设计要点如下。

1. 格栅

① 格栅一般设粗细二道，粗格栅间距 50～150mm，细格栅间距为 5～10mm，处理水量较大时应有自动清污功能。

② 当棉、毛、纤维泥沙等杂物较多时，应在格栅前进行滤网或沉砂等措施处理。

2. 调节池

① 调节池容积按 6～12h 设计水量设计，池底应有坡度。

② 当废水 pH 值小于 6 或大于 9 时，应有 pH 值调节措施。

③ 根据废水水质情况，考虑水力搅拌或空气搅拌的可能性。

3. 厌氧处理设施

① 洗毛废水、煮炼废水、退浆废水及脱胶废水等 COD 浓度高的废水应采用厌氧处理手段，并可采用 UASB 或 ABR 厌氧形式，有机负荷根据水质情况可选用 $10\sim40\mathrm{kg}$ $\mathrm{COD/(m^3 \cdot d)}$。

② 当废水可生化性不高时（COD/BOD≤0.3），可采用水解酸化法，容积负荷可按 $0.7\sim1.5\mathrm{kg\ COD/(m^3 \cdot d)}$ 考虑，停留时间可按 $6\sim8\mathrm{h}$ 计（浓度较高的棉及涤纶染色废水，停留时间可延长至 12h），池内还应保持 20～30℃温度，以利于生化处理的顺利完成。

4. 好氧处理设施

① 可采用活性污泥法或生物膜法形式，当采用活性污泥法时，污泥负荷为 $0.1\sim0.25\mathrm{kg}$ $\mathrm{BOD/(kg\ MLSS \cdot d)}$。当采用生物膜接触氧化法时，容积负荷为 $0.4\sim0.8\mathrm{kg\ COD/m^3}$ 填料，并需按停留时间校核。

② 需气量可按气水比 15(1～30)：1 估算，并应保证生化池中的污泥浓度为 2～4g/L，污泥回流比可按 60%～100%考虑。

5. 二沉池

① 根据水量及水质情况可选用平流式、竖流式或辐流式沉淀池。其表面负荷可采用 $0.7\mathrm{m^3/(m^2 \cdot h)}$，上升流速可选用 $0.2\sim0.25\mathrm{m/s}$，停留时间≥4h。

② 加药宜采用铝盐类混凝剂。

6. 污泥处理

① 一般可采用重力式污泥浓缩池和污泥脱水机脱水。浓缩池浓缩时间可按 16～24h 计，浓缩后污泥含水率不应大于 98%。

② 污泥脱水机应根据污泥性质、污泥产量、脱水要求等因素选用。污泥经脱水机处理后，含水率应小于 80%。

7. 回用（深度）处理

回用（深度）处理方案及流程应根据预处理的水质及处理后要求达到的指标，研究分析后确定。一般采用物化法（混凝沉淀、砂滤、炭滤及膜法）。

第八节 ▶ 印染废水处理工程实例

笔者亲自主持参加过北京光华染织厂、山东如意集团印染公司、河北辛集东方纺织印染公司、河北高阳亚华联合开发公司、广西维尼纶厂等印染废水处理的工程实践，由于篇幅所限，不能一一介绍，现将北京光华染织厂及山东如意集团印染公司的有关情况介绍如下。

一、实例一　北京光华染织厂

1. 概述

北京光华染织厂建于 1951 年，是新中国成立后北京第一家国营染织企业，也是北京市百家重点企业之一，专业技术力量雄厚，有职工 2500 人，其中有中级职称的 89 人、高级职称的 22 人，固定资产 7300 万元。全厂主要由染布分场、色织分场和染纱车间组成，具有纯棉、化纤和混纺漂白布、色织布和漂白纱的生产能力及后整理加工能力，是一个多功能的大型染织联合企业。主要产品有多种规格的纯棉、涤棉、纯化纤漂色布、纯棉阻燃布、黏合衬布及色织涤棉细纺、府绸、全棉牛仔、纬长丝、泡泡纱等，许多产品出口到 40 多个国家和地区，为国家赚取了大量外汇。

2. 生产工艺

（1）漂炼车间

烧毛 → 退浆 → 堆放 → 煮炼 → 漂酸洗 → 开轨烘 → 丝光 → 水洗 → 烘干

生产过程中使用大量烧碱及表面活性剂、渗透剂、水玻璃、次氯酸钠、亚硫酸氢钠、硫酸肥皂、洗衣粉等。

（2）染布车间

染色 → 拉宽 → 防缩 → 上树脂

主要染料有偶氮染料、还原染料、可溶性还原染料、分散染料、染色过程用烧碱、保险粉、纯碱、平平加、双氧水、树脂、催化剂及肥皂、洗衣粉等，同时还使用聚乙烯醇作为浆料。

（3）染纱车间

煮炼 → 漂白 → 水洗 → 染色 → 皂煮 → 烘干 → 丝光 → 中和

主要染料为硫化染料、士林染料、分散染料、纳夫妥染料、活性染料、直接染料等。染色过程使用烧碱、保险粉、纯碱、肥皂、硫化碱、硫酸、盐酸等。

3. 废水水质

光华染织厂废水水质见表 3-16。

表 3-16　光华染织厂废水水质

排放口	项目						
	pH 值	色度/倍	COD/(mg/L)	BOD/(mg/L)	SS/(mg/L)	总固体/(mg/L)	硫化物/(mg/L)
漂炼车间	12～13	70～80	1000～3000				
染布车间	9.5～10	90～100	500～850				
总口	10～11	70～90	750～1100	200～300			
染纱	9.5～10	100～150	400～800	100～200			
总口＋染纱	9～11	100	600～900	100～300	500	3000	3.2

注：1. 总口＋染纱：指全厂总排口水质。

2. 废水处理工程原考虑根据水质分别处理，但由于厂区归有管道不易分开，故按总排放口 COD 为 100mg/L、BOD 为 300mg/L 设计。

3. 处理后出水 COD 按 150mg/L、BOD 按 60mg/L 设计。

4. 废水水量

设计按 500m³/d 考虑，实际运行水量为 3000m³/d。

5. 废水处理工艺

初步设计采用两种处理流程。

1）流程 1。

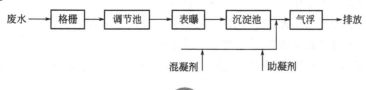

当时，这种工艺流程在国内还比较成熟，但考虑表曝池因 pH 值和温度等原因会产生污泥膨胀，因此又考虑了一套处理流程。

2）流程 2。

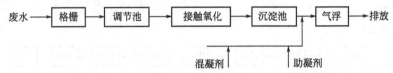

由于当时考虑填料较为昂贵等原因，经纺织部及北京纺织局组织审查，决定采用流程1，并在曝气池中采用当时较为流行的日本东丽公司生产的双螺旋曝气器，并将表曝气改为鼓风曝气池。

6. 主要构筑物及设备选择

（1）格栅及调节池

格栅和调节池布置在一起，废水由 $D500mm$ 污水管经沉沙井接至格栅间，尺寸为长×宽×深＝27.3m×16.3m×2.4m，为防止污泥沉淀，在池底设穿孔布气管，并每天24h连续曝气。鼓风机房设在调节池上部，供给曝气池和调节池空气，总空气量为 5408m³/h（其中曝气池空气量为 3688m³/h，调节池空气量为 1720m³/h）。选用 SD36×35-30/7000mmH₂O 罗茨鼓风机 4 台（每台风量 30m³/min，风压 7000mm H₂O，电机功率 55kW），3 用 1 备。

（2）曝气池

共 2 个池，每池尺寸：11m×9m×5.5m（长×宽×深），有效容积 1000m³（2 池），曝气时间 5h，曝气器采用日本固定螺旋曝气器，规定 $DN420$，每池 32 个，每个空气量为 0.96m³/h，由罗茨风机供气。

（3）沉淀池

共 2 个池，每池尺寸：11m×6m×6.8m（长×宽×深），2 个污泥斗，每斗设一台污泥回流泵，型号为 4PW（$Q=108\sim180m³/h$，$H=27.5\sim24.5m$，回流量为设计水量的 2 倍）。剩余污泥通过回流泵送至污泥浓缩池，尺寸为 7m×6.9m×3.5m，总容量 182m³，污泥浓缩时间为 80h，浓缩后污泥由 50PWF 泵提升至污泥脱水机进行脱水。

（4）气浮池

分 2 池，每池反应部分尺寸：31.3m×3.1m×2.65m，总容积 16.4m³，停留时间 9.4min，气浮部分尺寸为 8.65m×3.1m×2.55m，有效容积 67m³，停留时间为 29.5min，气浮池溶气水量为设计水量的 30%。Ⅰ号气浮池采用减压阀释放溶气，Ⅱ号气浮池采用 TS78-V 型释放头释放溶气。

气浮池有 2 台空压机（型号：2V-0.3/7 型）供气，1 备 1 用，溶气缸直径 1m，高 3m。

7. 调试及运行中的问题

① 主要包括：原水水质变化大，pH 值经常高达 12～13，由于加酸系统尚未投入运行，影响了处理效果。

② 进水格栅截留废水中的纤维布条等污物差。

③ 废水总进水管进入格栅前的事故阀因不常用，发生堵塞的锈蚀，已拆除。

④ 由于调节池内的鼓风曝气管易堵塞，故池内积泥严重。

⑤ 调试中发现日本的螺旋曝气器，提升能力不够，且放空池后，发现池内积泥

200～300mm。

⑥ 4PW 污水泵作为污泥回流泵不好用，主要是橡胶密封垫经常坏，需经常拆换，不方便。

⑦ 原设计活性污泥回流比为 200％，实际操作按 100％，运行正常。

⑧ 气浮池溶气系统不好调，溶气释放器易堵塞，且在水下无法检修，已拆除。气浮处理 COD 效果最好可达 30％。

⑨ 污泥浓缩池浓缩效果不佳，加气搅拌后效果也无明显提高。

⑩ 罗茨鼓风机噪声大，机房内高达 118dB。

8. 体会和建议

当年，笔者作为该厂上级公司环保负责人，对于光华染织厂污水处理工程进行了建设中的参与及建成后日常运转的检查和监督，现将体会和建议总结如下。

① 由于该污水处理工程系 20 世纪 80 年代建设，限于当时的技术水平及建设条件，最后选择鼓风曝气及气浮处理工艺还是可行的。

② 从现在的技术角度看，上述处理工艺是值得商榷的，具体地说，对于大型印染厂采用气浮工艺问题还是较多的，这主要表现在，由于水质复杂及多变，使气浮在运行和操作上有一定的困难，因此，建议此类企业采取的处理工艺参照图 3-21。

图 3-21　印染混合废水处理流程

说明： a. 格栅应设粗细两道，并应有自动除污功能，如绒毛或纤维过多可设捞毛去毛设施；b. 调节池可根据水质情况，按 6～12h 计；c. 厌氧处理可采用水解酸化或 ABR 工艺；d. 好氧处理可采用活性污泥法（鼓风曝气）或 SBR 法等；e. 沉淀池根据水质及占地情况，采用平流式、辐流式或竖流式；f. 物化处理根据出水水质要求，可采用混凝沉淀、砂滤、炭滤甚至膜法。

③ 关于曝气器，实践证明日本产的双螺旋曝气器是失败产品，无论是提升能力和曝气能力均不能达到使用要求。目前我国广泛采用的盘式曝气器基本过关，设计中应予以采用。

④ 关于鼓风机，罗茨鼓风机的致命缺点是噪声过大，目前在我国小型污水处理工艺中尚有采用，可能是价格相对便宜的原因。中大型污水处理工程，仍建议采用离心鼓风机为宜。

二、实例二　山东如意集团印染公司

1. 概述

山东如意集团的前身为 1972 年的山东济宁毛纺厂，现拥有 20 多个全资和控股子公司，已成为全球知名的创新性技术纺织企业，职工 3 万人，资产总额 73 亿元，并拥有数百项专利和创新成果，居中国纺织服装 500 强之前 5 名。如意印染居中国印染行业前 3 强，每年产精纺呢绒 2000 万米及上百万套服装内衣等。其中印染公司有职工 1500 余人，各类专业技术人员 320 名，公司资产 3.8 亿元，拥有 9 条具有国际先进水平的印染生产线，公司主导产品为中高档仿蜡、真蜡产品和多功能服装面料，并销往国外，并在研发纯棉金粉印花产品、纯棉超吸仿蜡印花布等新产品。

印染公司原有一套污水处理设施，处理工艺主要是气浮、曝气、沉淀。现由于扩建和排放标准提高的要求，污水处理需扩建，并征集扩建方案，为此，作为某环保公司的笔者，提出该印染公司污水处理工程方案，具体情况如下。

2. 印染废水水质水量

① 水质（按厂方提出的要求）见表 3-17。

表 3-17　印染废水水质

指标	COD/(mg/L)	BOD/(mg/L)	SS/(mg/L)	色度/倍	氨氮/(mg/L)	pH 值
进水	600~1200	200~300	300	500	150	6~10
出水	60	25	30	30	15	6~9

② 水量：按每天处理 6000t 考虑。

3. 扩建改造方案考虑

（1）设计主导思想

在 2005 年 9 月所做的改造方案的基础上继续遵循尽量利用现有污水处理设施（如气浮、曝气池和沉淀池等设施），本着少花钱、多办事、办好事及基本不停产的原则设计方案。

（2）具体操作

将原有的曝气池和沉淀池改为厌氧池和曝气池，并进行重新核算，增加污泥回流系统和搅拌系统，废除现有的斜管沉淀池，在沉淀池和厌氧池的改造中，污水可通过旁通管直接进入曝气池（短期内可能由于负荷加大，会出现水质不太理想，但不影响生产）。本次改造后，不但可以强化原有的生化处理效果，同时还具备了除磷脱氮功能，改造后的处理流程如下。

1）保留原有气浮系统方案流程见图 3-22。

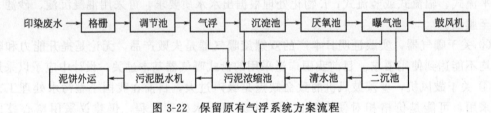

图 3-22　保留原有气浮系统方案流程

2）气浮改为絮凝反应方案，见图 3-23。

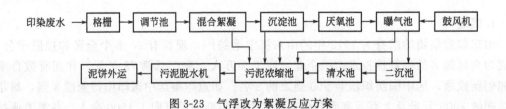

图 3-23　气浮改为絮凝反应方案

（3）处理效果预期分析

处理效果预期分析见表 3-18。

表 3-18　处理效果预期分析

处理构筑物＼指标	COD /(mg/L)		BOD /(mg/L)		SS /(mg/L)		氨氮 /(mg/L)		色度 /倍	
	进	出	进	出	进	出	进	出	进	出
调节池	600～1200	＜1200	200～300	300	200～300	250	20	20	400～500	400～500
气浮或絮凝沉淀池	≤1200	780	300	195	250	75	20	18	450	90
厌氧池	780	624	195		75				90	
曝气池	62.4	62.4		19.5		52.5	18	＜15		36
二沉池	62.4	59.3	19.5	18	52.5	26			36	25

（4）处理流程图

见图 3-24。

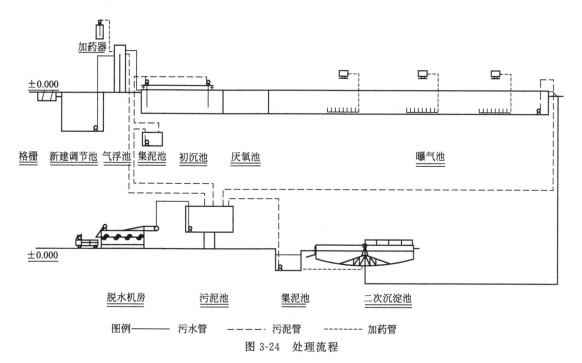

图例———— 污水管　　－－－－ 污泥管　　-------- 加药管

图 3-24　处理流程

4. 改建费用及运行成本

本着节约扩（改）建投资、尽量利用原有污水处理设施的精神，对扩（改）建污水处理设施进行了仔细的分析、比较和核算，最后确定的扩（改）建费用及处理成本如下。

（1）保留气浮系统方案

1）工程投资为 255.32 万元（计算过程，略）。

2）处理成本为 1.26 元/m³（计算过程，略）。

（2）气浮系统改为絮凝反应池方案

1）工程投资为 255.92 万元（计算过程，略）。

2）处理成本为 1.16 元/m³（计算过程，略）。

第四章 ▶▶

造纸废水处理技术与工程实践

第一节 ▶ 概述

造纸工艺及废水的来源和性质详述如下。

1. 造纸工艺概述

所谓造纸是指用化学或机械的方法，或用两者结合的方法，将植物纤维原料变成纸浆，然后再经过打浆、加填料、施胶、显白、净化、筛选等一系列工序，再在造纸机上通过纸页成型、脱水、压榨、干燥、压光和卷取等过程将纸浆最后变成纸张的过程，其主要流程可见图 4-1。

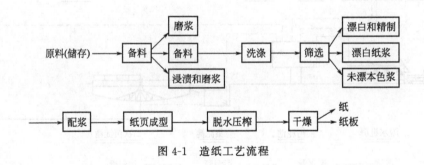

图 4-1 造纸工艺流程

2. 制浆方法

制浆方法一般分为三大类。

（1）机械法

它主要是借助机械作用从木材中分离纤维的一种制浆方法，主要包括原木磨木法（磨石磨木法）、木片磨木法（包括预热木片磨木法和非木材纤维机械法）。

（2）化学法

它主要包括碱法和亚硫酸盐法，所谓碱法是指将植物原来先备料成木片或草片，然后装入蒸煮锅中，加 NaOH 和 Na_2S 药剂，调节液比为 1 : (2~3)，在高温高压下（150~164℃和 4~6kgf/cm^2 压力下，1kgf/cm^2＝98.0665kPa）蒸煮，并形成蒸煮液（黑液），然后进行洗浆等后续工序的制纸过程。而亚硫酸盐法，又分为亚硫酸铵法、碱性亚硫酸钠法和中性亚硫酸钠法。

（3）化学机械法

其主要做法是先采用化学药剂如石灰、烧碱对制纸原材料进行预处理，用于去除原料中的部分半纤维素，虽木素基本未溶，但其胞间层已被软化，然后再进行研磨处理，得以分离成纸浆。由于使用的药剂较少，故比上述碱法制浆所产生的废水污染要少，其工艺流程为：

草类原料→除尘、切料→石灰或烧碱蒸煮（或常压浸渍发酵）→盘磨（或石碾）研磨成浆→洗涤→筛选→抄造成纸

3.造纸过程各工序废水水质及水量

上述造纸过程主要包括备料、制浆（蒸煮）、洗涤、筛选、漂白、配浆、脱水等工序，各工序废水的水质及水量如下。

（1）备料

主要包括原木剥皮和切片筛选工作，干法剥皮基本上不产生水污染，湿法剥皮有开放式和封闭式两种，其水质和水量见表4-1。

表 4-1　原木备料水质和水量

项目	水量	SS	BOD	COD
开放式湿法剥皮	30m³/m³ 实积木材	2～10kg/m³ 实积木材	1～6kg/m³ 实积木材	
封闭式湿法剥皮	2m³/m³ 实积木材（90%回用）	1kg/m³ 实积木材（除去80%）	3kg/m³ 实积木材（除去50%）	10kg/m³ 实积木材

（2）制浆（蒸煮）

当前用得较多的是碱法制浆和亚硫酸盐法制浆，现简述如下。

1）碱法制浆。包括硫酸盐法、烧碱法以及石灰法等。其主要做法是用碱性药剂处理植物性纤维原料，将原料中的木素溶出，尽可能保留纤维素与半纤维素。所用药剂，烧碱法主要用 $NaOH$，硫酸盐法主要用 $NaOH+Na_2S$。

碱法制浆废液颜色深黑且成分复杂，COD 值、BOD 值很高，俗称黑液，以碱法麦草浆为例，洗浆后所得黑液性质如下：

pH 值：10.9；固性物：5.5g/L；挥发性固性物：38.5g/L；溶解性固性物：52.5g/L；BOD 19000mg/L；COD 45500mg/L；SS 2500mg/L。

在造纸废水处理中，黑液处理始终是个需要技术和资金的难题。由于在黑液里存在可回收的有用物质，如木素等，因此，在有条件的情况下，应对黑液采取回收措施，一来可提取有用的物质，带来一些经济效益；二来也可为后续废水处理减轻负担，关于黑液的回收技术见后述。

2）亚硫酸盐法制浆。主要是指酸性亚硫酸盐法和亚硫酸氢盐法。由于该法浆液的 pH 值低，因此又称酸法制浆，又因该浆液呈红色故称红液。由于该种浆液污染不易解决，故而近年来该种方法制浆已日趋减少。

现将主要制浆方法的污染物及可能的治理措施列于表 4-2。

表 4-2　主要制浆方法的污染物及可能的治理措施

制浆方法		发生的主要污染物	主要治理措施
碱法	石灰法	大量悬浮物，中量 BOD、COD、色度、毒性物质、粉尘	废液不能回收，可以考虑厌氧处理或物化处理，悬浮物处理困难
	烧碱法	悬浮物，大量 BOD、COD、色度、毒性物质、粉尘	废液可以回收，悬浮物可物化处理，毒物需生化处理，色度需深度处理
	硫酸盐法		废液可以回收，悬浮物可物化处理，毒物需生化处理，色度需深度处理，臭气燃烧
	水解硫酸盐法或碱法	悬浮物，大量 BOD、COD、色度、毒性物质、酸液臭气、粉尘	
亚硫酸盐法	酸性亚硫酸盐法	悬浮物，大量 BOD、COD、色度、毒性物质、粉尘、SO$_2$	钙盐基不能回收，只能综合利用，可溶性盐基可回收，毒物需生化处理，悬浮物物化处理，色度需深度处理
	亚硫酸氢盐法		
	碱性亚硫酸盐法		可溶性盐基可回收，毒性物质需生化处理，悬浮物物化处理，色度需深度处理
化学机械法	半化学法（NSSC）	悬浮物，中等 BOD、COD、色度、毒性物质	废液可与硫酸盐法交叉回收，单独生产难以回收
	化学机械法（CMP）	悬浮物，少量 BOD、COD、色度、毒性物质、粉尘	废液不能回收，高要求时毒性物质需生化处理
机械法	磨石磨木法（GW）	悬浮物，少量 BOD、COD、毒性物质	悬浮物物化处理，高要求时生化处理
	木片磨木法，普通木片磨木浆（RMP）		
	预热木片磨木浆（TMP）		

（3）洗涤

1）洗涤的意义。来自蒸煮工段的粗浆，含有大量的蒸煮废液和少量粗渣、泥沙等杂质，因此必须经过洗涤、筛选、净化和浓缩处理，以获得符合质量要求的纸浆。即用最小的稀释因子，获得较高浓度、较高温度和较高提取率的废液。所谓稀释因子（DF）是指洗浆水和浆的流量之间的关系，它的绝对数值是回收每吨风干浆的废液所用的稀释水的吨数。通常情况下，稀释因子大，纸浆的洗净度低，废液浓度则降低，一般 DF＝2～3t/t 风干浆，而 1t 风干浆的含义是指浆中含 10%的水分和 900kg 的干纤维。

通常洗涤是通过挤压、过滤和扩散（置换）三个过程来完成的。其中，挤压作用是利用机械挤压把废液从浆中排出来。过滤作用就是通过滤布、滤网或多孔隔膜分离纸浆悬浮液，使固体被截留，而液体被滤出。扩散（置换）作用是一个未知的传递过程，而浓度差是扩散作用的推动力。

2）洗涤方式。

① 逆流漂洗。一般用 3～4 个容器，采取浆液从第 1 个容器至第 3（4）容器正向移动，而漂洗液是从第 3（4）个容器逆向至第 1 容器的漂洗过程，见图 4-2。

② 设备洗涤。洗涤设备种类很多，按浓度分为高浓度设备和低浓度设备；按原理分为挤压、过滤和扩散设备；按操作方式分为间歇式设备和连续式设备；按结构形式分为转鼓式

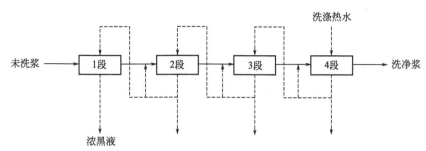

图 4-2　逆流漂洗示意

洗浆机、扩散式洗浆机、挤压式洗涤设备等。本书不做详述。

③ 洗涤水量。不同的洗涤方式耗用不同的水量，一般情况下，洗涤水量为 $8 \sim 30 m^3/$ t 浆。

（4）筛选

1）浆料经过洗涤提取黑液后，仍存在许多杂质，如薄片塑料、胶黏物和杂质，需要用筛选的办法将之去除，一般可用振框式平筛或压力筛将之去除。

2）筛浆系统有开放式和封闭式两种形式，其耗水量相差较大，开放式耗水量可达 $50 \sim$ $100 m^3/t$ 浆料，其工艺流程如下。

开放系统工艺流程见图 4-3。

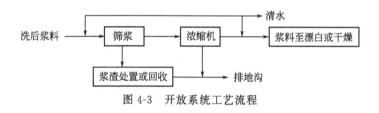

图 4-3　开放系统工艺流程

封闭系统工艺流程见图 4-4。

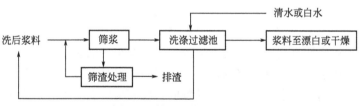

图 4-4　封闭系统工艺流程

开放系统和封闭系统比较见表 4-3。

表 4-3　开放系统和封闭系统比较

参数	开放系统	封闭系统
BOD/(kg/t)	10	5
SS/(kg/t)	$5 \sim 10$	$0 \sim 1$
色度/度	$2000 \sim 3500$	$10 \sim 20$
排水量/(m³/t)	$50 \sim 100$	$0 \sim 8$

3）洗涤筛选废水水质。虽然造纸蒸煮液（黑液）经回收或处理，但浆液经洗涤和筛选后的废水水质各项指标仍然较高，以碱性麦草浆造纸厂为例，其洗涤筛选废水水质如下：总固形物 2500～3080mg/L；有机物 1940～2360mg/L；灰分 760～900mg/L；BOD 800～1045mg/L；COD 2983～3095mg/L；有机酸 0.427mg/L；色度 2500～3500 度；碱度 136mg/L；总磷 100～120mg/L；总氮 37.8～40.6mg/L。

（5）漂白

1）经蒸煮及洗涤筛选的纸浆。由于颜色呈暗褐色或灰白色，必须要经过漂白才能进入下一步造纸。漂白的方法一般可分为两类：一类是溶出木素式漂白，常用的是氧化类的漂白剂，如氯、次氯酸盐、二氧化氯、过氧化物、氧、臭氧，这种方法主要用于化学浆的漂白；另一类是保留木素式的漂白，通常采用氧化性漂白剂过氧化氢和还原剂漂白剂二亚硫酸盐、亚硫酸和硼氢化物，这种方法主要用于机械浆和化学机械浆的漂白。目前，世界上主要的漂白剂仍是含氯化合物，但发展趋势应尽可能采用无氯或少氯漂白工艺。漂白工艺一般均用符合代表漂白的种类：如 C 表示氯化，漂白剂是氯气，E 表示碱抽提，药剂是 NaOH，H 为次氯酸盐漂白，D 为二氧化氯漂白，P 为过氧化氢漂白，O 为氧气漂白，且国际上 70 年代发达国家为漂白剂的使用排出了 CEHDED 漂白程序并提出 C 氯化和 E 漂白占污染负荷的 60%～90%。主要的几种漂白工艺简述如下：

① ClO_2 漂白。ClO_2 是优良的漂白剂，它既不含像氯气漂白那样留有强烈的臭味，又不会生产致癌物，也不损伤纤维，并能迅速去除色素和杂质，因此，广泛地被应用于纸浆的漂白。

② 过氧化氢（H_2O_2）漂白。H_2O_2 是一种强氧化剂，在常温下，易与纸浆中的有色物质发生氧化反应，并将一些有色物质氧化为相应的氧化物，使其不再像原来那样分子结合的紧密而脱落，且大部分氧化物为白色。应当指出，用 H_2O_2 漂白应投加一定的稳定剂如硅酸钠。

③ 氧气和臭氧漂白。氧气是应用非常广泛的漂白剂，它不仅可以提高浆料的白度，而且能降低对环境的污染，同时还能去除纸浆中约 50% 的残留木素和减少废水中的 COD 和色度，但一般只有不含或少含机械浆的废纸浆才能使用氧气漂白。

臭氧（O_3）是一种淡蓝色有臭味的气体，易溶于水，不稳定易分解，在水溶液中与氢氧根离子反应会生产活性氧基。它能使天然的木素结构单元断裂或开环，又可与纸浆中木素反应导入羟基，增加亲液性，提高浆的白度。但它的缺点是在脱除木素的同时，碳水化合物也随之发生降解，影响纤维素的聚合，且臭氧的供应需臭氧发生器，加大了处理成本和操作管理的复杂性。

④ 其他漂白剂。目前在废纸浆的漂白中，还是用 $Na_2S_2O_4$ 还原性漂白剂，该漂剂很不稳定，容易分解，分解速率受 pH 影响很大，且它的副产物有较大的腐蚀性，给使用带来一定的麻烦。

另外，废纸浆漂白的方法还有 FAS 漂白法、DBI 漂白法、酶法漂白、电化学漂白等，本书不再叙述。

2）漂白废水的水质。纸浆漂白分两类：一类是以氧化性漂白剂破坏木素度及有色物质的结构，使其溶解，从而提高纸的纯度和白度；另一类是以漂白剂改变有色物质分子上发色基的结构，使其脱色，但不涉及纤维组分损失。常用的氧化性漂白剂多是氯化合物。因此，在漂白废水中，含有较多的有机氯化物，这些有机氯化物具有较大的毒性，会导致畸变和有致癌作用。另外，漂白废水的 COD 值和 BOD 值均较高，在进行黑液回收情况下，漂白废水的 BOD 仍占全厂排水 BOD 的 65%。因此，成为造纸废水主要的污染源之一。

现以碱性亚纳法稻草浆次氯酸钙漂白废水为例，其水质见表 4-4。

表 4-4 碱性亚纳法稻草浆次氯酸钙漂白废水水质

浊度/(mg/L)	350～800
颜色	乳白色
pH 值	6～7.5
COD/(mg/L)	400～560
BOD/(mg/L)	405
固形物/(mg/L)	4000～11000
SS/(mg/L)	960～1500
总硬度/(mg/L)	2000～5600
Cl^-/(mg/L)	1500～3700
总碱度/(mg/L)	200～400

3）漂白废水水量。一般情况下，化学浆漂白废水量为 20～40m^3/t 浆，木浆漂白废水量为 15～40m^3/t 浆，非木浆漂白废水量为 30～75m^3/t 浆。

另外，在确定处理水量时，还应考虑溢流水量，一般为 3～8m^3/t 浆和滴漏水量，一般木浆：5～10m^3/t 浆，非木浆：10～25m^3/t 浆。

4）漂白废水的封闭循环。为了节水，可将漂白废水进行封闭循环处理，同时也可将漂白废水送回碱回收系统，其封闭循环有以下 4 种方法：

a.酸性和碱性洗涤水分别回用，氯化段不封闭；

b.酸性和碱性洗涤水分别回用，氯化段封闭；

c.完全逆流洗，氯化段不封闭；

d.完全逆流洗，封闭氯化段。

4 种封闭方法的废水量见表 4-5。

表 4-5 4 种封闭方法的废水量

漂白顺序	不同封闭方法的排水量/(m³/t 风干漂白浆)			
	1	2	3	4
CEHDED	38	20	31	13
CEHD	37	19	30	12

（6）造纸

1）概念。造纸废水主要是指抄纸系统的废水，也称白水。主要含有大量的细小纤维、填料以及施胶剂、防腐剂、增强剂等。同时，也含有很多的溶解性胶体，其 COD 值和 BOD 值一般在 300～800mg/L 和 100～300mg/L 范围。但悬浮物含量较高，一般在 500～3500mg/L 范围，且白水的排放量很大，是造纸废水处理的一个重要内容。

白水又有浓白水和普通白水之分，如长网纸机网下白水的浓度最高，真空部位脱出的白水浓度次之，而伏辊部位脱出的白水浓度最小。

2）白水的处理。

① 浓白水可以单独处理，如把湿部脱出的最浓的那部分白水可直接循环至流浆箱前的混合泵之前，用来调节纸料的最后浓度。稀白水可回用于制浆及设备冲洗等。

② 普通的白水可考虑封闭循环，以节约用水。统计数字表明，封闭循环后，每吨纸的耗水量可从 $200 \sim 300 m^3$ 降至 $30 \sim 50 m^3$，甚至降到 $10 \sim 20 m^3$。为了做好封闭循环工作，应做好以下几方面的工作：

　　a. 尽量减少从制浆工序带来的含有溶解物的水量；

　　b. 减少抄纸系统中清水的加入量，主要措施是浓白水循环再用，净化后白水用于需要清水的地方；

　　c. 多余白水采取措施回收纤维；

　　d. 清污分流，把未污染的水放入清水系统直接排入水体；

　　e. 合理设计，加强管理，减少事故性排放。

3) 白水水量。不考虑封闭循环可按每吨纸浆产生白水 $200 \sim 300 m^3/t$ 设计；若考虑封闭循环，按每吨纸浆产生白水 $30 \sim 50 m^3/t$ 设计。

(7) 不同制浆方法的用水量及污染指标

不同制浆方法的用水量及污染指标见表 4-6。

表 4-6　不同制浆方法的用水量及污染指标

浆种	纸浆得率 /%	用水量 /(m³/t)	BOD 产生量 /(kg/t)	COD 产生量 /(kg/t)	SS 产生量 /(kg/t)
漂白硫酸盐木浆	48～53	300	400～500	800～1100	50～70
未漂白硫酸盐木浆	40～55	200	350～450	790～1000	40～60
漂白碱法和硫酸盐草浆	35～45	400	400～500	900～1200	70～80
亚硫酸盐溶解浆	35～40	500	450～700	900～1400	72～84
漂白亚硫酸盐浆	36～50	300	350～500	700～1000	55～60
半化学浆	60～80	150	130～350	250～700	30～65
化学磨木浆	30～90	100	110～165	230～330	25～37
磨木浆	92～96	30	7～11	20～30	18～36

(8) 国内部分造纸厂制浆工艺的排水量及水质

国内部分造纸厂制浆工艺的排水量及水质见表 4-7。

表 4-7　国内部分造纸厂制浆工艺的排水量及水质

序号	品种	排水量 /(m³/t)	SS /(kg/t)	BOD /(kg/t)	COD /(kg/t)	说明
1	硫酸盐法本色木浆	131.8	8.4	9.8	30.4	150t/d 纸袋纸厂,黑液提取率 97%
	碱回收系统	16	29.61	3.4	10.5	
	纸机	154.6	7.7	3.1	9.5	
	合计	302.4	45.71	16.3	50.4	
2	碱法漂白麦草浆	235.3	116	100.2	348.7	20t/d 碱法漂白麦草浆,60t/d 纸及纸板,黑液提取率 75%
	碱回收	58.7	6	4.4	13.4	
	机制纸	48	41.2	1.1	70	
	合计	342	163.2	105.7	432.1	

续表

序号	品种	排水量 /(m³/t)	SS /(kg/t)	BOD /(kg/t)	COD /(kg/t)	说明
3	碱法漂白蔗渣	262.3	267.2	251.6	1849.3	75t/d 漂白蔗渣浆纸厂,无碱回收
	漂白蔗渣纸及纸板	193.3	74.7	15.3	112.3	
	合计	455.6	341.9	266.9	1961.6	
4	碱法漂白蔗渣浆板制浆	101.8	29.8	233.4	716.3	13t/d 碱法漂白蔗渣浆板,无碱回收
	漂白	269.7	66.8	26.9	113.8	
	抄浆	52.1	11.7	2.6	31	
	合计	423.6	108.3	262.9	861.1	
5	碱法漂白麦草浆造纸厂	650	278	48.3	169	9t/d 碱法漂白麦草浆造纸厂,有小型碱回收但蒸发能力不足,排放部分黑液,回收率62%～65%
6	亚硫酸镁盐法漂白苇浆造纸厂	270	477	280～390	1146～1857	200t/d 漂白酸法苇浆造纸厂,浆板43%,纸板57%
7	草浆纸板	229	297	229	—	175t/d 纸板厂,80%原料为稻草
8	蔗渣制浆造纸厂	700～900	200～500	300～370	1100～1440	30t/d 碱酸盐法
9	蔗渣制浆造纸厂	716	281	249	852	10t/d 亚胺法蔗渣浆纸厂
10	蔗渣制浆造纸厂	1070	454	288	1130	10t/d 亚钠法蔗渣浆纸厂
11	蔗渣制浆造纸厂	996	440	375	1290	10t/d 碱蒽醌蔗渣浆纸厂

4. 废纸造纸

（1）概述

上述造纸技术都是由木材或草等原生植物做原料，经备料蒸煮、洗涤、筛选、漂白、抄纸等工序而制成的纸制品。但目前由于城市中废纸、废画报、废纸箱等废纸制品的大量出现，废纸造纸技术及废水处理已是一个不可忽视的课题。

废纸造纸与以木、草等原生植物做原料的造纸的区别，主要是废纸中有印有字、画的油墨，并由于废纸中有油墨的出现，增加了废水处理的复杂性，因此，必须把有关油墨的情况弄清，才能正确地选择废水的处理方法。

（2）关于油墨的有关情况

1) 概念。

印刷油墨是由颜料、连接料和附加料经充分搅拌、研磨而成的一种黏状流体。它不是简单的混合物而是一种结构比较复杂的稳定的悬浮体，它不溶于水、油和其他介质，只能分散在胶黏状的连接料中。

颜料主要分为无机颜料和有机颜料，主要有铁蓝颜料、白色颜料、偶氮颜料、酞菁颜料和色淀性颜料五种。连接料是一种具有一定黏稠度和流变性的胶粒状流体物质，它既是颜料的载体，也可作为黏合剂将颜料固着在纸表面上。附加料通常由填料和助剂组成，助剂的作用主要是调整油墨的适用性，填料的作用主要是减少颜料用量，以降低油墨成本和调节油墨的流变性。

油墨主要有：a. 干性油基油墨；b. 不干性油基油墨；c. 以合成树脂为基础的油墨；d. 以胶乳为基础的金银粉油墨。

2) 脱墨原理。

脱墨是通过化学药品、机械外力和加热等作用使油墨粒子在润湿、渗透、乳化和分散等多种过程的作用下，破坏油墨粒子对纤维的黏附力使之脱墨的过程。废纸脱墨所使用的化学品主要有碱剂、漂白剂、螯合剂、表面活性剂、浮选捕集剂等。

3) 脱墨方法。

目前，国内外大多数废纸造纸厂都采用洗涤法脱墨，也有采用浮选法脱墨的。除此之外，还有中性法脱墨、生物法脱墨、超声波脱墨、蒸汽爆破法脱墨、水溶胶法脱墨等正在研发中。常用洗涤法和浮选法脱简介如下：

① 洗涤法脱墨。洗涤法是将纸浆重复地稀释和浓缩，在脱墨化学品的作用下，油墨、填料及一些细小纤维随洗涤水被过滤洗去的方法。反复洗涤可去除 99% 的油墨。而油墨粒子在 $1 \sim 10 \mu m$ 的洗涤效果最好，大于 $40 \mu m$ 洗涤时，油墨容易被纤维层阻留在纸浆中。

② 浮选法脱墨。浮选法脱墨是将碎解、净化的纸浆浓度稀释至约 1%，送入浮选设备，同时加入化学药品和起泡剂，使油墨粒子黏附在气泡上浮到液面，再由刮沫设备刮去（气浮原理见本书第二章第二节）。

（3）脱墨废水的水质和水量

1) 由于脱墨废水中含有构成油墨的颜料、连接料和附加料成分，因此，COD、BOD、色度和 SS 均较高。一般情况下，其水质如下：COD 1000～2000mg/L；BOD 400～800mg/L；SS 400～2200mg/L；色度 300～800 倍；pH 值 7～10。

2) 脱墨废水水量。由于每个造纸厂的造纸原料及造纸工艺不同以及选择的脱墨方法不尽相同，脱墨废水的水量也不尽相同，有的甚至相差很大。一般废水量在 20～80m³/t 浆。

5. 总排放口废水水质和水量

（1）总排放口水质

有些造纸厂蒸煮黑液或脱墨废水没有单独处理而直接混入全厂排水系统，还有些造纸厂（如废纸造纸厂）没有蒸煮工序，废水都汇集到全厂废水系统，这些厂的废水处理应以全厂总排放口水质为依据，设计废水处理设施。一般情况下，其废水水质可参考表 4-8。

表 4-8　总排放口水质（参考）

造纸厂生产性质	BOD /(mg/L)	COD /(mg/L)	SS /(mg/L)	色度 /倍	pH 值
含蒸煮、洗涤、漂白白水厂	150～600	800～2400	1000～2500	450～900	9～11
含脱墨、洗涤、漂白白水厂	150～500	600～1100	500～1200	300～800	7～10
不含蒸煮脱墨厂	150～300	400～800	300～600	150～400	6～9

（2）总排放口水量

1）全能厂：（包括蒸煮、洗涤、漂白、造纸）水量按 $200\sim500m^3/t$ 浆考虑。

2）脱墨厂：（包括脱墨、洗涤、漂白、造纸）水量按 $100\sim150m^3/t$ 浆考虑。

3）无蒸煮、脱墨纸厂：水量按 $60\sim100m^3/t$ 浆考虑。

4）各种制浆方法的废水水质可参照表 4-8。

第二节 ▶ 造纸废水处理技术

一、概述

造纸废水处理方法要根据造纸厂的产品品种、造纸原料、生产工艺及处理方式等因素决定，具体有以下几种情况。

1. 以化学浆为主的全能厂

包括蒸煮、洗涤、漂白、造纸，又分为几种情况：

① 大型造纸厂：蒸煮黑液应首先考虑碱回收及提取有用物品，然后废水与全厂废水混合集中处理。

② 小型造纸厂：蒸煮黑液经酸析提出有用产物后，废水与全厂废水混合集中处理。

③ 小型造纸厂：蒸煮黑液直接与全厂废水混合集中处理。

④ 废纸造纸厂：脱墨废水经处理后与全厂废水混合集中处理。

⑤ 废纸造纸厂：脱墨废水直接与全厂废水混合集中处理。

⑥ 无蒸煮和脱墨废水，全厂废水集中处理。

2. 关于蒸煮液（黑液）的碱回收和有用物品的提取

（1）黑液概述

上已述及，碱法造纸（烧碱法和硫酸盐法）工艺中，产生的废水中含有大量的木质素和悬浮性固体及有毒有害物，并呈黑褐色，故称黑液。其 BOD 值和 COD 值均较高（COD 可达每升数万毫克，BOD 也可达每升上万毫克）。又因存在着大量的碱性物质，使黑液的 pH 值很大，黑液中的污染物占全厂污染物排放的 90% 以上。因此，黑液治理是造纸废水处理的一个重要任务。另外，在黑液中，可以提取许多有用的产品，如木质素，且在提取这些有用的产品后，黑液的污染程度减轻许多。因此，首先对黑液进行回收处理是一个一举两得的办法。

（2）黑液的提取和回收

1）碱回收。

目前，最常用的黑液回收方法是碱回收和木素回收。所谓碱回收就是回收黑液中的碱和热能，木素回收就是回收黑液中的木素，一般每吨浆可回收碱木素 250～350kg，如佳木斯造纸厂，碱回收率已达 93％，仅此一项年利税可达上亿元；同时，黑液 BOD 负荷还可降低 95％，大大降低了后继污水处理的负担，因此，碱回收应是首选方案。所谓碱回收，一般按分离、蒸发浓缩、燃烧、溶解和苛化五步进行。

首先，将蒸煮黑液与纸浆分离，将黑液提取出来，然后进行蒸发浓缩，再送入碱回收炉燃烧；有机物在燃烧时，产生的热能可以加以利用，其中的无机药品以碳酸钠和硫化钠的形式回收；再溶于水中呈绿色称绿液，绿液澄清后加石灰苛化，使碳酸钠生成氢氧化钠和硫化钠溶液，而硫化钠不变，于是得到氢氧化钠和硫化钠的溶液，称白液。

由于碱回收需要分离、蒸发浓缩、燃烧、溶解和苛化等一系列设备，大大提高了污水处理投资，因此，小造纸厂进行碱回收，由于投资问题，成为不太现实的问题，实际情况也是如此，据 20 世纪 80 年代统计资料，日产 15～25t 草浆纸厂碱回收的经济效益为负值，日产 30～40t 纸厂碱回收效益才为正值。这也是小造纸厂为何不进行碱回收和国家为何关闭小造纸厂的原因之一。

2）木素回收。

① 木素回收的原理：通常情况下，黑液中木素约占 20％。天然木素是一类具有空间结构的芳香族高分子化合物，由苯丙烷基本结构组成，含有酚羟基、甲氧基和酚醚等，通式为 R—OH。在蒸煮过程中，由于烧碱的作用，使醚键断裂，木素大分子逐步降解为碱木素，即以木素钠盐形式存在，完全溶于黑液中呈亲水胶体。当加酸后，会发生亲电取代反应，即氢离子取代碱木素中的钠离子，使碱木素胶体受到破坏，生成难溶于水的木素而从黑液中分离出来。反应式为：$RONa + H^+ \longrightarrow ROH\downarrow + Na^+$。

② 大型造纸厂木素回收：首先用三效蒸发器黑液增浓到 30％干度，然后酸化，再将沉淀物过滤、洗涤，然后喷雾干燥可得到 95％干度的粉状产品。

③ 中小造纸厂的木素回收：要使可溶性木素从黑液中分离出来，简单的方法是：用烟道气中的 CO_2 或加 H_2SO_4、HCl，使木素脱出。

用 CO_2 回收木素的工艺条件是：a. CO_2 浓度应大于 8％（若为 4％，反应时间要长）；b. 在 80℃的黑液中通入 CO_2 需 3h；c. 终点 pH 值为 9.2；d. 在 70～80℃下保温，沉降木素，8h 后分出上部黑液，沉淀约为 20％，或用离心机分离木素；e. 每升 12°Bé 黑液，可得到 15％左右的碱木素。

用 H_2SO_4、HCl 沉淀木素时，应满足以下工艺条件：a. 黑液浓度为 10％固形物（6～8° Bé、20℃硫酸盐法黑液）；b. 在 40℃时加 10％ H_2SO_4，加酸至黑液 pH 值为 4.5，加酸时间为 25～30min；c. 加酸后升温至 60℃，使木素细粒聚集，澄清 4～5h，或过滤；d. 用离心机过滤木素，水洗 4 次以上，以最后洗涤水 pH 值为 5（自来水为 6）为宜；e. 过滤并经自然日光干燥，即为成品。

经回收每吨浆的黑液可制 (267±6)kg 的风干木素，经提取木素后，黑液的 BOD 可去除 20％，硫酸用量可按 1.1kg 浓 H_2SO_4/kg 干木素考虑。

木素的用途是十分广泛的，它可以制造酚醛胶料和涂料、炭黑、活性炭、棕色染料、土壤改良剂、水泥减水剂及黏结剂、扩散剂等。

（3）其他回收物

除黑液可回收木素外，还可生产酒精、酵母、木糖浆，本书不再述及。

二、常规的造纸废水处理技术

造纸废水因水质复杂，处理较为困难。因此，需用物理、化学、生化方法，有时还需要其他手段加以处理才能解决。现将常规的造纸废水处理方法列于表4-9。

表4-9 常规的造纸废水处理方法

处理方法		处理设备	处理效果	备注
物理法	沉淀法	沉淀池及排污设备	去除SS,回收纤维	
		混凝沉淀及排污设备	去除SS,同时去除一些COD、BOD和色度	污泥处理需考虑
	过滤法	各种筛网过滤及压力真空等过滤器	去除SS,回收纤维	筛网截留纤维可回用
	浮选法	各种浮选装置,包括充气设施及加药设施	去除SS和油类等物质	一般用于自来水处理
化学法	中和法	中和反应池、加药及排泥装置	pH值调节、黑液回收,去除COD和BOD、SS、色度	用于pH值调节及黑液回收等
	脱色处理	活性炭法、石灰法、混凝沉淀	去除色度及部分COD	处理漂白废水及洗涤废水
	燃烧法	各种燃烧炉	污泥处理	黑液回收
	深度处理	超滤、反渗透、砂滤、活性炭过滤器	处理水达回用标准	有回用要求时采用
生化法	氧化塘	自然氧化塘及带曝气装置氧化塘	去除BOD	自然塘去除率低
	生物滤池法	各种生物滤池及沉淀设施	去除BOD	适用于小造纸厂
	SBR法	SBR反应池及各种变形	去除BOD和NH_3-N	适用大、中、小造纸厂
	氧化沟法	卡鲁赛尔氧化沟、奥伯尔氧化沟、一体氧化沟等	去除BOD和NH_3-N	适用大、中、小造纸厂
	活性污泥法	活性污泥法、A/O法、A^2/O法、AB法等	去除BOD和NH_3-N	适用大、中、小造纸厂
	接触氧化法	接触氧化池及沉淀池	去除BOD	适用小造纸厂
	MBR法	MBR反应池	去除BOD	适用小造纸厂

三、以化学浆为主的全能造纸厂废水处理技术

所谓全能造纸厂是指具有备料、蒸煮、洗涤、筛选、漂白、抄纸全部造纸工艺的造纸厂。其废水处理又分为以下几种情况。

1. 大型造纸厂

蒸煮液（黑液）单独处理和回收，自成系统；处理和回收后的黑液与洗涤废水及漂白废水及抄纸废水（白水）混合，构成全厂废水进行处理。处理后达到国家（或地方）的排放标准，其处理工艺流程见图4-5（参考）。

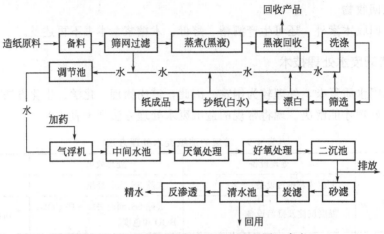

图 4-5 大型造纸厂废水处理工艺流程图（参考）

蒸煮的纸浆（黑液）经回收处理后的废水与洗涤筛选废水、漂白废水及抄纸废水（白水）混合进入调节池，在此废水将得到均匀处理。然后用泵抽至气浮设备处理（气浮设备有溶气气浮、涡凹气浮及浅层气浮几种，目前造纸厂应用浅层气浮较多）。气浮的作用是：除去废水中的悬浮物、碎纸屑等颗粒物以及由上浮气泡携带的微小颗粒所含的部分 COD、BOD 及脂类等物质；然后废水进入中间水池，该池作用是均匀和稳定水质；然后废水进入厌氧处理系统，该系统的作用是：由于造纸废水的可生化性较差，需经过厌氧处理，从而将废水中大分子有机物变成小分子有机物，以便下一步进行好氧生物降解。厌氧的主要形式有 UASB 厌氧反应器、IC 反应器、ABR 反应池、水解酸化池等。应当说明的是，由于 UASB 反应器和 IC 反应器制造成本及操作管理水平要求较高，因此，有可能的情况下，可选用 ABR 反应池形式。另外，如果 COD 值不是太高，也可选水解酸化池形式，即能满足下一步好氧处理要求即可。经厌氧处理的废水，COD、BOD 值已大幅降低，达到了进行好氧处理的条件，便进入了好氧处理系统。该系统包括活性污泥法及变形，如 A/O 法、A^2/O 法、AB 法等；SBR 法及变形如 CASS 法、CAST 法等；氧化沟法及变形如卡鲁赛尔沟、奥伯尔沟、一体化沟等；以及生物膜法如接触氧化法、MBR 法、生物滤池等（详见本书第二章有关章节）。目前，我国大型造纸厂应用活性污泥法及变形形式、氧化沟形式及接触氧化沟等形式不在少数。应当指出的是，随着科技的不断发展，小型造纸厂好氧处理除接触氧化法形式外，SBR 法形式和 MBR 法形式也应当是不错的选择。经好氧处理的废水进入二沉池，将污泥及有害物质沉淀，出水水质一般可达到排放标准。二沉池的形势有平流式沉淀池、辐流式沉淀池、竖流式沉淀池及斜板（管）沉淀池几种。一般常采用平流式沉淀池，小型造纸厂可采用斜板（管）沉淀池。

如有回用要求，经沉淀池出水可继续进入砂滤池（罐）处理，在此可进一步截留 SS 和其他微粒，使废水进一步澄清。然后再进入活性炭池（罐）经活性炭吸附，可进一步去除废水中的有机物、COD 和色度，使出水清澈透明，达到回用标准。

如再有使出水达到精水的要求，经活性炭池（罐）处理的清水可再进入精密过滤器和反渗透处理装置，在此去除一些有害的离子，出水即可达到精水标准。

2. 小型造纸厂

有如下两种处理方式。

① 蒸煮液（黑液）通过酸析法（加 H_2SO_4 或 HCl 或利用烟道气中的 CO_2），将黑液中的木质素析出，剩余黑液与洗涤、漂白和抄纸废水混合构成全厂废水系统进行处理。其处理流程见图 4-6。

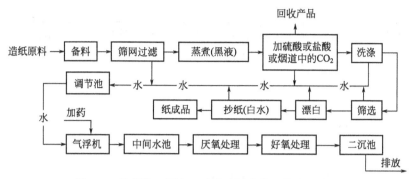

图 4-6　蒸煮液（黑液）通过酸析法处理的处理流程

说明：a. 若有回用及精水需要，工艺参照上述流程；b. 处理工艺流程中各工序解释见上述流程。

② 未处理蒸煮液（黑液）与洗涤、筛选、漂白、抄纸等工序废水混合一并处理，其处理流程见图 4-7。

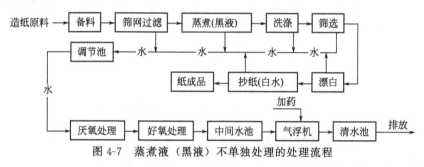

图 4-7　蒸煮液（黑液）不单独处理的处理流程

说明：a. 由于废水中 COD、BOD、SS 等指标较高，将气浮处理放在厌氧处理和好氧处理后；b. 处理工艺流程中，各工序解释见上述流程。

四、废纸造纸厂废水处理技术

废纸造纸厂废水处理又分为脱墨废水单独处理的废水处理工艺和脱墨废水不单独处理的废水处理工艺。

1. 脱墨废水不单独处理的废水处理

它是指脱墨废水不单独处理的废水并入全厂废水排放系统中统一处理的技术方案。其处理流程见图 4-8。

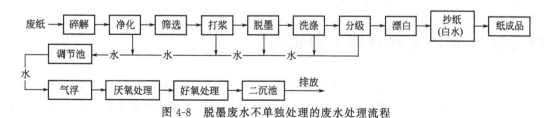

图 4-8　脱墨废水不单独处理的废水处理流程

2.脱墨废水单独处理的废水处理

它是指脱墨废水单独进行处理后,再并入全厂废水系统统一处理的技术方案,其处理流程见图4-9。

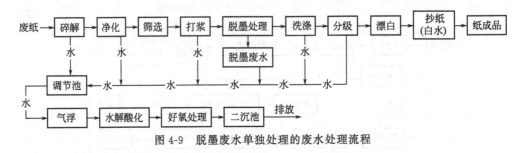

图4-9 脱墨废水单独处理的废水处理流程

说明:处理工艺流程中各处理工序解释同上。

五、无蒸煮和脱墨工艺废水集中处理技术

在一些纸箱厂和纸板厂,其造纸原料为旧纸板和纸箱,在造纸过程中无须蒸煮和脱墨工艺。因此,废水的污染程度相对较低,其废水处理流程见图4-10。

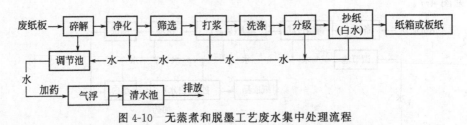

图4-10 无蒸煮和脱墨工艺废水集中处理流程

说明:a.气浮装置可采用溶气气浮、涡凹气浮或浅层气浮,目前浅层气浮设备采用较多;b.处理后清水若有回用或精水要求,处理工艺可参照上述工艺。

六、抄纸白水的循环利用

在上述各废水处理工艺中,若考虑节水,抄纸白水准备循环利用,可采用图4-11处理流程。

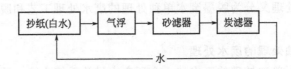

图4-11 抄纸白水的循环利用处理流程

说明:视水质情况,气浮系统可加药或不加药。

第三节 ▶ 造纸废水处理工程实例

笔者主持或参加过山东宏河矿业集团有限公司、河北涿州东立板纸厂、东兴纸业(香河)有限公司、蠡县永兴庄第二造纸厂及定陶荷达纸厂等造纸废水处理工程实践,由于篇幅

所限，本书仅对山东宏河矿业集团有限公司和东兴纸业（香河）有限公司情况介绍如下。

一、实例一 山东宏河矿业集团有限公司

1. 概况

山东宏河矿业集团有限公司是一家集煤矿、热电、造纸、化工、纸制品等为一体的多产业大型企业。有员工 8000 余人，各类专业技术人员 1000 余人，固定资产 8 亿元。本工程为一个年产 8 万吨新闻纸的造纸厂综合污水处理工程。根据标书提供的资料，其废水来源主要是制浆脱墨废水、油墨压榨废水及冲洗废水等。

本着环境保护是我国的基本国策及节能节水的原则，公司领导对本工程的废水治理及节水回用工作十分重视，并要求本工程处理的废水 50% 要用于回用，其余 50% 要做到达标排放。同时要求回用工程和生化处理系统两部分的水既能单独处理水质亦能调节水量。我公司正是本着这些精神，编制如下技术方案，力争为该公司的环保和节能节水工作做出一份贡献。

2. 技术方案

（1）设计范围

① 方案内容包括污水的处理系统、设备、设备安装、电气工程及土建工程。

② 站内工程的进水口从站区边界外开始计算，出水管做到机房外墙以外。动力线从机房配电柜进线开始。

（2）设计基础资料

① 地耐力：按 10t 考虑。

② 动力电价：按 0.5 元/(kW·h) 考虑。

③ 水价：按 1 元/m³ 考虑。

④ 人工费：按 800 元/(人·日) 考虑。

⑤ 回用废纸浆：按 0.1 万元/t 考虑。

（3）水量

根据招标资料，本方案按 26000m³/d 设计，其中 50%（即 13000m³/d）处理后用于制浆稀释用，另外 50% 经处理达到排放标准后排放。

（4）水质

根据标书要求，本工程处理前后水质要求如下。

① 废水水质：$COD_{Cr} \leqslant 2800mg/L$；$SS \leqslant 2200mg/L$；$pH = 7 \sim 8$。

② 处理后水质：$COD_{Cr} 600 \sim 800mg/L$；$SS \leqslant 100mg/L$。

③ 生化处理后排放水质：$COD_{Cr} \leqslant 100mg/L$；$SS \leqslant 70mg/L$。

（5）污水处理设计方案编制依据

①《造纸工业水污染排放标准》（GWPB 2—1999）；

② 国家有关设计规范和标准。

（6）工艺流程的确定

根据标书的要求，本工程 50% 的水量用物化法处理，处理后出水回用于稀释浆料，经选择比较拟采用加药混凝沉淀的方法进行处理；而另外 50% 的水量，根据标书要求，要采用生化法处理，处理后出水水质要求达到排放标准。当前，生化处理的种类有很多，但不外乎三大系列，即传统的活性污泥法及变形系列、SBR 及变形系列以及氧化沟系列。

每种生化处理工艺都有其不同的优缺点及不同的适应条件。经过对上述各种生化处理工艺的分析和比较，结合本工程的具体情况，决定采用具有A/O特色的活性污泥处理工艺，它主要的特点是耐冲击、负荷好、处理效果稳定。由于增加了前置A池，所以还具备了脱氮的处理效率。另外，由于国内外积累的多年的运行管理经验，因此，操作和管理成熟。

污泥处理采用一体化污泥脱水机，它集污泥浓缩和脱水于一体，相比以前采用的带式压滤机，工作效率大为提高。加药采用自动加药装置，并可做到根据水质变化情况，适当调节加药状态。具体综合污水处理工艺流程见图4-12。

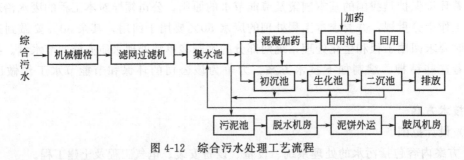

图4-12　综合污水处理工艺流程

3. 运行效果预测

各处理单元运行效果情况见表4-10。

表4-10　各处理单元运行效果情况

指标 单元	COD_{Cr}/(mg/L)			BOD_5/(mg/L)			SS/(mg/L)		
	进水	出水	效率/%	进水	出水	效率/%	进水	出水	效率/%
机械格栅	2800	2520	10	200	180	10	2200	1980	10
筛网过滤机	2520	1764	30	180	126	30	1980	594	70
初沉池	1764	1411	20	126	100.8	20	594	415.8	30
回水池	1411	529.2	62	100.8	30.2	70	415.8	83.2	80
生化处理池	1411	141.1	99	100.8	10.1	90	415.8	207.9	50
二沉池	141.1	84.6	40	10.1	6.1	40	207.9	62.4	70

4. 处理工艺特点

① 整套工艺设计针对造纸废水水质情况进行，采用生物氧化处理工艺和物化工艺，可确保出水达标及回用要求。

② 处理工艺中采用带有A/O工艺特色的活性污泥生化工艺，水质适应性强、耐冲击性能好、出水水质稳定。

③ 处理工艺中采用高性能盘式曝气系统进行充氧曝气，充氧能力强、供氧耗能低；高度紊流、流速快，可避免污泥沉淀。

④ 考虑了除磷脱氮的可能性，可提高处理水的水质标准。

⑤ 配备了自动电器控制系统，可自动控制水处理设备的运行，及时发出故障报警，设备管理、操作方便。

5. 污水处理设备、构筑物主要参数

（1）污水处理设备

污水处理设备表见表 4-11。

表 4-11　污水处理设备表

项目	格栅	提升泵	污泥泵	曝气系统	污泥泵	污泥泵	回水泵	潜污泵	污泥泵	加药装置
工作区域	筛网前	集水池	初沉池	集水池、生化处理池	生化池	二沉池	回用沉淀池	初沉池	回水池	计量泵
规格型号	$b=20mm$	WQ600 $Q=600m^3/h$ $H=9m$ $N=30kW$	WQ20 $Q=20m^3/h$ $H=25m$ $N=4kW$	BZQ-300 供氧量 $1\sim1.2kg/h$	WQ20 $Q=20m^3/h$ $H=25m$ $N=4kW$	WQ20 $Q=20m^3/h$ $H=25m$ $N=4kW$	WQ600 $Q=600m^3/h$ $H=9m$ $N=30kW$	WQ600 $Q=600m^3/h$ $H=9m$ $N=30kW$	WQ20 $Q=20m^3/h$ $H=25m$ $N=4kW$	GM0025型
数量	1台	3台	2台	1500套	2台	2台	2台	2台	2台	1套
产地	无锡	南兰	南兰	宜兴荷塘	南兰	南兰	南兰	南兰	南兰	

项目	鼓风机	污泥泵	筛网过滤机	机械格栅	螺旋输送器	污泥脱水机	刮泥机	机械搅拌器	污泥回流泵
工作区域	鼓风机房	污泥池	筛网前	进水槽	过滤间	脱水机房	初沉、二沉	加药池	生化处理池
规格型号	C60-1.6 $Q=50m^3/min$ $P=0.5kg/cm^3$ $N=90kW$	WQ25 $Q=25m^3/h$ $H=8m$ $N=1.5kW$	$4m\times1.8m$	XGM-800 $N=1kW$	XCS-320 $N=1kW$	带宽1m $N=1kW$	CG24C-5000 $N=1kW$	JWH型 $N=1kW$	WQ100 $N=7.5kW$
数量	3台	2台	2台	1台	1台	2台	3台	2台	2台
产地	陕鼓	南兰	北京泰可尼	一环	一环	台湾任创	唐山	一环	南兰

（2）配电及控制系统

1）配电。装机情况见表 4-12。

表 4-12 装机情况表

序号	设备名称	装机容量 /kW	运行容量 /kW	日运行 时间/h	日耗电量 /kW·h	备注
1	潜污泵	90	60	24	1440	2用1备
2	污泥泵	8	4	6	24	1用1备
3	鼓风机	270	180	20	3600	1用1备
4	加药设备	1	1	20	20	1台
5	回水泵	60	30	2	60	1用1备
6	潜污泵	60	30	2	60	1用1备
7	污泥脱水机	2	1	16	16	1用1备
8	刮泥机	3	3	20	60	2台
9	污泥泵	8	4	6	24	1用1备
10	污泥泵	8	4	6	24	1用1备
11	污泥泵	8	4	6	24	1用1备
12	污泥泵	3	1.5	6	9	1用1备
13	机械格栅	1	1	20	20	1台
14	螺旋输送器	1	1	12	12	1台
15	污泥回流泵	15	7.5	20	150	1用1备
16	机械搅拌器	15	7.5	20	150	1用1备
	合计	553	339.5	206	5693	

由表 4-14 可知，中水处理站总装机容量 553kW，其中正常运行容量 339.5kW，日耗电量 5693kW·h。

2）自动控制系统。污水处理站全部水处理设备采用自动控制和手动控制，分别控制提升泵、鼓风机、潜污泵、污泥泵、回水泵、清水泵、加药装置和污泥脱水机的自动运行、高低水位、工作状态显示及故障报警。

（3）构筑物

构筑物表见表 4-13。

表 4-13 构筑物表

项目	筛网过滤间	集水池	初沉池	回用沉淀池	生化池	污泥池	二沉池	鼓风机房	脱水机房
结构	砖混、地下式	砖混、地下式	钢筋混凝土	钢筋混凝土	钢筋混凝土	砖混	钢筋混凝土	砖混	砖混
尺寸	8m×4m ×2m	480m³	D=24m	D=28m	50m×28m ×4m	6m×6m ×3m	D=30m	18m×5m ×5m	15m×8m ×5m
数量	2座	1座	2座	2座	1座	1座	9座	1座	1座

6.污水处理工程系统主要经济指标

（1）主要技术指标

① 污水处理站占地面积：约需 7680m²。

② 污水处理系统总装机功率：553kW。

③ 污水处理站人员配置：a.站长 1 人；b.技术人员 1 人；c.化验员 1 人；d.操作工 3 人。

（2）综合技术经济指标（见表 4-14，计算过程略）

表 4-14　综合技术经济指标表

项目	指标
工程总投资/万元	899.1
单位能耗/(kW·h/m³ 中水)	0.21
处理费用/(元/m³ 中水)	0.68
日最大节约用水量/m³	13000

（3）经济效益分析

① 由于本工程设计采用了筛网过滤机，每天可回收大量纸屑、纸浆，可回用于生产，经初步核算，每天可回收纸屑、纸浆 4～5t，以 1t 纸浆 0.1 万元计，每天可回收 0.1 万元/t×5t=0.5 万元。

② 本设计中，按 $1.3×10^4m^3/d$ 水处理后回用于生产考虑，每天可以节约 $1.3×10^4m^3$ 水，按每立方米 1 元计，每天可节约 1.3 万元。

③ 上述两项每天可以产生经济效益 0.5+1.3=1.8(万元)，则每年可以产生的经济效益为 1.8×300=540(万元)。而建厂投资为 899.1 万元，即不到两年投资即可回收。

7.污水处理系统

污水处理系统见图 4-13。

二、实例二　东兴纸业（香河）有限公司

1.概况

东兴纸业（香河）有限公司是一家民办中型造纸企业，主要产品为牛皮箱板纸，产量 2 万吨/年。随着生产的不断扩大，第二年准备扩产为（5～6）万吨/年。虽然目前已有废水处理设施，但因处理工艺不完善，造纸产生的废水达不到环保要求并造成水的大量浪费。鉴于环保及扩建的要求，公司领导对污染和节水问题已非常重视，并向社会广泛征集治理改造方案。我公司积极参与了该公司废水治理的改造方案的设计工作，现提出以下改造处理方案。

目前该厂已有一套废水处理设施，其处理流程及设备见图 4-14。

目前处理水量为 3000m³/d，并回用 70％用于洗浆。废水指标 COD 已从 600mg/L 降至 100～150mg/L。气浮采用的是浅层气浮机（φ9m）。沉淀池尺寸为 20m×7.4m×3.3m。

要求：扩建改造设计，处理水量按 300m³/h（7200m³/d）设计，处理后出水要求达到造纸工业水污染排放标准，即 COD 100mg/L、BOD 60mg/L、SS 100mg/L。

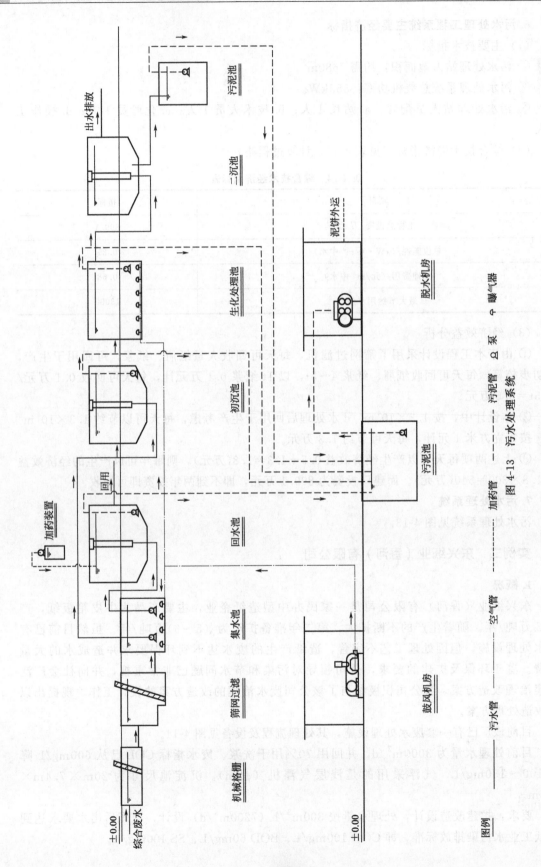

图 4-13　污水处理系统

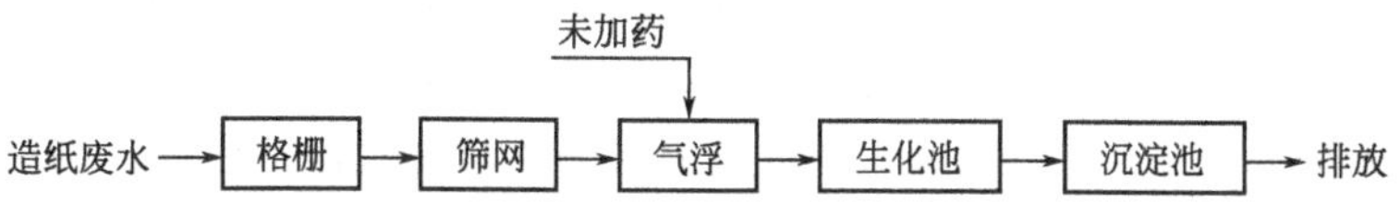

图 4-14　现有废水治理流程及设备

2. 技术方案

（1）编制依据

①《造纸工业污染物排放标准》（GB 3544—2001），此标准已废止，现行标准为《制浆造纸工业水污染物排放标准》（GB 3544—2008）。

② 东兴纸业（香河）有限公司对本次污水处理工程建设的要求。

③ 国家有关设计规范和标准。

（2）设计范围

① 污水处理工程系统中的混凝药剂选择，厌氧、好氧处理工艺，浅层气浮、过滤、吸附工艺，设备的选择调整和运行参数确定，电气自控，土建设计及附属配套工程。

② 污水从厂区来水开始，到污水处理后至清水池止。动力线从机房配电柜进线开始。

（3）基础资料

① 地耐力：按 10t 考虑。

② 动力电价：按 0.5 元/(kW·h) 考虑。

③ 水价：按 0.3 元/m³ 考虑。

④ 人工费：按 1000 元/(人·月) 考虑，人员编制 9 人。

⑤ 药费：净水 1 号按 1500 元/t 考虑；聚丙烯酰胺按 4.5 万元/t 考虑。

（4）处理水质及规模

① 进水水质：COD_{Cr}：1600mg/L；BOD_5：600mg/L；SS：1000mg/L。

② 出水水质。按厂方要求，出水水质达国家一级标准并回用于生产，指标如下：COD_{Cr}：100mg/L；BOD_5：60mg/L；SS：100mg/L。

③ 处理规模。污水处理按 300m³/h（7200m³/d）进行改造设计，回用水按 80% 计，即：300×24×80%=5760(m³/d) 设计。

（5）处理工艺的选择

以废纸为原料生产箱板纸的造纸厂，其污水中主要含有半纤维素、木质素、无机酸盐、细小纤维、无机填料及油墨、染料等污染物。木质素和半纤维素主要形成废水中的 COD 和 BOD_5，细小纤维和无机填料等主要形成 SS，而油墨、染料等主要形成色度和 COD，这些污染物综合反映出废水的 COD 和 SS 偏高。

通常，造纸废水中的 COD 是由非溶解性 COD 和溶解性 COD 两部分组成的，而非溶解性 COD 占了 COD 的大部分。当废水中的 SS 被去除的同时，非溶解性的 COD 也大部分被去除。因此，废水处理的主要目的是去除废水中的 SS 和 COD。

由于造纸废水中 BOD_5 较低，因此，它的可生化性较差，选择废水处理方法时应以物化处理为主，再根据当地排放（或回用）标准对 BOD 的要求，再考虑是否对其进行生化处理。

所谓物化处理一般是指用加药混凝沉淀或气浮方法处理，其处理效果与所选用的设备、工艺参数及混凝剂有关，在设计中应选用最佳工艺参数及先进设备。

近几年来，在气浮法中，高效浅层气浮异军突起，它具有水力停留时间短（＜50min）、池体水深浅（一般为500mm）、处理效果好等优点，它应用浅池理论和"零速度"原理，彻底改变了传统推流式气浮的进出水及污泥分离方式，废水在气浮池中处于相对静止状态，微气泡吸附污泥后可垂直向上浮起，其上浮速度为 4～10cm/min，可在短时间内获得优质出水，显示出它的优越性。

所谓生化处理不外乎四大系列，即传统的活性污泥法及变形系列，如 A/O 法、A^2/O 法、AB 法等。SBR 法及系列如 CASS 法、DAT-IAT 法、Unitank 法等。氧化沟法如卡鲁赛尔氧化沟法、奥伯尔氧化沟法、交替型氧化沟法及一体化氧化沟法以及膜法，如接触氧化法、生物滤池和 MBR 法等（详情可见本书第二章有关章节）。

造纸废水生化处理可根据厂方条件、使用习惯等因素，选择不同的生化处理形式。

根据厂方的要求及对该公司废水处理状况的分析，并本着少花钱、办好事的原则，现提出物化和生化两套处理方案供选用。

1）生化处理方案。在当前众多的生化处理形式中，经研究分析，我们选用了 A/O 工艺，作为生化处理形式，其理由是：

① 由于在 A/O 工艺中，通过缺氧段的生物选择作用，只是对有机物进行吸附，吸附在微生物体的有机物在好氧段更好地被降解，同时，能抑制好氧段丝状菌的生长，可控制污泥膨胀的发生，使生化处理更趋于稳定可靠。

② 由于硝化和反硝化作用，使废水处理增加了除磷脱氮功能，提高出水水质。具体做法是：在目前已采用的浅层气浮和沉淀工艺的基础上，污水再进入 A/O 反应池，为了提高处理效果，在 A/O 系统中增加内、外回流系统。废水经过 A/O 处理系统后，再进入辐流式二沉池进行沉淀，其出水即可达到回用标准，具体生化处理方案工艺流程见图 4-15。

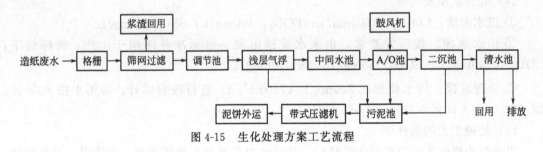

图 4-15　生化处理方案工艺流程

2）物化处理方案。

主要思路是在目前厂方已采用的浅层气浮和沉淀工艺的基础上，使废水经沉淀后进入高效新型介质过滤器和活性凝聚吸附过滤器。所谓高效新型介质过滤器，它是在常规石英砂过滤器的基础上开发的一种新型过滤器，其滤料是由石英砂和合金材料组成的，其特点是比常规石英砂过滤器过滤效率高约 30％，且出水水质好。所谓活性凝聚吸附过滤器，它是在常规活性炭吸附的基础上开发的一种新型吸附过滤技术，它不是单纯地采用活性炭吸附，而是通过对活性炭的活性处理，使之吸附效率更高，出水水质更好，反洗周期更长。经物化处理方案处理的废水，完全可以达到排放和回用的要求。

为了使上述物化处理方案得以顺利实施，并本着充分利用现有设施、节约投资的原则，拟将现有沉淀池改造变成调节池和沉淀池，具体物化处理工艺流程见图 4-16。

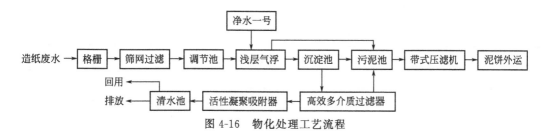

图 4-16　物化处理工艺流程

3）关于污泥处理。

由于造纸废水中含有大量的纤维素、木质素、细小纤维和无机填料等，同时废纸中有约 5%进入废水中，再加上生化处理产生的剩余污泥，使得废水处理中产生大量的污泥，如不妥善处理，势必造成新的污染，为此，关于污泥处理问题也是一个不可忽视的问题。

关于污泥处理方式，一般分为自然干化和机械干化两类。自然干化造价低但占地大，操作环境差，并对环境造成二次污染，一般情况下不宜采用。机械干化通常有三种形式，即 a.板框压滤机；b.离心脱水机；c.带式压滤机。

压滤机详情可见本书第二章及第十三章有关章节。

经过以上分析并结合该厂具体情况，本设计选择了带式压滤机处理污泥的方案。在实施前，可考虑用污泥浓缩外运的做法，预留装机及供电等条件。

（6）技术方案特点

① 在现有处理设施的基础上，增加或改造必要的设施，节约投资。

② 针对该公司废水特点，提供物化和生化两套处理方案，供使用方选择。

③ 采用 A/O 生化工艺及高效多介质过滤器及活性凝聚吸附新工艺，处理效率高，出水稳定。

④ 操作运行简单，管理方便。

⑤ 可自动和手动控制，并可及时报警，安全可靠。

（7）电气及自控设计

1）物化方案。装机情况见表 4-15。

表 4-15　物化方案装机情况表

序号	设备名称	装机容量 /kW	运行容量 /kW	日耗电量 /kW·h	使用位置	日运行 时间/h	备注
1	自动格栅	2	2	48	进水沟	24	1台
2	潜污泵	18.5	18.5	444	集水池	24	1台
3	潜污泵	18.5	18.5	444	调节池	24	1台
4	潜污泵	1	11	792	沉淀池	24	4台
5	浅层气浮机	3	3	72	气浮场地	24	1台
6	污泥泵	4	4	16	沉淀池	4	2台
7	反冲泵	30	30	60	过滤池旁	2	1台
8	污泥泵	11	11	264	污泥池	24	2台
9	带式压滤机	3	3	72	带机处	24	1台
10	加药系统	4	4	96	气浮及带机处	24	2套
	合计			2308			

2）生化方案。装机情况见表 4-16。

表 4-16 生化方案装机情况表

序号	设备名称	装机容量/kW	运行容量/kW	日耗电量/kW·h	使用位置	日运行时间/h	备注
1	自动格栅	2	2	48	进水沟	24	1台
2	潜污泵	18.5	18.5	444	集水池	24	1台
3	潜污泵	18.5	18.5	444	调节池	24	1台
4	浅层气浮机	3	3	72	气浮机场地	24	1台
5	潜污泵	11	11	792	中间水池	24	3用1备
6	污泥泵	8	8	16	沉淀池	4	1用1备
7	内回流泵	4	4	72	A/O池	24	1用1备
8	外回流泵	15	15	360	二沉池	24	1用1备
9	剩余污泥泵	4	4	8	A/O池	2	1用1备
10	污泥泵	11	11	264	二沉池	24	1用1备
11	加药装置	4	4	96	气浮机,污泥脱水	24	2套
12	罗茨鼓风机	110	110	2640	A/O池旁	24	2用1备
13	带式压滤机	3	3	72	带机处	24	1台
	合计			5328			

3）自控系统说明。污水处理站全部水处理设备均采用自动控制和手动控制，即分别控制潜污泵、污泥泵、回流泵、鼓风机、加药装置、污泥脱水机的自动运行、工作状态、高低水位及故障报警。

（8）总投资（新增）估算

总投资 316.4 万元（计算过程，略）。

（9）运行成本

① 物化方案：0.7 元/m^3（计算过程，略）。

② 生化方案：0.57 元/m^3（计算过程，略）。

（10）效益分析

由于在本方案中处理后水按 80% 回用，即回用水量为 7200m^3/d×80%＝5760m^3/d。水费按 0.3 元/m^3 计，则每天可节约水费：0.3 元/m^3×5760m^3/d＝1728 元/d；每年可节约水费：1728 元/d×300d＝51.84 万元/年。若采用物化方案，则 221.4 万元÷51.84 万元/年＝4.27 年可回收投资，若采用生化方案，则 316.4 万元÷51.84 万元/年＝6.1 年可回收投资。

第五章 ▶▶

石油废水处理技术与工程实践

第一节 ▶ 概述

含油废水主要来自工业、农业、运输业及生活污水的排放和泄漏，但主要来自工业，如：石油、炼油、冶金石化、焦化煤气、机车车辆、机械加工等行业；同时，屠宰、食品及船舶运输、皮革等行业也产生和排放含油废水。

1. 含油废水的危害

石油及加工制品是多组分烃类（链烃和芳烃）的有机混合物，COD、BOD 值都很高，并有一定的气味和色度，易燃、易氧化分解并难溶于水。水体被油污染后，会发生以下危害。

（1）恶化水质

浮油极易扩散成油膜，一般情况下，$4.5dm^3$ 的油就可形成 $2.8\times10^{-4}mm$ 厚的油膜，并可覆盖 $2\times10^4 m^2$ 的水面。而 1mg 石油氧化时需 3～4mg 氧，因而会使水体缺氧，产生恶臭，并导致水生物窒息死亡。近 50 年来，油类对海洋污染十分严重，致使海洋生物已灭绝近 1000 种，近 20 年来，海洋生物已减少了 40%。

（2）污染大气

扩散至水面的油膜在各种自然因素的作用下，可部分分解进入大气，污染和毒化大气。

（3）危害人体健康

油类及其分解产物中，存在着有毒物质，如苯并芘、苯并蒽及多环芳烃等，这些物质可使水生生物吸收并发生畸变，如果人食用了受油污污染的食品可致肠、胃、肝、肾等脏器发生病变。

（4）影响农作物的生长

用含油污水灌溉农田，可使土壤油质化。同时，油类黏附在作物根茎部会影响作物对养分的吸收，致使其减产或死亡。另外，有害物还可残留在植物体，对人类也会带来危害。

（5）影响自然景观和水源

由于下雨及水面流动等原因，使油污转移到水域，特别是饮用水源，威胁人类健康。同时，油类在水体中受到自然力或人为作用会形成乳化体，这些乳化体一旦聚成团块，会在水沿岸、码头、风景区形成黑斑，影响风景区外观。

2. 油类在水体中存在的形式

一般为以下 5 种：

① 悬浮油：废水中的油分大部分以悬浮状态出现，油珠颗粒较大，一般为大于 $100\mu m$。

② 分散油：油滴粒径在 $10\sim100\mu m$，悬浮于废水中。

③ 乳化油：油滴粒径小于 $10\mu m$，能稳定地分散在废水中。

④ 溶解油：以分子状态分散于废水中，油与水形成均相体系，非常稳定，一般方法难以去除。

⑤ 油-固体物：在废水中，油黏附在固体悬浮物的表面上而形成的油固体物。

第二节 ▶ 含油废水处理的一般方法

通常含油废水的处理方法有 5 类，即物理法、物理化学法、化学破乳法、生物化学法和电化学法。具体情况如下。

1. 物理法

主要包括以下方法。

（1）重力分离法

其原理是利用油和水的密度差及油和水的不相溶性进行分离，又可分为浮上分离法、机械分离法和离心分离法三种。

（2）机械分离法

其原理是利用机械设备，使含油废水造成局部涡流、曲折碰撞或利用狭窄通道来捕捉、聚集小油滴，以增大油粒粒径，进而利用密度差来分离油分。

所谓粗粒化技术就是在这一原理下发展的除油技术。一般情况下，粗粒化材料可选用亲油疏水的纤维状或管板状材料，如聚丙烯、涤纶、尼龙、聚苯乙烯、聚氨酯等，也可选石英砂、煤粒等无机材料。一般情况下，粗粒化技术可把废水中 $5\sim10\mu m$ 的油珠完全分离。效果最好时可将 $1\sim2\mu m$ 的油珠分离。

（3）过滤法

其原理是利用颗粒介质滤床的截留、惯性碰壁、筛分、表面黏附和聚集等作用，把水中的油分去除。该方法主要去除分散状态和乳化状态的油，一般情况下，可以将含油浓度由 $30\sim100mg/L$ 降至 $7\sim10mg/L$。

（4）膜分离法

其原理是指利用反渗透（RO）、超滤（UF）及渗析等技术，将油从废水中分离出来的方法。超滤分相膜的孔径一般在 $0.1\mu m$ 以下，$0.005\sim0.01\mu m$，用它处理含油废水时，水可通过膜而油珠则被截留，反渗透与超滤相似，只是孔径更小，操作压力更高。

2. 物理化学法

（1）浮选法

利用气浮原理，即利用油珠黏附于废水中由于气浮作用而产生的微小气泡上随之上浮的气水分离方法。气浮法分为加压溶气气浮、涡凹气浮、浅层气浮等（见前气浮章节）。气浮法主要用于处理废水中的分散、悬浮和乳化状态的油粒。

（2）吸附法

主要是指利用多孔吸附介质对废水中溶解状态的油和有机物进行表面吸附的方法。采用最多的吸附介质是活性炭，另外还有活性土、磁性砂、纤维、高分子聚合物及树脂等。当吸附效果好时，处理后出水含油可达 5mg/L 以下，但由于价格贵及再生复杂而限制了它的应用。

3. 化学破乳法

破乳法是指向含油废水中投加化学药剂，通过化学作用，使油和破乳脱稳，以达到油水分离的目的。主要有以下 4 种形式。

（1）凝聚法

凝聚法是指向含油废水中投加混凝剂，水解后生产胶体，产生矾花，并吸附油珠，再用气浮或沉降的办法将油去除的方法。常用的混凝剂有硫酸铝、硫酸亚铁、聚合氯化铝等无机混凝剂及聚丙烯酰胺等有机混凝剂。使用时应根据不同混凝剂的 pH 值要求，调整 pH 值。

（2）酸化法

酸化法是指将含油废水加酸调 pH 值至 3～4，使乳化液中的高碳脂肪酸和脂肪醇与酸作用生成脂肪酸或脂肪醇而达到破乳的目的。破乳后再用碱性物质调节 pH 值至 7～9。

（3）盐析法

盐析法是指向含油废水中投加无机盐电解质，去除乳化油珠外围的水化离子，压缩扩散层减少 ε 电位，破坏双电层，使油珠相互凝聚而将油去除。常用的电解质有 Ca、Mg 和 Al 的盐类。

（4）混合法

多数情况下，可把盐析法、酸化法和凝聚法综合应用，这就是混合处理法。如：化学法常和气浮法联合使用，凝聚法常和浮选法共同使用等。

4. 生物化学法

生物化学法是指利用微生物将有机物（包括油类）作为自身的营养源，并将其余的部分降解为 CO_2 和水等无害物质的方法。通常分为好氧生物处理和厌氧生物处理两大类（原理见前章节）。具体的好氧处理方式有以下几种。

（1）活性污泥法

活性污泥法是指在有氧的条件下，利用微生物对废水中有机物（包括油类）的吸附、氧化降解作用，使废水中的油类和有机物转化为 CO_2 和水的处理方法。使用此种方法时废水的 BOD 值不能太低和太高，否则处理效果不好。目前该种方法已应用在许多国家的炼油厂，一般情况下，当进水 BOD 在 50～100mg/L、含油量在 30～250mg/L 时，出水含油可达到 $<10\times10^{-5}$ mg/L、COD<5mg/L、BOD<10mg/L 的水平。

（2）生物膜法

生物膜法是指好氧生物生长在固体填料表面，形成一层相连的生物黏膜，利用废水与黏膜的接触，使黏膜上的好氧微生物降解废水中的有机物（包括油类）而使废水得到净化的方法。目前这种方法的形式主要有生物滤池、接触氧化和生物转盘等。

5. 电化学法

（1）电解法

主要包括电解凝聚吸附法和电解浮上法。

1）电解凝聚吸附法。其原理是利用溶解性电极电解乳化油废水，即从溶解性阳极溶解出金属离子（一般用铝做阳极），金属离子水解作用生成氢氧化物吸附、凝聚油类物质而将之去除。

2）电解浮上法。其原理是指利用不溶性电极，将水中的 H_2O 分解为 H_2，并使油珠附着在气泡上上浮，俗称电气浮。该方法由于电价昂贵，一般只适用于处理小规模的含油废水。

（2）电火花法

其原理是用交流电去除废水中的乳化油和溶解油。具体做法是：装置由两个同心圆圆筒组成，内筒兼作电极，另一电极是一根金属棒；电极间填充导电颗粒，在电场作用下，颗粒间产生火花，在氧的作用下油被氧化燃烧分解。此方法在实验状态下应用较多，在实际工程中应用较少。

（3）电磁吸附分离法

该法是使磁性颗粒与含油废水相混掺，在其吸附过程中，利用油珠和磁化效应，再通过磁性过滤装置将油去除的方法。磁性分离器是该方法的应用设备。目前，日本已研制安全可靠的高梯度电磁分离器，由于该方法在我国尚未开发，因此，在实际废水除油工程中应用甚少。

总之，含油废水处理方法较多，但由于含油废水成分复杂，特别是油在废水中存在的形式、油分含量均不同，因此用单一的方法处理往往效果不好，所以在实际工程中，往往是将几种处理方法组合使用。例如，对于含油废水量较大的企业，如炼油、钢铁焦化等一般都采用重力分离→浮选→生化等多级处理工艺。具体地说，如炼油厂采用的是隔油→浮选→生化的典型处理流程。而对于一些排放量不大、成分不复杂的含油废水，有时用一、两个组合型设备处理就可收到较好的效果。例如船舶含油废水处理广泛采用的就是隔油→粗粒化→膜分离（或其他方法）组合的处理工艺。

第三节 ▶ 石油废水处理工程实例

实例有克拉玛依石化公司和中原石油化工厂等石油废水处理工程实例。由于篇幅所限，现仅将克拉玛依石化公司情况介绍如下。

1. 概况

克拉玛依石化公司是中国集炼油和化工为一体的年加工能力为 600 万吨燃料油、润滑油等产品的石化企业。公司总人数已达 3000 人，其中有中级职称的 300 人、高级职称的 70 人，公司总固定资产 38 亿元。目前，公司可生产各类石油化工产品 160 多种，主导产品 40 余种，其中 28 种获省部级优秀产品称号。公司自备电厂总装机容量 24MW，总发汽能力为 390t/h。另外，公司所属炼油化工研究院拥有科研人员 160 名，且科研仪器及设备先进齐全，具有较强的科研能力。

由于石化企业被油污染的蒸汽冷凝水温度较高（通常在 80℃以上），水中所含油的分散程度也较高，且含油量很不稳定，过去有用吸附办法（纤维球、活性炭、树脂等）进行汽凝水除油，但这些方法存在着抗击负荷变化能力低、除油精度不高、效果不稳定、无法量化控制、易吸附饱和等缺点，为此，该公司从节水节能角度出发，向社会征集关于油田汽凝水处理回收设计方案。我们在调查了解该公司汽凝水状况及当前有关处理办法的基础上，提出以下处理方案，供该公司选择采用。

2. 克拉玛依油田冷凝水处理方案

（1）设计依据

① 厂方性质：石油炼制。

② 厂方提供的冷凝水原水及处理后要达到的标准

a. 进水：硬度 $100\mu mol/L$，电导 $17\mu S/cm$，钠 $1800\mu g/L$，含油 $6.31mg/L$，硅（SiO_2）仪器未检出，水温 $40℃$。

b. 出水：硬度 $\leqslant 2\mu mol/L$，电导 $\leqslant 5\mu S/cm$，钠 $\leqslant 50\mu g/L$，二氧化硅 $\leqslant 80ng/L$，含油 $\leqslant 0.5mg/L$，外观无色透明。

③ 处理水量 $100m^3/h$。

④ 国家有关的规范标准。

（2）方案思路

根据厂方提供的冷凝水进、出水水质情况，经分析应采用除盐水处理工艺。初步考虑采用卷式 TFC 膜反渗透装置，可达到预期效果。但由于进水中油含量偏高，需采取一定的预处理措施，使油含量降至 $0.5mg/L$ 以下，否则对反渗透膜影响较大，不能达到预期效果。

当前，含油污水处理的主要方法有以下几种。

1）初级预处理。包括：a. 隔油；b. 加药破乳；c. 气浮；d. 焦渣过滤；e. 毛毡过滤。

2）二级处理。包括：a. 活性污泥法；b. 生物膜法；c. 塔式生物滤池；d. 氧化塘；e. 高效过滤；f. 高效纤维球过滤；g. 高效纤维过滤；h. 其他。

3）三级处理（深度处理）。包括：a. 臭氧氧化；b. 电凝聚气浮；c. 电解法；d. 活性凝聚吸附；e. 硅藻土涂膜过滤；f. 其他。

针对克拉玛依油田冷凝水水质情况并结合国内其他油田同类水处理情况，除油可以按以下 5 种处理方案考虑：

① 气浮→高效纤维球过滤（或高效纤维过滤）→活性炭吸附；② 高效纤维球过滤（或高效纤维过滤）→二级活性炭吸附（每级控制参数不同）；③ 高效纤维球过滤（或高效纤维过滤）→硅藻土涂膜过滤；④ 毛毡或特制材料阻截油水分离器；⑤ 阻截式油水分离技术。

3. 关于水温问题

根据反渗透装置使用要求，进水温度不宜大于 $35℃$。考虑本案冷凝水温度为 $80\sim90℃$，温度较高，应有降温措施才能保证深度处理设备的正常进行。因此，考虑冷凝水采用二级容积式热交换器，将冷凝水水温降至 $40℃$ 以下，然后再进入处理系统。

4. 处理工艺流程考虑

为了解决该厂冷凝水处理问题，我们对当前上述 5 种可能采用的处理工艺路线进行了分析，认为：

① 用一般的气浮方法，除对本案中低油含量的冷凝水处理效果不一定理想外，同时容易发生释放器堵塞等问题，对除油不能达到稳定可靠的处理效果。

② 单纯采用纤维球过滤加活性炭吸附工艺，虽然可以达到除油效果，但存在活性炭再生周期相对较短等问题。

③ 采用纤维球过滤加硅藻土涂膜工艺，虽然处理效果不错，但由于硅藻土除油工艺是一种新工艺，且只有用在工业污水处理中的报道，至于对本案冷凝水的处理效果是否理想，尚不能完全确定。

④ 关于用毛毡或其他类似材料截流油的油水分离器，基于这种方法是一种纯物理方法，它能否对溶解状态和部分乳化状态的油有很好的阻截作用，尚值得讨论。

5. 关于阻截式油水分离技术的有关报道

（1）原理

油等憎水性有机物在水中可以高度分散，但从本质上讲，它与水是不相溶的。而阻截处理工艺是利用油水不相溶的特性，用一种叫 HK 的阻截膜实现水油分离。而它在工作中被拦阻的油粒不是被吸附到膜材料上，也不渗透到膜内，只是留存在膜表面而产生油粒碰撞凝聚而逐步生成大油粒，到一定程度就会浮升，从而达到油水分离的目的。

（2）系统的组成

阻截油水分离系统一般由三级四缸串联组成，即：第一级（A级）为富集阻截工艺段，主要是阻截分离水中的悬浮油和初级乳化油；第二级（B级）为复合阻截工艺段，主要阻截分离水中高分散度的乳化油；第三极（C级）为扫描补集及终端禁油工艺段，该级又由 C_1 和 C_2 两缸串联而成，其中 C_1 缸是将从水中高分散游离态的油捕集后送至 C_2 缸，由缸中的高精度阻截油膜将油去除，并可使水中的含油量小于 0.5mg/L。

（3）本工艺的特点

① 本处理工艺无须其他辅助设施，只需扬程 30～40m 的水泵即可；

② 无须投加药剂，只是一个物理作用过程；

③ 运行管理方便，运行状况稳定；

④ 相对其他处理方法，投资相对偏高。

鉴于对上述五种处理思路的分析并结合该公司冷凝水的情况分析，在对技术、经济等综合分析的情况下，准备采用日本新型的尼克尼气浮技术加纤维球过滤技术，再加上由我公司开发的新型的活性凝聚吸附技术方案，其冷凝水处理工艺流程见图 5-1。

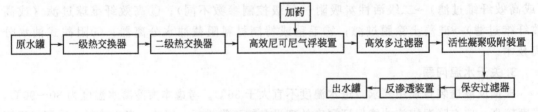

图 5-1　冷凝水处理工艺流程

冷凝水先进入原水罐（可利用现有水罐），在此进行水质稳定和调节。为了浮渣和沉淀物的清理方便，在罐体设计上，罐顶部考虑了除浮渣措施，在罐底考虑了清除沉渣的措施。同时，为了使进水不干扰污水沉淀分离效果，罐内进水管考虑均匀布水措施并采取水中进水方式，以尽量减少扰动。出水从罐中部引出，以减轻热交换器等后续处理设施的堵塞。原水罐出水进入二级容积式热交换器（热交换器可根据厂方实际情况具体使用），使水温降至

40℃以下，出水进入尼可尼气浮装置。该装置采用日本技术，主要特点是：省去了常规气浮的加压泵、空压机、溶气罐和释放器等装置，由于造气装置不与冷凝水接触，因而避免了上述设备因堵塞或机械故障而带来的处理不能正常进行的弊病，具有占地小、操作简单和效果有保证等特点。为增加气浮效果，污水进入气浮装置时，同时加入高分子助凝剂，以确保气浮效果稳定、高效。气浮出水再进入高效过滤器。该装置介质由专门的具有去除悬浮物和油类物质且便于冲洗的材料组成，由于对水中悬浮物及油类物质的挤压和凝聚过滤作用，使得油的去除有明显的效果。然后出水再进入活性凝聚吸附装置，该装置是在活性炭过滤的基础上，研发的一种新型活性炭过滤装置，其特点是运用纤维活性炭并经过一定的处理使之增加对水中油和其他物质的凝聚和吸附性能，从而提高了除油效果，出水含油可保证在 0.5mg/L 以下。然后，出水在经过保安过滤器（5～10μm）后进入反渗透装置，其出水可回用于冷凝水系统或其他系统。

6. 供配电及自控部分

自控系统分为手动控制、自动控制两种方式，系统正常时为自动控制。

自动控制是通过现场采集液位信号、压力信号，通过相关传感器送入相应显示仪表进行液位显示，同时通过可编程控制器控制电机的启、停。可编程控制器预留通信接口可实现与上位机的通信，并可通过上位机直接监测现场运行情况及直接对各电机泵进行控制。其中反渗透反冲洗泵为超压差自动启泵，高压泵为变频器控制，所有水泵正常时均为一用一备，其他水泵为低位启泵、高位停泵，系统可实现超低位报警、超高位报警、双泵互备保护、联锁等功能。

7. 技术经济分析

① 经对上述处理流程耗电、药费和人工费的分析计算，本方案单方冷凝水处理成本为 0.68 元/m^3。

② 若不考虑反渗透系统（反渗透系统用厂原有设备），则单方成本为 0.49 元/m^3。

8. 经济效益

① 设备每年可回收的凝结水为（回收率按 0.8 计）：$100 \times 24 \times 30 \times 12 \times 0.8 = 691200(t)$。

② 脱盐水制备成本为（脱盐水价格按 5 元/t 计算）：$691200 \times 5 = 3456000(元)$。

③ 回收凝结水成本：$691200 \times 0.68 = 470016(元)$。

④ 节约脱盐水成本：$3456000 - 470016 = 2985984(元)$。

⑤ 节约排污费（按每吨水排污费 0.75 元计）：$691200 \times 0.75 = 518400(元)$。

⑥ 总收益：$2985984 + 518400 = 3504384(元)$。

9. 投资回收期

扣除年运行成本（包括电费、药费、人工费、管理费、厂房设备折旧等）58 万元，投资回收期为：$5100000 \div (3504384 - 580000) = 5100000 \div 2924384 = 1.74(年)$。

10. 社会效益

① 每年可节水：$100 \times 24 \times 300 = 72(万吨)$。

② 按冷凝水中含油≤15mg/L 计，每年可少排油 11t，减少了对环境的污染。

11. 主要设备

主要设备清单见表 5-1。

表 5-1 主要设备清单

序号		设备名称	型号	单位	数量	说明
设备部分	1	原水罐	$V=100m^3$	台	1	采用现有罐
	2	热交换器	容积式	台	2	
	3	高效尼可尼气浮装置	80SP22	台	1	日本技术
	4	高效过滤器	GXNS200 型；$Q=100m^3/h,V=30m/h$	台	1	
	5	活性凝聚吸附装置	$\phi 2m \times 4m$(高)	个	2	钢制
	6	保安过滤器	$5 \sim 10\mu m$	个	1	
	7	反渗透装置	卷式 TFC 膜装置尺寸：$7m \times 1.5m \times 2.5m$(长×宽×高)	台	1	
	8	加药装置	LMI 型；$0.01 \sim 26.5L/h$	套	1	
	9	活性炭罐供水泵	ISL 型：$Q=100m^3/h$,$H=20m,N=11kW$	台	2	
	10	活性炭罐反冲泵	KZ100-32 型：$Q=100m^3/h$,$H=32m,N=15kW$	台	1	包括过滤的反冲洗
	11	反渗透高压泵	DG85-45 型：$Q=100m^3/h$,$H=135m,N=55kW$	台	1	
	12	反渗透冲洗泵	IH80-65-160 型：$Q=50m^3/h,H=32m,N=11kW$	台	1	
	13	过滤进水泵	ISL 型：$Q=100m^3/h$ $H=20m,N=11kW$	台	2	
	14	中间水箱	$V=24m^3$	个	1	
	15	除盐水箱	$V=48m^3$		1	
	16	管道、阀门、水箱				根据实际需要设计确定
电控部分	1	控制柜壳		台		
	2	液位显示仪	xs/A	台	6	
	3	磁翻板液位计	UHZ56000IE	台	6	
	4	压力变速器	K-GPG	台	2	
	5	可编程控制器	CPU266	台	1	西门子
	6	引导模块	6ES7235	块	1	西门子
	7	引导模块	EM223(6ES7223)	块	1	西门子
	8	远程通信模块	EM241	台	1	西门子
	9	工业控制机		台	1	磐仪
	10	组态软件	力控 2.6		1	
	11	变频器	75kW	台	1	日本富士
	12	配电器	OFP-2100	块	1	川仪
	13	安全栅	LB8025	块	3	
	14	稳压电源		块	2	
	15	多路闪光报警器		块	2	
	16	相关低压电器元件				正泰
	17	触摸屏		台	1	

12. 投资估算

① 工程总投资估算为人民币伍佰壹拾万圆整（￥5,100,000.00），其中反渗透系统为人民币壹佰贰拾伍万圆整（￥1,250,000.00）；

② 若不包括反渗透系统，工程总投资为人民币叁佰捌拾伍万圆整（￥3,850,000.00）。

说明：上述工程投资中不包括土建费用。

13. 克拉玛依石化公司冷凝水处理流程

见图 5-2。

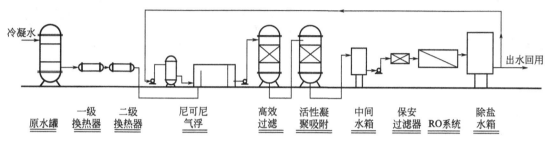

图 5-2 克拉玛依石化公司冷凝水处理流程

第六章

化工废水处理技术与工程实践

第一节 ▶ 概述

1. 化工废水的来源和性质

化学工业包括化学矿山工业、石油化学工业、煤炭化学工业、化肥工业、塑料工业、医药工业、染料工业、橡胶工业、炸药工业、感光材料工业等。

化工废水是指化工厂在生产产品（如乙烯、聚乙烯、橡胶、聚酯、甲醇等）过程中或在生产过程中有关环节或副产品中所产生的废水。这些废水中按其成分分为有机废水、无机废水和既有有机物又有无机物的废水三类。

（1）有机废水

基本来自有机原料、合成材料（如合成塑料、合成橡胶、合成纤维）、农药、染料等行业。

（2）无机废水

包括无机盐、氮肥、磷肥、硫酸、纯碱等行业。

（3）既有有机物又有无机物的废水

如氯碱、感光材料、涂料等。

上述废水中，主要表现为含氰废水、含酚废水、含硫废水、含氟废水、含酪废水、有机磷废水等。

2. 化工废水的来源

化工废水的来源主要有以下 5 个方面。

① 化工生产过程中所产生的废水。如焦化厂在生产煤气的过程中，焦化煤气在洗涤、净化及生产副产品的过程中所产生的含酚、含氰废水。

② 化学反应不完全而产生的废料（一般化学反应的转化率只有 70%～80%），由于杂质累积得较多而无法使用，则以废水的形式排放造成的化工废水。

③ 化学反应中主反应过程中常伴随着副反应并产生副产品，有时也随废水排放。

④ 冷却水和冷凝水。设备冷却水和化工生产中的冷凝水，不可避免地含有被污染的成分，也构成了化工废水的一部分。

⑤ 设备和地面冲洗水及设备、管道、阀门等节点的"跑、冒、滴、漏"也是构成化工废水的来源之一。

3. 化工废水的特点

（1）废水排放量大

据统计，化工废水每年排放量可占到全国工业废水排放量的 30%。一般中型化工厂的年耗水量就可达几百万立方米。因此，化工废水的治理一直是工业废水治理的重点，特别是化工企业的冷却水、冷凝水如何经过处理达到零排放循环使用，一直是环保和节能节水的重要课题。

（2）废水成分复杂，有毒有害物质多

化工废水中含有氰、酚、砷、汞、镉或铅等有毒物质。在一定的浓度下，对人及动植物均有毒性影响。同时，有的还含有无机酸、碱类等腐蚀物质。

有的化工废水中还含有卤素化合物、硝基化合物、表面活性剂、分散剂及高浓度有机物等，对人类及生态亦可造成不良影响。

（3）有机物浓度高

特别是石油化工废水中各种有机酸、醇、醛、酮、醚和环氧化物等有机物的浓度较高，在水中由于氧化分解会消耗大量溶解氧，直接影响生物的生存。

（4）pH 值不稳定

化工废水时而强酸，时而强碱，pH 值变动幅度大，对生物、建筑物及农作物都有极大危害。

（5）营养物质多

含磷、氮高的化工废水，会造成水体的富营养化，使水体中藻类大量繁殖，形成赤潮等现象，影响鱼类正常生存。

（6）可生化性差

一般情况下，化工废水的可生化性较差（BOD 与 COD 的比值较低，一般≤0.3），这就造成在一般废水处理中常采用的好氧处理方法不能直接采用，要想采用，必须对废水先进行一定的处理后才能使用好氧处理技术，这就势必造成处理投资的加大。

第二节 ▶ 化工废水的常规处理技术

由于化工废水的水质复杂、处理困难，因此，目前关于化工废水的处理，已涵盖了所有的废水处理方法，并且有些化工废水处理还需要采用常规处理方法以外的特殊处理方法，现将常规处理方法列于表 6-1。

表 6-1　化工废水的常规处理方法

	序号	方法	形式	适用场合	备注
物理法	1	沉淀	平流式沉淀池	大、中型废水处理	
			竖流式沉淀池	中、小型废水处理	
			辐流式沉淀池	大、中型废水处理	
			斜板（管）沉淀池	小型废水处理	
	2	过滤	快过滤	大、中型废水处理	
			压力滤池（罐）	小型废水处理	
			高速高效滤池	小型废水处理	
	3	气浮	溶气气浮	大、中、小型废水处理	
			浅层气浮	大、中、小型废水处理	
	4	离心分离	离心机	大、中、小型废水处理	

	序号	方法	形式	适用场合	备注
化学法	1	混凝沉淀	混凝沉淀	大、中、小型废水处理	
	2	氧化法	氧化还原	大、中、小型废水处理	
			臭氧氧化	大、中、小型废水处理	
			光化学氧化（紫外线）	大、中、小型废水处理	
			氯氧化法	大、中、小型废水处理	
物理化学法	1	吸附法	活性炭吸附	大、中、小型废水处理	
	2	电解法	传统电解	中、小型废水处理	
	3	离子交换法	阴阳离子交换	大、中、小型废水处理	工业废水常用逆流再生固定床或混床
	4	萃取法	萃取装置	大、中型废水处理	
	5	超过滤法	超滤器	中、小型废水处理	
	6	反渗透法	反渗透装置	大、中、小型废水处理	
生物化学法	1	好氧处理法			
	(1)	活性污泥法及变形	传统活性污泥法	大、中型废水处理	
			AB 法	大、中型废水处理	
			A/O 法	大、中型废水处理	
			A^2/O 法	大、中型废水处理	
	(2)	SBR 法及变形	标准 SBR 法	大、中、小型废水处理	
			CASS 法（CAST 法）	大、中、小型废水处理	
			DAT-IAT 法	大、中型废水处理	
			Unitank 法	大、中型废水处理	
	(3)	氧化沟法	卡鲁赛尔氧化沟	大、中型废水处理	
			奥伯尔氧化沟	大、中型废水处理	
			一体化氧化沟	中、小型废水处理	
	(4)	膜法	接触氧化法	中、小型废水处理	
			曝气生物滤池	中、小型废水处理	
			MBR 反应器	小型废水处理	
	2	厌氧处理法			
	(1)	水解酸化法	水解酸化池	中、小型废水处理	
	(2)	厌氧反应装置法	UASB 厌氧反应器	大、中、小型废水处理	
			ABR 厌氧反应池	大、中、小型废水处理	
			IC 厌氧反应器	大、中、小型废水处理	
			厌氧生物滤池	中、小型废水处理	

第三节 ▶ 化工废水处理工程实例

笔者主持或参与过山东恒大化工（集团）有限公司、天脊集团高平公司、四川化工厂电石废水工程及北京华大粘合剂厂化工废水处理工程实践，由于篇幅所限，现仅对山东恒大化工（集团）有限公司和北京华大粘合剂厂有关情况予以介绍。

一、实例一　山东恒大化工（集团）有限公司

1. 概况

山东恒大化工（集团）有限公司地处滨海城市荣成市，其前身是荣成市化肥厂，始建于1969年，现为股份制企业。公司占地50万平方米，固定资产5亿元，是一个集化工生产、乳品加工、奶牛养殖等产业于一体的经济实体。在造气生产中的循环水实际上容纳了恒大化工厂的所有工艺废水，水质很差且造气污水中含有许多难以降解的多环芳烃和苯环类化合物，如苯、酚、喹啉、硫、铜、磷、氰化物等，废水成分复杂、毒性强。因此，厂方迫切希望能有一妥善解决的办法，以改善循环水质；我们承接了该公司造气污水闭路循环改造工程，其治理方案如下。

2. 技术方案

（1）编制依据

①《合成氨工业水污染排放标准》(GB 13458—2013)；②山东恒大化工（集团）有限公司对本次污水处理工程改建的要求；③国家有关设计规范标准。

（2）设计范围

①污水处理工程系统中的处理工艺设计、设备选型及安装、电气自控系统、土建设计及附属配套工程；②污水从进水汇总管（沟）开始，到污水处理后至清水池止。动力线从机房配电对进线开始。

（3）基础材料

①地耐力按10t考虑；②动力电价：按0.33元/(kW·h)考虑；③水价按1.1元/m³考虑；④人工费：按1000元/(人·月)考虑。

（4）处理水质及规模

① 进出水水质见表6-2。

表 6-2　进出水水质

指标	COD	SS	氨氮	挥发酚	氰化物	硫化物
进水/(mg/L)	500	500	470	1	10	10
出水/(mg/L)	150	50	40	0.5	5	1

处理后水质要求达到合成氨工业一级排放标准（即氨氮≤40mg/L，COD≤150mg/L）。其中氨液回用要求达到"工业循环冷却水补水"要求。

② 处理规模。根据厂方要求处理规模按40m³/d设计。

（5）污水处理工艺的确定

1）处理工艺的选择。氮肥包括尿素、硫酸铵、硝酸铵、碳酸氢铵与氰化铵等肥料，合成氨是氮肥工业的基础中间产物，大量氮肥工业废水是在合成氨工段产生的，即氮肥工业废水的处理主要是合成氨生产废水的处理。一般，合成氨的原料有煤、油和气三种，合成氨的生产主要有造气（氨气和氢气的制备），氮气和氢气的净化及氢气、氨气的压缩和氨的合成三个过程。

一般情况下，煤焦、油造气废水的排放量及水质见表6-3。

表 6-3　煤焦、油造气废水的排放量及水质

废水类型	项目										
	排水量/(m³/t 氨)	水温/℃	pH 值	SS/(mg/L)	氰化物/(mg/L)	挥发酚/(mg/L)	硫化物/(mg/L)	COD/(mg/L)	NH_3-N/(mg/L)	油/(mg/L)	炭黑/(mg/L)
煤焦造气废水	30～70	50～60	7～8	50～500	10～30	0.01～0.5	0.1～30	20～360	40～470		
油造气废水	3～8	70～90	6.6～9.4		17～110	0.01～1	30～140	24～370	46～674	约 1000	约 3000

合成氨废水处理主要是针对 COD、NH_3-N 和 SS 指标的去除，并且在对上述三项指标去除的同时，也应考虑对氰化物、挥发酚和硫化物的去除。

关于 NH_3-N 的去除，目前一般有物化法和生化法可供选择。其中，物化法主要有化学中和法、化学沉淀法、空气吹脱和蒸发气提法、折点加氯法及离子交换法等。而生化法主要有脱氨功能的 A/O 法，A^2/O 法、AB 法、SBR 法及变形如 CASS 法等，另外，还有氧化沟法和膜法等。

2）物化法。

① 化学中和法。其主要原理是：由于含氨废水呈碱性，利用酸碱中和的原理，使之与酸性废水或酸性废气（如 CO、CO_2、SO_2 等）进行接触反应，如反应后仍达不到要求，可再加一些药剂补充反应，直至达到满意为止（注意：当含氨碱性废水浓度较高，如大于2％～3％时可考虑先回收制成硫铵后，其废水再进行中和处理）。

② 化学沉淀法。其原理是通过投加 Mg^{2+} 和 PO_4^{3-}，使之与废水中的氨氮生成难溶的复盐 $MgNH_4PO_4 \cdot 6H_2O$（简称 MAP）沉淀物，从而达到净化废水中氨氮的目的。其反应式为：

$$Mg^{2+} + NH_4^+ + HPO_4^{2-} + 6H_2O \longrightarrow MgNH_4PO_4 \cdot 6H_2O \downarrow + H^+$$

此法可适用于各种浓度特别是高浓度的氨氮废水。

③ 乳化液膜分离法。其原理是利用乳化液膜分离净化氨氮废水。其方法是利用选择性地透过液膜（例如煤油膜）选择性地使某物质（如 NH_3）进入膜内，并与膜内的酸液发生反应，生成不溶于膜液的 NH_4^+，从而达到去除的目的。

④ 空气吹脱和蒸汽汽提法。此法原理是利用废水中氨氮的实际浓度与平衡浓度之间存在的差异，在碱性条件下，利用空气吹脱或蒸汽汽提的手段将废水中的氨氮不断地由液相转到气相中，从而达到去除氨氮的目的。

采用此法虽然工艺简单、造价低，但应考虑以下几个条件：a.当温度低于0℃时，无法运行；b.需在碱性条件下进行；c.当废水中氨氮含量不高时可采用空气吹脱形式，若氨氮含量高时，可采用蒸汽汽提形式，同时，提浓氨水还可回收液氨产品。

一般情况下，空气吹脱塔的水力负荷过大或过小都不利于 NH_3-N 的脱除，经验数据表明：水力负荷以 2.5～7m³/(m²·h) 为宜，而气液比一般以 2500～35007m³/m² 为宜（在 pH≥9，温度 18～22℃条件下）。

⑤ 折点氯化法。其原理是将足量的氯气或次氯酸钠加入废水中，当加入量达到某一数值时，氨氮量趋于零，此点称为折点，而废水中的氨氮被氧化为氮气而脱出。

此方法一般用于给水处理或作为生物脱氮工艺的补充处理，其主要缺点是加氯量大，处

理成本高；同时反应中会产酸，消耗废水的碱度。

⑥ 离子交换法。其原理是利用离子交换剂上的离子与废水中的氨氮离子（NH_4^+）进行交换，从而达到脱氮的目的（离子交换原理见本书第二章）。该方法的优点是 NH_4^+ 的去除率高，控制和操作简便。缺点是离子交换剂用量大且交换剂再生频繁，且再生液需二次脱氮，同时为确保正常运行，废水在进行交换处理前需进行预处理（应保证预处理后 SS＜35mg/L）。此法适用低浓度的含氨氮废水的处理。

3）生化法。

① 生化脱氮原理。生物脱氮的原理是：在生化处理过程中，将有机氮转化为氨氮，再将氨氮通过硝化作用（在好氧条件下，通过好氧硝化菌作用完成）氧化为亚硝酸盐氮和硝酸盐氮，然后再通过反硝化作用，在厌氧条件下，利用反硝化菌将亚硝酸盐氮和硝酸氮还原为氮气（N_2）从水中逸出，从而达到脱氮的目的。

具体地说，硝化反应包括两个反应步骤：a. 由亚硝酸菌（单胞菌属、螺杆菌属、球菌属）参与将氨氮转化为亚硝酸盐（NO_2^-）的反应；b. 由硝酸菌（杆菌属、螺菌属、球菌属）参与的将亚硝酸盐转化为硝酸盐（NO_3^-）的反应；c. 亚硝酸菌和硝酸菌都是化能自养菌，它们利用 CO_2 和 HCO_3^- 等作为碳源通过与 NH_3、NH_4^+ 或 NO_2 的氧化还原反应获得能量。

反硝化菌是一类化能异养兼性缺氧型微生物，硝酸盐还原酶是一类诱导酶，在缺氧和存在 NO_3^- 的条件下，才会对反硝化反应起催化作用。

② 生物脱氮工艺控制要点（A/O工艺）

a. 溶解氧（DO）：ⓐ硝化反应，应控制 DO 在 $2\sim3$mg/L，当低于 $0.5\sim0.7$mg/L 时，氨转化为硝态或亚硝酸氮的反应将受到抑制；ⓑ反硝化过程，DO 应控制在＜0.5mg/L。

b. 温度：ⓐ硝化中应控制在 $30\sim35$℃（低于5℃时，硝化停止）；ⓑ反硝化中应控制在 $15\sim35$℃。

c. pH 值：ⓐ硝化过程中 pH 值控制在 $8\sim8.4$；ⓑ反硝化过程中 pH 值控制在 $6.5\sim8$，另外，硝化过程 pH 值下降，反硝化过程 pH 值上升。

d. 碱度：硝化和反硝化过程应控制废水中的剩余碱度为 100mg/L（$CaCO_3$）。

e. 泥龄：大于 $3\sim5$d（高的可达 $10\sim15$d）。

f. 混合液回流比（R）：一般来说前置反硝化工艺，混合液回流比越大，氮去除率越高。对于 A/O 工艺而言，要保证85%的脱氮率，总回流比必须达到600%。

g. 有毒有害物质控制：只有当 BOD＜20mg/L 时，才能发生明显有效的硝化作用。同时 BOD 负荷也应控制在较低水平 [$0.06\sim0.1$kg BOD/(kg MLSS·d)]。

4）生物脱氧工艺设计要点（A/O工艺）

① 缺氧池：好氧池＝1:2（容积）。

② 设计参数

缺氧停留时间：$0.5\sim1$h。

好氧停留时间：$2.5\sim6$h。

泥龄：$3\sim15$d。

污泥负荷：$0.1\sim0.7$kg BOD/(kg MLSS·d)。

污泥回流比：50%～100%。

混合液回流比：200%～500%。

（6）生物脱氮的其他工艺

除上述的 A/O 法脱氮处理工艺外，可以用于生物脱氮的生化工艺，还有 A²/O 工艺、AB 工艺、SBR 工艺及变形（CASS 工艺、DAT-IAT 工艺等）、氧化沟工艺（包括卡鲁赛尔氧化沟和奥伯尔氧化沟等）及生化膜法等，其脱氮原理可见本书第二章。

（7）本工程处理工艺的确定

从该公司提供的废水水质情况看，污染相当严重，说明由于长期未加处理而且封闭循环，致使水质日趋恶化。我们经分析研究，并结合今后生产情况，提出该公司造气废水处理工艺流程（见图 6-1）。

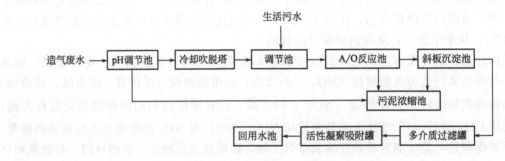

图 6-1　造气废水处理工艺流程

造气废水首先进入 pH 调节池，加碱调 pH 值至 10.5～11.5，再进入冷却吹脱塔进行吹脱然后与生活污水共同进入调节池，经均匀混合调节后进入 A/O 反应池进行脱氮处理。处理后再进入斜板沉淀池，其出水基本可达到排放标准，最后废水再进入多介质过滤罐和活性凝聚吸附罐，进行进一步处理，其出水可达到回用标准，存入回用水池，供循环使用。

1）本处理工艺特点。包括：a. 采用物化→生化→物化结合的处理工艺，确保出水质量；b. 优化设计参数，主要设备由我公司自制，节约投资；c. 脱氮生化工艺采用 A/O 工艺，确保脱氮效果；d. 处理系统采用自控和手控设计，操作运行方便。

2）处理构筑物。见表 6-4。

表 6-4　处理构筑物表

序号	名称	规格	单位	数量	备注
1	pH 调节池	5m×2m×2m	座	1	钢筋混凝土
2	冷却吹脱塔	4m×4m×5m	座	1	塑钢
3	调节池	16m×8m×2m	座	1	混凝土
4	A/O 反应池	16m×8m×2.5m	座	1	钢筋混凝土
5	斜板沉淀池	8m×4m×3m	座	1	塑钢
6	回用水池	8m×4m×3m	座	1	钢筋混凝土
7	污泥浓缩池	12m×4m×3m	座	1	混凝土

3）主要设备。见表 6-5。

表 6-5 主要设备表

序号	设备名称	规格	单位	数量	备注
1	通风机	T4-72 型 $N=11kW$	台	3	
2	搅拌器	SBJ 型 $N=3kW$	台	1	
3	潜污泵	WQ 型 $N=3kW$	台	5	pH 调节池、调节池、沉淀池
4	多介质过滤缸	$\phi 3m \times 5m$	台	1	
5	活性凝聚吸附缸	$\phi 3m \times 5m$	台	1	
6	污泥泵	$N=13kW$	台	1	
7	反冲泵		台	1	
8	内外回流泵	PW 型 $N=4kW$	台	2	
9	鼓风机	SD 型罗茨风机 $N=11kW$	台	2	
10	曝气系统	圆盘式曝气器	套	1	
11	管线(污水、污泥、空气)		套		
12	阀门仪表		套		
13	电控系统		套		

4）电气控制系统。包括：a.废水处理工艺系统中，各设备均能实现自动和手动控制；b.pH 调节池进水泵与加碱装置可实现连锁控制；c.冷却吹脱塔进水泵与风机可实现连锁控制；d.A/O 反应池进水泵与鼓风机及搅拌器可实现连锁控制；e.多介质过滤罐和活性凝聚吸附罐可按规定时间进行进水泵和反冲泵的切换；f.进入污泥浓缩池的污泥泵可按照规定时间启停。

5）投资估算。投资估算为 182.52 万元（计算过程，略）。

6）运行成本及效益分析。

① 处理成本。经测算本工程处理成本为 0.82 元/m^2。

② 效益分析。本工程实施后，每天回用水量为 $40m^3/h \times 24h/d = 960m^3/d$。按每吨水 1.1 元计，每天可节约水费：1.1 元/t $\times 960m^3/d = 1056$ 元/d。每年可节约水费：1056 元/d $\times$ 300d/年 = 31.68 万元/年。

本工程投资回收期为：182.52 万元÷31.68 万元/年 = 5.76 年，即 5 年零 9 个月可收回投资。

二、实例二 北京华大粘合剂厂

1. 概况

北京华大粘合剂厂位于风景美丽的北京怀柔区雁栖工业开发区。1997 年注册登记，资金 120 万元，有职工 100 人，主要生产 107 胶、乳胶、扩散剂和涂料。主要原料为聚烯醇、甲醛、盐酸、硫酸、萘、化石粉、大白粉等。原有一套污水处理设施，但处理效果不理想，为了积极响应国家和地区关于加强环保治理的号召，厂方决定在现有污水处理水池旁洼地上新建一个污水处理站房，希望最好用污水处理设备，以减少占地（最好控制在 70m^2 以下）。为此，我们根据现有情况及厂方要求，特提出如下治理方案。

2. 治理方案

（1）处理废水水质和水量

1) 水质。见表6-6。

表6-6 处理废水水质

指标	COD/(mg/L)	BOD/(mg/L)	SS/(mg/L)	色度/倍	pH值
处理水质	650~750	180~250	180~250	5~10	7.5~7.8

2) 水量。按每天一班制（8h）生产，处理水量：40m³/d。

3) 处理后水质。处理后要求达到《北京市水污染物排放标准》，见表6-7。

表6-7 处理后水质

指标	COD/(mg/L)	BOD/(mg/L)	SS/(mg/L)	色度/倍	pH值
处理水质	≤60	≤20	≤50	≤50	6~8.5

（2）处理方案的确定

根据该厂的现有情况及厂方要求，决定在现有的废水处理水池旁新建一个简易污水处理机房，面积按60m²设计，内设一体化污水处理机1台（作者专利产品）和2个过滤罐及相应配套设施。其处理工艺流程见图6-2。

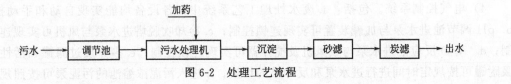

图6-2 处理工艺流程

（3）处理构筑物及主要设备

1) 处理构筑物。见表6-8。

表6-8 处理构筑物表

序号	名称	规格	单位	数量	备注
1	调节池	6m×3m×2.5m	座	1	混凝土
2	沉淀池	4m×2m×2m	座	1	混凝土
3	污水处理机房	15m×4m×4m	座	1	砖木结构

2) 主要设备。见表6-9。

表6-9 主要设备表

序号	名称		规格	单位	数量	备注
1	污水处理机	耐腐蚀离心机泵	BAW150	台	2	靖江不锈钢泵厂
		溶气泵	ISZ50-32-160	台	1	
		空压机	Z-0.05/7	台	1	
		反冲泵	IS50-32-160	台	1	
		溶气释放器	TJ-3型	个	3	
		减速器	WHT型	台	1	
		电机	IA07134	台	1	

续表

序号	名称		规格	单位	数量	备注
1	污水处理机	行程开关	JL×KI-Ⅲ	个	2	
		调压阀	QTY-15-L	个	1	
		安全阀	$\phi 25P8kgf/cm^2$	块	1	
		压力表	Y-100	块	3	
		橡胶接头	KST-F-Ⅲ	个	1	
		污水泵	1.5FY-4	台	1	
2	砂滤罐		$\phi 1.5m\times 3m$	台	1	碳钢
3	炭滤罐		$\phi 2m\times 3m$	台	1	碳钢
4	电控系统			套	1	
5	管道、阀门、仪表			套	1	

（4）投资及处理成本及效果

1）经测算该工程总投资为 38 万元。

2）处理成本：经测算，本工程处理成本为 0.8 元/m^3。

3）处理效果：该工程投产后，处理效果良好（见下面当地环保部门监测报告）。

华大粘合剂厂废水处理设施验收监测报告

华大粘合剂厂隶属于华中工贸公司，是从事化工生产的企业，由于生产过程中向环境中排放出一定量的化工废水，使环境受到污染，为此华大粘合剂厂对外排废水进行治理，现废水处理设施已调试完成。受华大粘合剂厂的委托，怀柔县环境保护监测站于 1997 年 12 月 16 日至 17 日对该厂废水处理设施进行验收。

一、基本情况：

华大粘合剂厂主要生产 NNO 扩散剂及建筑用 107 胶，其生产的主要原料为奈、甲醇及聚乙烯醇，其主要排放废水为冲洗反应釜废水及冷却水，日排水量为 10 吨左右。

二、验收检测方案：

按照《北京市限期治理达标验收监测技术规定》的要求，怀柔县环境保护监测站对华大黏合剂厂废水处理设施验收制定如下监测方案：

1. 对外排废水实施二个周期采样监测；

2. 每周期采样次数为 5 次；

3. 分别对处理前和处理后进行采样；

4. 悬浮物监测项目需定容采样。

三、执行标准：

1.《北京市限期治理达标验收管理办法》；

2.《北京市限期治理达标验收监测技术规定》；

3.《北京市水污染物排放标准》。

该厂执行《北京市水污染物排放标准》中排入地表水体及其汇水范围中二级新建单位标准，标准值如下：

项目	COD_{Cr}/(mg/L)	BOD_5/(mg/L)	色度/倍	pH 值	SS/(mg/L)
标准	60	20	50	6.0～8.5	50

四、监测结果及结论：

1. 监测结果：

华大粘合剂厂 1997 年 12 月 16 日污水监测结果表

监测时间	监测点	COD_{Cr}/(mg/L)	BOD_5/(mg/L)	SS/(mg/L)	pH 值	色度/倍
9:00	处理前	681	197	210	7.86	5
	处理后	20	15	41	7.85	1
11:00	处理前	678	210	205	7.94	4
	处理后	37	18	38	7.84	1
13:00	处理前	688	203	212	7.65	5
	处理后	22	15	39	7.68	1
15:00	处理前	656	197	203	7.95	7
	处理后	23	14	40	7.71	1
17:00	处理前	677	192	211	8.20	6
	处理后	17	15	38	7.93	1

华大粘合剂厂 1997 年 12 月 17 日污水监测结果表

监测时间	监测点	COD_{Cr}/(mg/L)	BOD_5/(mg/L)	SS/(mg/L)	pH 值	色度/倍
9:00	处理前	656	202	198	7.43	5
	处理后	24	14	34	7.25	1
11:00	处理前	657	204	213	7.68	6
	处理后	44	15	45	7.60	1
13:00	处理前	672	196	200	7.86	6
	处理后	24	14	45	7.21	1
15:00	处理前	680	197	216	7.98	5
	处理后	26	15	47	7.84	1
17:00	处理前	688	205	208	8.02	4
	处理后	37	16	44	8.00	1

2. 监测结论：

华大粘合剂厂在正常的生产情况下，在废水处理设施运转正常的条件下，排放废水的主要监控指标达到《北京市水污染物排放标准》中排入地表水体及其汇水范围的二级新建单位标准，污水处理设施监测验收合格。

北京市怀柔县环境保护监测站

一九九七年十二月十八日

第七章 ▶▶

制酒废水处理技术与工程实践

第一节 ▶ 概述

在人类的生产和生活活动中，饮酒有时是不可缺少的重要环节。酒的种类很多，如经常饮用的白酒、啤酒、葡萄酒、米酒、黄酒、香槟酒、白兰地、威士忌酒及鸡尾酒等。在我国，废水处理工程首先应考虑的是白酒废水处理、啤酒废水处理以及酒精废水处理。因此，本章将着重就这三类酒制品废水处理问题予以论述。

第二节 ▶ 白酒废水处理

一、白酒的生产工艺

1. 固态发酵法

固态发酵法是我国的独特酿酒工艺，其主要特点如下：

① 采用较低的糖化温度（一般糖化酶作用的最适宜温度为 50～60℃，而固态发酵法采用 20～30℃），让糖化作用和发酵作用同时进行，虽然糖化酶让糖化作用缓慢，但仍可达到糖化的目的。

② 由于高粱、玉米等颗粒组织紧密，糖化较困难，故对蒸酒后的醅需再继续发酵，即增加一部分新料，配醅继续发酵，反复多次，即续渣发酵，淀粉被充分利用。

③ 可产生具有典型风格的白酒，根据不同的配醅发酵，可研制出多种不同香味的白酒。

④ 整个生产过程中都是敞口操作，由于是敞口工作，除在原料蒸煮过程中起到灭菌作用外，微生物可通过空气、水、工具等各种渠道被带入料醅中，并与曲中的有益菌协同产生丰富的香味。

2. 固态发酵法的类型

固态发酵法生产白酒，根据用曲的不同及原料、操作方法和产品风味的不同，分为大曲酒、麸曲白酒和小曲酒三种类型。

（1）大曲酒

大曲一般采用小麦、大麦和豌豆等为原料，压制成砖块状的曲胚后，让自然界各种微生物在上面生长制成，它是糖化发酵剂，又是酿酒原料之一，全国名白酒及优质白酒大多数都是用此法酿造而成的。其生产工艺一般分为续渣法大曲酒生产工艺和清渣法大曲酒生产工艺，本书不做详细介绍。

（2）麸曲白酒

以麸曲为糖化剂，另以纯种酵母培养制成酒母作发酵剂，制作而成。一般以高粱、玉米、甘薯等为主，酒精度为 $50°\sim60°$，有一种特殊芳香，我国北方基本采用此法酿酒。其生产工艺一般分为混烧法麸酒白酒生产工艺和清蒸法麸曲白酒生产工艺，本书不做详细介绍。

（3）小曲酒

小曲酒是一种半固态发酵白酒，在我国特别是南方产量相当大，由于各地制曲工艺和糖化发酵工艺不同，小曲酒的生产方法也有所不同，概括来说可分为先培菌糖化后发酵和边糖化边发酵两种典型的传统工艺，本节也不做详细介绍。

3. 液态法

传统的固态法白酒生产工艺，虽然成品酒有独特风味，但生产过程烦琐，劳动强度大，出酒率低。而采用类似酒精生产方法的液态法白酒生产工艺，机械化程度高，生产效率高，且出酒率高，但它与固态法白酒风味相差较大，这主要有以下原因。

（1）物质基础不同

这是由于白酒香味的形成是靠碳水化合物、蛋白质及少量芳香族化合物等物质，还需要新投入原料和清水，使其生成香味物质，且反应时间较长，而固态白酒生产是靠配醅发酵，一份原料需配加 $3\sim4$ 倍的酒糟。

（2）界面效应

物质的气、液、固三态间，两种相态的接触面称界面，液态法白酒与固态法白酒的发酵基质中，界面不同，固态法料醅较疏松，还包含大量气体，因而与液态法酒风味产生不同。

（3）微生物体系

液态法白酒发酵多选用酒精发酵能力强的酒精酵母，产酯能力弱，而固体法白酒，由于原料没严格灭菌，又是开放生产，大量微生物被带入料醅中，因此，产生不同风味。

（4）发酵方式

固态法的糟醅是经微生物作用的，原料中的含氮物质大部分可以保留，而液态法白酒含有较高的杂醇油，这都是由于发酵方式不同所产生的结果。

（5）蒸馏方式

生产酒精要求有较高的浓度和纯度，因此多采用多层塔板的蒸馏塔，而白酒的酒精要求不高，故采用简单的蒸馏设备即可达到要求。

4. 液态法白酒的类型

我国液态法白酒的生产类型虽然多种多样，但其主体部分——酒基的生产与医药酒精相似。这样的酒基只是半成品，需进一步加工，以增加白酒的香味；液态白酒主要以固态结合法为主，这其中又分为串香或浸蒸法、调香法和全液态法等几种方法，本书不做详细介绍。

二、白酒废水的水质水量和处理方法

1. 白酒废水的水质水量

（1）水质

综上所述，白酒是一种含酒精浓度较高的无色透明的饮用酒。一般情况下是利用淀粉质原料和糖质原料经发酵、蒸馏而成。其生产过程中废水的来源主要是酿造车间冷却水、蒸馏操作工具的冲洗水、蒸馏锅底水、蒸馏工段地面冲洗水以及发酵地渗滤水、盲沟水、下沙和糙沙工艺工程中原料冲洗水、浸泡排放水、酒库渗水、灌装车间酒瓶冲洗水等。

白酒废水按污染程度可分为两部分：一部分是高浓度废水，主要来自蒸馏锅底水，发酵池盲沟水，蒸馏工段地面冲洗水，原料浸泡、冲洗、酒库渗漏等生产环节废水，其 COD 可高达 10000～100000mg/L，BOD 也可达 8000～40000mg/L，pH 呈酸性，但这部分废水只占废水总量的 5%。另一部分是其他废水，如冷却水、地面及工具设备的冲洗水和酒库渗水等，属低浓度废水，一般情况，白酒废水处理是指将上述高低浓度废水混合后进行处理，其水质情况见表 7-1。

表 7-1 白酒废水的水质

指标	COD/(mg/L)	BOD/(mg/L)	SS/(mg/L)	氨氮/(mg/L)	色度/倍	pH 值
处理前水质	8000～15000	5000～10000	3000～6000	150～250	600～2000	3.5～5.5

（2）水量

白酒生产的废水量可根据不同生产工艺及情况测定或由厂方提供。在无上述资料的情况下，可按每生产 1t 白酒产生 15～25t 废水计。

2. 白酒废水的常规处理方法

（1）常规处理方法

由于白酒废水的 COD 值与 BOD 值均较高，但可生化性较好（一般 BOD/COD≥0.4），因此，采用生化法处理是白酒废水处理的必然选择。又由于白酒废水中夹杂着一些粮食皮壳及泥沙等悬浮颗粒，即 SS 也较高，因此，白酒废水处理时，应首先进行预处理，然后是生化处理，最后根据出水水质要求决定是否进行物化处理。常规处理方法可见表 7-2。

表 7-2 白酒废水的常规处理方法

序号	处理阶段	名称	形式	备注
1	预处理	格栅	粗格栅	
			细格栅	
		混凝沉淀	混凝加药	
		气浮	溶气气浮	
			浅层气浮	
2	生化处理	好氧处理	活性污泥法	
			SBR 法及变形	
			氧化沟法	
			生物膜法	
		厌氧处理	水解酸化法	
			UASB 法	
			ABR 法	
			IC 法	
3	物化处理	沉淀处理	平流式沉淀	
			竖流式沉淀	

续表

序号	处理阶段	名称	形式	备注
3	物化处理		辐流式沉淀	
		过滤处理	快滤池	
			压力式过滤	
		混凝沉淀	加药混凝	
		吸附处理	活性炭吸附	
			陶粒吸附	
4	深度处理	膜法	超滤膜	
			反渗透膜	

说明：表 7-2 中各处理形式内容见本书第二章。

（2）常见的几种处理工艺组合

1）第一种组合形式示意见图 7-1。

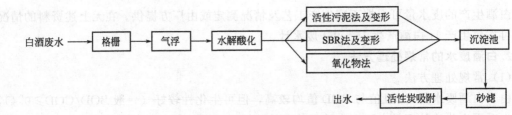

图 7-1　第一种组合形式示意

2）第二种组合形式示意见图 7-2。

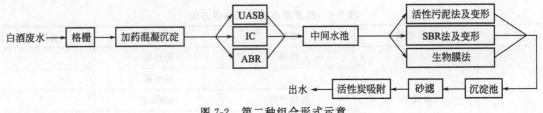

图 7-2　第二种组合形式示意

3）第三种组合形式示意见图 7-3。

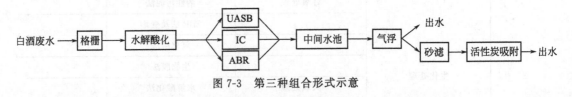

图 7-3　第三种组合形式示意

上述各处理工艺流程组合，视白酒废水水质、现场条件及厂方意愿而定。

三、白酒废水处理工程实例：某白酒厂

1. 概况

① 该酒厂以高粱、小麦为主，采取固态发酵工艺生产白酒，产生的白酒废水主要来自

于蒸酒底锅废水、设备冷却及冲洗水、原料浸泡及冲洗等生产环节。另外，生活用水也准备与生产废水合并后一起进行处理，其混合后的水质和处理后要求达到回用标准，其水质见表 7-3。

表 7-3　某白酒厂处理前后水质指标

指标	COD/(mg/L)	BOD/(mg/L)	SS/(mg/L)	pH 值
处理前水质	1200	500	300	6～9
处理后水质	75	30	30	6.5～9

② 处理水量：白酒废水和生活污水混合后，按 800m³/d（或 33.3m³/h）设计。

2. 设计方案

（1）设计依据

① 业主方提供的水量水质要求。

② 国家有关设计标准及规范。

（2）处理工艺的选择

① 白酒废水处理工艺流程可有多种，前文中已列举了几种常用的处理流程，我们经对厂方废水情况的分析，结合厂方的具体情况，经研究决定采用水解酸化及接触氧化处理工艺加物理处理手段，以使废水处理后能达到回用标准。具体处理工艺流程见图 7-4。

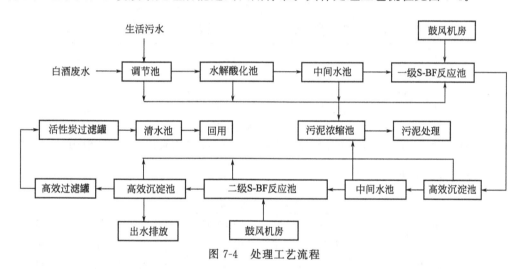

图 7-4　处理工艺流程

白酒废水和生活污水均进入调节池，经均匀调节后进入水解酸化池。在厌氧处理有机物的厌氧分解中，主要经历两个阶段，即酸性发酵阶段和碱性发酵阶段。酸性发酵阶段主要是产酸细菌作用，产物是有机酸、醇硫化氢等。废水中 pH 值下降，即称为酸性发酵阶段。碱性发酵阶段主要是甲烷细菌作用，通过对有机酸、醇的分解使 pH 值上升，即称为碱性发酵阶段。所谓水解酸化反应就是将厌氧反应过程控制在碱性发酵之前完成的反应，其作用主要是可将大分子有机物降解为小分子有机物，一方面可去除一些废水中的 COD 和 BOD，同时也为进入下一步好氧处理做好准备。

经水解酸化处理且中间水池加以稳定后进入一级 S-BF 反应池，该池是一种由新型填料组成的接触氧化工艺反应池，废水在这种新型生物填料表面生长的生物膜上经过生物多元降解作用，使废水中有机物得到降解，生成无害的 CO_2 和水，从而达到净化的目的。该新型生物填料比一般的生物填料有机负荷可高出 30% 甚至更多，大大提高了废水处理效率，同时也相对减少占地面积，降低了处理投资，同时还具有操作、运行、管理方便等优点。

为了确保处理效率，本设计采用二级 S-BF 反应池手段，BOD 在第一段 S-BF 反应池被处理后，再经过第二段 S-BF 反应池处理，确保出水可达到排放标准。

为了满足出水达到回用标准的要求，经二级 S-BF 反应池并经沉淀处理的废水，再进入高效过滤罐和活性炭过滤罐处理。高效过滤罐的作用是将废水中较细小的固体颗粒及悬浮物经滤料截流而去除，本设计采用的滤料不是单纯的砂料或砂料与无烟煤混合组成的滤料，而是一种由多介质混合经一定的处理而组成的滤料，它具有强度高、过滤速度快、处理效果稳定可靠及反冲洗方便等特点，从而大大加强了回用处理的可靠性。而活性炭过滤罐的作用是用吸附剂吸附废水中的有机物、胶体物质、微生物、金属离子等。本设计不是用常规的活性炭作为吸附剂，而是将活性炭先进行一种特殊处理，经特殊处理后的活性炭大大提高了吸附能力，且再生容易，这就大大提高了处理效率且使用方便。

经上述处理手段处理的废水，基本可达到回用标准而回用于生产。处理工艺流程见图 7-5。

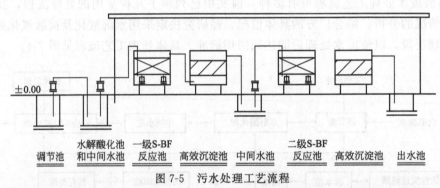

调节池　水解酸化池 一级S-BF　　　　　　　　 二级S-BF
　　　　　和中间水池 反应池　高效沉淀池　中间水池 反应池　高效沉淀池　出水池

图 7-5　污水处理工艺流程

说明：该处理流程出水可达到排放标准，若再经过高效过滤和活性炭处理可达到回用标准。

② 主要设备，见表 7-4。

表 7-4　主要设备表

序号	名称	使用地点	主要规格	单位	数量	备注
1	污水泵	调节池	WQ-40-10-22	台	2	1用1备
2	污水泵	水解酸化池	WQ-40-15-4	台	2	1用1备
3	污水泵	中间水池	WQ-40-15-4	台	2	1用1备
4	污泥泵	一沉池	WQ-15-20-2	台	1	
5	潜水离心曝气机	S-BF 反应池	Q×B18.5	台	2	一级、二级各1台
6	S-BF 反应池	污水厂房	8m×4m×6m	台	2	钢制
7	沉淀池	污水厂房	8m×4m×4m	台	2	钢制
8	污泥泵	污泥池	WQ15-20-2	台	2	1用1备
9	一体化污泥脱水机	脱水机房	B=1m	套	1	
10	反冲泵	清水池	WQ45-32-11	台	1	
11	管道、阀门、仪表			套	1	
12	供配电、自控			套	1	

③ 主要构筑物，见表 7-5。

表 7-5 主要构筑物

序号	名称	主要规格	结构形式	单位	数量	备注
1	调节池	15m×4m×3.5m	钢筋混凝土	座	1	
2	中间水池	3m×3m×3m	砖混	座	2	
3	清水池	3m×3m×3m	砖混	座	1	
4	脱水机房	12m×6m×5m	简易工棚	座	1	
5	污水处理机房	38m×16m×6m	砖混	座	1	

④ 投资估算：297.1 万元（计算过程，略）。

⑤ 处理成本：每处理 1m^3 废水 0.975 元（估算过程，略）。

第三节 ▶ 啤酒废水处理

一、啤酒生产工艺

啤酒的生产过程是先将大麦制成麦芽，再将麦芽粉碎与糊化的大米用温水混合进行糖化，糖化结束后立即过滤，除去麦糟。麦汁经煮沸定型后去除酒花糟，然后冷却与澄清。澄清的麦汁冷却至 6.5～8℃，再接种酵母进行发酵，发酵分主发酵和后发酵，经过后发酵的成熟酒，再经过过滤或分离去除残余酵母和蛋白质，过滤后的成品酒就是鲜啤酒。其生产工艺流程见图 7-6。

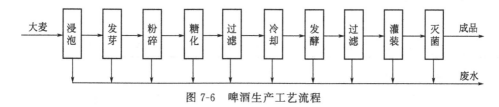

图 7-6 啤酒生产工艺流程

二、啤酒废水的来源与性质

1. 啤酒废水的来源

在啤酒生产的整个工艺中，几乎每个工段都有以废水为主的废物的排出，主要包括以下几种废水：冷却水，约占总水量的 70%；酿造涮洗废水（如麦芽制作、糖化、发酵），占总水量的 5%～6%，属高浓度有机废水；洗瓶、冲洗、杀菌水约占总水量的 20%。

从啤酒生产的各个车间来看，啤酒废水主要来自麦芽车间（浸麦废水）、糖化车间（糖化、过滤、洗涤废水）、发酵车间（发酵罐洗涤、过滤洗涤）、灌装车间（洗瓶、灭菌废水及瓶子破碎流出的啤酒）以及生产冷却水等。此外，部分车间的定期消毒和各车间的冲洗地面也要排出一些废水。另外，啤酒厂还要排出一定数量的生活污水，如：浴室、厨房、办公卫生间等。

2. 啤酒废水的性质

啤酒废水中主要含糖类、醇类等有机物，且浓度较高，虽然无毒，但易于腐败，排出水体要消耗大量的溶解氧，对水体环境造成严重危害。

不同车间排出的水质有较大差异，如：麦芽车间排出的废水主要是大麦洗涤水和浸渍液，在麦粒浸泡过程中，大麦的可溶性物质如多糖、蔗糖、葡萄糖、果胶、矿物质盐和外皮的肮蛋白和纤维素将溶解于水中，这些可溶物质占麦粒重量的0.5%～1.5%，其中2/3为有机物，其余为无机物。大麦浸渍废水的颜色较深，呈黄褐色，糖化、发酵和灌装车间排出的废水主要含有各种糖类、多种氨基酸、醇、维生素、各种微量元素、酵母菌、啤酒花、纤维素以及麦糟等。

3. 啤酒废水的水质和水量

（1）啤酒废水水质

上已述及，啤酒废水分为高浓度有机废水、低浓度有机废水和冷却废水，具体情况见表7-6和表7-7。

表7-6 啤酒废水水质

废水种类	废水来源	占总废水/%	COD /(mg/L)	混合废水 COD/(mg/L)
高浓度有机废水	麦糟水、糖化车间的刷锅水等	5～10	20000～40000	4000～6000
	发酵车间的前酵缸、后酵缸、洗涤水、洗酵母等	20～25	2000～3000	
低浓度有机废水	制麦车间浸麦水、刷锅水、冲洗水等	20～25	300～400	300～700
	罐装车间的酒桶、酒瓶洗涤水	30～40	500～800	
冷却水	各种冷凝水、冷却水及杀菌水	无有机污染物		<100

表7-7 啤酒厂全厂综合废水（包括生活污水）水质

pH值	水温/℃	COD /(mg/L)	BOD /(mg/L)	碱类(以CaCO₃计) /(mg/L)	SS /(mg/L)	TN /(mg/L)	TP /(mg/L)
5～6	16～30	1000～2500	700～1500	400～450	300～600	25～85	5～7

（2）啤酒废水的水量

根据我国啤酒厂的工艺水平及管理水平，酿造1t啤酒的耗水量一般为15～30m³，外排的废水量为12～25m³，有些啤酒厂因管理不善，每吨水的排水量甚至可达35～40m³。

三、啤酒废水的常规处理方法

啤酒废水中所含的污染物主要是有机污染物，其可生化性较高（BOD/COD的比值一般超过0.4），所以宜采用生化处理方法。另外啤酒废水由于有一些酒糟渣、表皮等悬浮细小颗粒及色度等污染物，因此，在生化处理前应进行预处理，一般可采用物化处理手段。另外，啤酒废水生化处理后，一般可达到排放标准。如需获得更高标准的出水，需再进行物化处理。

因此可以说，啤酒废水的处理方法基本涵盖了当前所有一般污水的处理方法，其各种方法汇总见表7-8。

表7-8 啤酒废水常规处理方法

预处理	好氧处理	厌氧处理	回用处理
格栅	活性污泥法及变形	UASB法	混凝沉淀
沉淀	(A/O、A²/O、AB法等)	IC法	过滤法

续表

预处理	好氧处理	厌氧处理	回用处理
混凝沉淀	SBR 法及变形	ABR 法	吸附法
气浮	CASS	水解酸化法	膜法（超滤）
其他	生物膜法及变形	其他	反渗透等
	接触氧化法、MBR 等		其他
	氧化沟法		

四、啤酒废水处理工程实例：内蒙古乌海市金瓯啤酒有限责任公司

1. 概况

内蒙古乌海市金欧啤酒有限责任公司是乌海市新建的一家股份制啤酒生产企业，该公司领导响应了国家关于治污措施应与生产设施同时建设的要求，积极进行污水处理工程的建设。为积极配合该公司污水处理设施的建设，笔者研究团队设计了该污水处理工程方案。

该工程内容为乌海市金欧啤酒有限责任公司年产量 5 万吨啤酒所配套的污水处理设施，要求污水处理后的水质应达到排放标准。

2. 设计依据

① 根据厂方提供的招标文件及水质水量等要求。

② 国家有关设计标准及规范。

3. 水量和水质

（1）水量

根据《乌海市金欧啤酒有限责任公司污水处理系统招标文件》（标书编号：WJB000001）要求，污水处理按日处理量 2000m³ 进行总体设计，而此次投标按日处理量 800m³ 进行投标报价。

（2）水质

根据《乌海市金欧啤酒有限责任公司污水处理系统招标文件》（标书编号：WJB000001）要求达到污水综合排放标准，具体处理前后水质指标见表 7-9。

表 7-9　处理前后水质指标

项目 处理状态	COD_{Cr}/(mg/L)	BOD_5/(mg/L)	SS/(mg/L)
处理前	1500	800	700
处理后	≤100	≤20	≤70

4. 处理工艺

（1）处理工艺确定原则

1）确定处理工艺的意义。废水处理工艺流程的选择是工程建设成败的关键。处理工艺是否合理直接关系到废水处理系统的处理效果、出水水质、运行稳定性、建设投资和运行成本等。因此，必须结合实际情况，综合考虑各方面因素，慎重选择合理的处理工艺流程，以达到最佳的处理效果和最大的经济效益。

2）当前啤酒厂污水处理工艺概况。啤酒废水主要来自浸麦、糖化、发酵、灌装和生产冷却水以及车间定期消毒和冲洗地面废水，有时还有浴室、厨房、卫生间等生活废水，一般

BOD/COD值较高，可生化性较好，所以，目前国内外啤酒废水处理工艺都以生化方法为主，这是因为生化法比物化法和化学法在处理效率、处理成本及操作管理等方面都占有优势的缘故。

当前国内啤酒废水处理主要工艺情况如表7-10所示。

表7-10 当前国内啤酒废水处理主要工艺情况

序号	工艺	优点	缺点
1	酸化＋接触氧化＋气浮	抗冲击负荷强、污泥量小	易堵塞、投资大、管理较复杂、除磷脱氮差
2	UASB＋好氧	可处理高浓度污水、处理效果稳定	操作管理较复杂
3	酸化＋SBR	占地小、有除磷脱氮功能	自控要求高、管理水平要求高
4	CASS	占地小、有除磷脱氮功能、处理效果稳定	自控要求高、管理水平要求高
5	塔滤	水力负荷高	处理能力小、易堵塞
6	IC＋好氧	占地小、可处理高浓度污水	荷兰技术,造价高
7	其他		

（2）处理工艺的选择

笔者研究团队在考察和研究了国内外啤酒废水处理的情况下，开发了具有其特色的CASS、S-BF和IC三种啤酒废水处理技术，这三种处理工艺具有投资低、占地小、运行成本低和处理效果可靠、处理后水可达到回用要求等特点，可以说处于国内领先水平。可以根据啤酒厂的不同情况，选用其中一种处理工艺。

根据内蒙古乌海市金欧啤酒有限责任公司的具体情况（啤酒生产规模不算太大、地处西北地区、水资源紧张等特点），我们曾选择了S-BF工艺和CASS处理工艺，并进行了对比，以便确定一种既能满足处理效果又相对节约投资的处理工艺。

（3）S-BF工艺介绍

1）技术介绍。S-BF工艺是笔者研究团队开发的一种具有新型生物填料的接触氧化处理工艺，它具有处理负荷高、占地小、处理效果稳定可靠和造价低等特点。处理后出水可达到回用标准，本技术已获得国家专利。

2）处理工艺流程。S-BF处理工艺流程见图7-7。

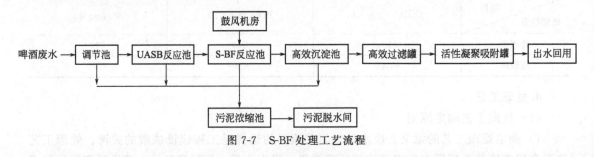

图7-7 S-BF处理工艺流程

3）工艺处理单元介绍。

a.S-BF反应器。S-BF反应器是一种由新型生物填料组成的接触氧化反应器，污水经过在新型填料表面生长的生物膜的生物多元降解作用，将污水中的有机物高效降解，从而达到净化水质的作用。它具有比一般常规生物填料生物负荷高，处理效果稳定可靠，操作、运行、管理方便，污泥量少及价格低廉等特点。填料由笔者研究团队开发。

b. 高效过滤罐。高效过滤罐主要用于去除原水中较细小的固体颗粒和其他悬浮在水中的微小杂质。本工艺采用新型的高效滤料，此滤料由多种介质混合加工而成，具有强度高、过滤流速高、反冲洗方便和效果稳定可靠等特点，从而使其对进水的过滤净化功能大大增强，提高了出水的水质状况。

c. 活性凝聚吸附罐。吸附法常用来去除水中的有机物、胶体物质、微生物等，而活性炭是目前水处理中最常用的吸附剂，其处理效果好、占地面积小、管理方便又可再生。同时，对某些金属及其化合物也有很强的吸附能力。本装置并非单纯地采用活性炭吸附，而是将活性炭进行了一种特殊处理，加大了活性炭的吸附容量，从而加强了活性炭的吸附效果，使出水水质进一步提高。

（4）CASS 工艺介绍

1）技术介绍。CASS（cyclic activated sludge system）是循环活性污泥系统的简称，是一种在 SBR 工艺基础上开发的新型工艺。CASS 反应池是它的核心部分，分为生物选择区、兼氧区和好氧区。其主要构造及功能可见本书第二章有关介绍。

2）处理工艺流程。本处理工艺流程见图 7-8。

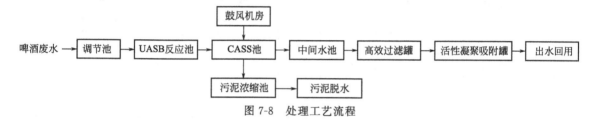

图 7-8 处理工艺流程

3）工艺处理单元介绍。

a. CASS 反应池。CASS 反应池是在 SBR 反应池的基础上发展的一种生化反应池，它是在 SBR 反应池的前面增加一个生物选择器和一个兼氧区。CASS 反应池原理及设计可见本书第二章相关内容。

b. 高效过滤罐。同 S-BF 工艺的高效过滤罐。

c. 活性凝聚吸附罐。同 S-BF 工艺的活性凝聚吸附罐。

（5）处理工艺的最后确定

根据乌海市金欧啤酒有限责任公司的具体情况，污水处理后不要求达到回用标准，因此，在上述两种处理工艺的基础上进行了综合分析设计计算和对比，并考虑到今后国家对污水处理的水质要求不断提高，我们决定采用 CASS 处理工艺。具体处理工艺流程见图 7-9。

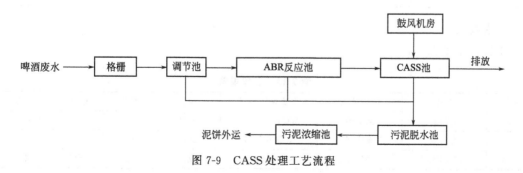

图 7-9 CASS 处理工艺流程

处理工艺说明如下。

1) 折板厌氧反应池（ABR）。折板厌氧反应池是在 UASB 上流式厌氧污泥床反应器的基础上开发的一种新型的污水厌氧处理设备，其主要优点为：a. 可不设三相分离器，不存在污泥堵塞问题；b. 启动时间短，运行稳定；c. 不需设混合搅拌装置；d. 施工和管理简便。

2) CASS 反应池。所谓 CASS 反应池，它是在 SBR 反应池的前面增加一个生物选择器，其作用是污水中溶解性有机物能够通过酶反应而被污泥颗粒吸附除去，而在该区内的回流污泥中，微生物菌胶团大量吸附废水中的有机物，使之迅速降解，从而可以防止污泥膨胀。回流污泥中的硝酸盐还可以在该区内得以反硝化。

由于 CASS 反应池具备双重硝化作用，因此，该反应池除可去除 COD、BOD 和 SS 外，还有除磷脱氮作用，为高要求出水提供了可能。

5. 污水处理去除率估算

本工艺污水处理率估算见表 7-11。

表 7-11　工艺污水处理率估算

处理构筑物 \ 处理情况	COD/(mg/L)			BOD/(mg/L)			SS/(mg/L)		
	进水	出水	去除率/%	进水	出水	去除率/%	进水	出水	去除率/%
调节池（格栅）	1500	1350	10	800	720	10	700	630	10
折板厌氧反应池	1350	450	60	720	228	60	630	189	70
CASS 反应池	540	81	85	228	18.2	92	189	56.7	70
标准		100			20			70	

6. 主要构（建）筑物

主要构（建）筑物见表 7-12。

表 7-12　主要构（建）筑物

序号	名称	主要规格型号	数量	单位	结构形式	备注
1	调节池	15m×4m×3.5m	1	座	钢筋混凝土	
2	折板厌氧反应池	15m×6m×3.5m	1	座	钢筋混凝土	
3	CASS 反应池	21m×10m×5.5m	1	座	钢筋混凝土	
4	污泥浓缩池	4m×4m×4m	1	座	钢筋混凝土	
5	鼓风机房	12m×8m×5m	1	座	砖混	
6	脱水机房	15m×9m×5m	1	座	砖混	

7. 主要设备

主要设备见表 7-13。

表 7-13　主要设备

序号	名称	使用地点	主要规格型号	材料	数量	单位	备注
1	潜污泵	调节池	WQ40-10-2.2	成品	2	台	1用1备
2	潜污泵	折板厌氧池	WQ40-15-4	成品	2	台	1用1备
3	污泥回流泵	CASS 池	WQ15-20-2	成品	2	台	1用1备

续表

序号	名称	使用地点	主要规格型号	材料	数量	单位	备注
4	滗水器	CASS池	HWD-1 $Q=400m^3/h$ $N=1.5kW$	成品	1	台	
5	曝气系统	CASS池	YMB-Ⅱ型	成品	400	套	
6	剩余污泥泵	CASS池	WQ15-20-2.2	成品	2	台	1用1备
7	搅拌器	CASS池	$N=2kW$	成品	2	台	
8	罗茨风机	鼓风机房	HSR125型 $N=15kW$	成品	2	台	1用1备
9	污泥泵	污泥池	WQ15-20-2.2	成品	2	台	1用1备
10	一体化污泥脱水机	脱水机房	HBPF1000型 $B=1.0m$	成品	2	套	1用1备
11	管道、阀门、仪器仪表			成品	1	套	
12	供配电、自控				1	套	

8. 工程总投资

工程总投资为378万元（计算过程，略）。

9. 处理成本

处理成本为0.82元/m³（计算过程，略）。

10. 占地面积

占地面积为$92m×20m+20m×10m=2040m^2=0.204$公顷＝3.00亩。

11. 单位基建成本

单位基建成本（包含部分二期工程构筑物）为378万元（计算过程，略）。

12. 供配电及自控系统

13. 二期工程概况

（1）处理工艺

二期工程与一期工程处理工艺相同，由于鼓风机房、污泥浓缩池及脱水机房可以使用一期工程中的构筑物，所以二期工程中只需建设CASS反应池、调节池和折板厌氧反应池即可。

（2）工程投资

经计算，二期工程总投资为120万元（计算过程，略）。

（3）处理成本

经计算，二期工程的处理成本为0.76元/m³。

（4）占地面积

$80m×20m=1600m^2=0.16hm^2=2.4$亩。

14. 总体设计技术经济指标

总体设计技术经济指标见表7-14。

表 7-14　总体设计技术经济指标

序号	工程规模/(m³/d)	投资/万元	占地/公顷	处理成本/(元/m³)	人员/个	备注
1	一期 800		0.204	0.82	3	

序号	工程规模/(m³/d)	投资/万元	占地/公顷	处理成本/(元/m³)	人员/个	备注
2	二期 1200		0.16	0.76	4	
3	总体 2000		0.364	0.79	4	

第四节 ▶ 酒精废水处理

一、酒精的种类、生产工艺和生产方法

1. 酒精种类

酒精按国家规定可分为高纯度酒精、精馏酒精、医药酒精和工业酒精 4 类。

(1) 高纯度酒精

酒精浓度不得低于 96.2%（体积分数），是一种严格中性没有杂味的酒精，专供国防工业、电子工业和作为化学试剂用。

(2) 精馏酒精

酒精浓度不得低于 95.5%（体积分数），纯度试验合格，杂质含量少，供国防工业与化学工业用。

(3) 医药酒精

酒精浓度不得低于 95%（体积分数），杂质含量较少，主要用于医药，也可用于配制饮料酒。

(4) 工业酒精

只要求酒精浓度达到 95%（体积分数），无其他要求，主要用于漆料稀释、合成橡胶等工业生产或作燃料使用。

2. 酒精生产方法

酒精生产方法可分为发酵法和化学合成法两大类。

(1) 发酵法

发酵法是利用淀粉质原料或糖质原料，在微生物的作用下生成酒精。根据原料不同，又可分为以下几种情况。

1) 淀粉质原料发酵生产。它是利用薯类、谷物及野生植物等含淀粉的原料在微生物作用下，将淀粉水解成葡萄糖，再进一步发酵生成酒精。

2) 糖蜜原料发酵生产酒精。它是直接利用糖蜜中的糖分，经过稀释并添加部分营养盐，并借酵母的作用发酵而生成酒精。

3) 亚硫酸盐纸浆废液发酵生产酒精。它是指在造纸过程中，造纸原料经亚硫酸盐液蒸煮后，其废液中含有六碳糖，这部分糖在酵母作用下可发酵生成酒精（主要是工业酒精）。

(2) 化学合成法

化学合成法是指利用炼焦炭、裂解石油的废气为原料，经过化学合成反应制成酒精的方法，其反应式如下：

$$CH_2{=}CH_2 \xrightarrow{+H_2O} CH_3CH_2OH$$

$$\text{乙烯} \qquad\qquad \text{乙醇} \tag{7-1}$$

该方法又可分为直接水合法和间接水合法两种。

1）直接水合法是指乙烯与水蒸气在磷酸催化剂作用下及高温高压下直接发生的加成反应：

$$CH_2\!=\!CH_2 + H_2O \xrightarrow{\ H_3PO_4（吸附在硅藻土上）\ } CH_3CH_2OH$$
　　　　乙烯　　水　　　　　　　　　　　　　　乙醇　　　　　（7-2）

2）间接水合法又称硫酸水合法，一般分两大步，即乙烯与硫酸经加成作用生成硫酸氢乙酯，硫酸氢乙酯水解生成乙醇，反应式如下：

$$CH_2\!=\!CH_2 + H_2SO_4（98\%） \xrightarrow{\ 70℃\ } CH_3CH_2OSO_3H$$
　　乙烯　　　　硫酸　　　　　　　　　硫酸氢乙酯　　　　　（7-3）

$$CH_3CH_2OSO_3H + H_2O \xrightarrow{\ 90\sim95℃\ } CH_3CH_2OH + H_2SO_4$$
　硫酸氢乙酯　　　水　　　　　　　乙醇　　　硫酸　　　　（7-4）

3. 酒精生产工艺流程

（1）淀粉质作为原料

淀粉质作为原料生产酒精，生产工艺流程见图 7-10 或图 7-11。

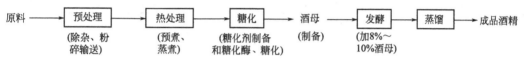

图 7-10　淀粉质作为原料生产酒精生产工艺流程（1）

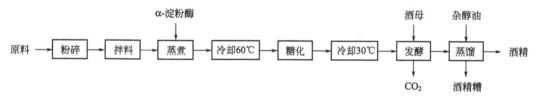

图 7-11　淀粉质作为原料生产酒精生产工艺流程（2）

（2）糖蜜作为原料

糖蜜作为原料生产酒精，生产工艺流程见图 7-12。

图 7-12　糖蜜作为原料生产酒精生产工艺流程

（3）纤维作为原料

纤维作为原料生产酒精生产工艺流程见图 7-13。

二、酒精生产污染物的来源

酒精生产污染物的来源见图 7-14。

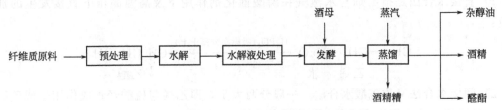

图 7-13　纤维作为原料生产酒精生产工艺流程

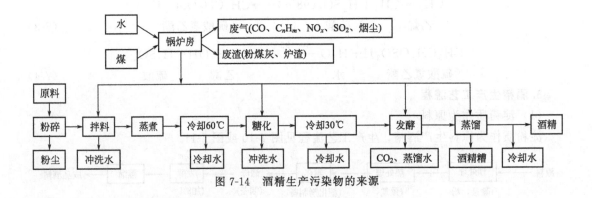

图 7-14　酒精生产污染物的来源

三、酒精生产废水水质和排放量

酒精生产废水水质和排放量见表 7-15。

表 7-15　酒精生产废水水质和排放量

废水名称与来源	排水量/(t/t)	pH 值	COD/(mg/L)	BOD$_5$/(mg/L)	SS/(mg/L)
薯类酒精糟	13～16	4～4.5	$(5～7)\times10^4$	$(2～4)\times10^4$	$(1～4)\times10^4$
糖蜜酒精糟	14～16	4～4.5	$(8～11)\times10^4$	$(4～7)\times10^4$	$(8～10)\times10^4$
精馏塔底残留水	3～4	5	1000	600	
冲洗水、洗涤水	2～4	7	600～2000	500～1000	
冷却水	50～100	7	<100		

四、酒精工业废水处理工艺

综上所述，酒精废水主要由三部分组成，即酒精糟废液，糖化、发酵废水及冲洗水，冷却水。由于酒精糟废液 COD、BOD 及 SS 等均较高，一般情况下，应单独处理及回收有用物质后再与糖化、发酵及冷却水和生活污水等合并处理。其酒精糟处理方法如下。

1.玉米酒精糟废液处理工艺

一般情况下，玉米酒精糟废液处理方法有三类：第一类为固液分离-厌氧好氧处理工艺；第二类为 DDS（蛋白饲料）加厌氧处理工艺；第三类为 DDGS（高价干酒精糟）工艺。

当前，国内应用较多的是第一类工艺，而第二类工艺是发展趋势。第三类工艺投资较大，目前在美国和西欧等发达国家有所应用，我国尚处于起步阶段；此工艺是将固液分离后的玉米糟浓缩，然后与滤液混合后干燥生产高价干酒精糟。关于玉米酒精糟废液处理工艺详情本书不再做叙述。

2. 薯干酒精槽液处理工艺

薯干酒精槽液蛋白质含量比玉米酒精槽液低得多，再加之黏度大，给综合利用和治理带来较大困难，当前其处理工艺一般有两种：

① 固液分离：部分滤液回用于生产，部分滤液厌氧好氧处理，该工艺运行费用小，经济效率高。

② 厌氧接触-好氧工艺：其工艺流程是先采用厌氧消化工艺，生产沼气并降低酒精槽液的污染负荷，然后用好氧处理手段进行处理。

关于薯干酒精槽液处理工艺本书不再做详细叙述。

3. 酒精废水常规处理工艺

一般情况下，首先将酒精槽处理后的废液与其他废水一并进入调节池（有的酒厂生活污水也一并进入调节池），经调节池均匀调节后进入废水处理系统。

由于酒精废水的 COD 值和 BOD 值较高，且可化性较好（一般 BOD/COD 值均超过 0.4），所以经济可行的生化处理必然成为首选。一般情况下，酒精废水的处理工艺如图 7-15 所示。

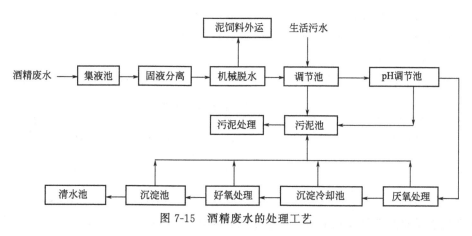

图 7-15　酒精废水的处理工艺

在上述处理流程中，处理方法可按以下原则考虑：a. 固液分离一般可用沉淀或过滤方法解决；b. 机械脱水一般可用板框压滤或离心分离设备解决；c. pH 值调节可用加碱解决；d. 厌氧处理可用 UASB、ABR 或水解酸化等方法解决；e. 好氧处理可用活性污泥法及变形（A/O 法、A^2/O 法、AB 法等）、SBR 法及变形（CASS 法、DAT-IAT 法等）、生物膜法（接触氧化法、MBR 法、生物滤池法等）解决；f. 以上各处理方法详见第二章。

五、酒精废水处理工程实例：广西明阳生化科技股份有限公司

笔者主持或参与过广西明阳生化科技股份有限公司淀粉酒精污水处理工程、唐山明春玉米生物有限公司和泗水泉林酒精厂等酒精废水处理工程实践，由于篇幅所限，现仅对广西明阳生化科技股份有限公司淀粉酒精污水处理工程予以介绍。

1. 设计依据

（1）该企业提供的有关污水处理有关文件

文件中规定：每年 11 月份至来年 1 月份为以鲜木薯为原料的鲜薯期，每年 2~5 月份为以池粉为原料生产变性淀粉的池粉期，每年 6~10 月份为倒粉期，各个生产期的综合废水量、水质情况见表 7-16。

表 7-16 各个生产期的综合废水量、水质情况

生产阶段	生产期	废水名称	废水排放量 /(m³/d)	COD_Cr /(mg/L)	BOD /(mg/L)	SS /(mg/L)	pH 值
鲜薯期	11月至第2年1月 3个月	黄浆水	6910	7000	3500	2600	3.0～5.0
		酒精废水	1125	30000	20000	7000	3.0～5.0
		混合后废水	8035	10220	5810	3216	3.0～5.0
池粉期	2～5月 4个月	黄浆水	4200	7000	3500	2600	3.0～5.0
		酒精废水	1125	30000	20000	7000	3.0～5.0
		混合后废水	5325	11859	6986	3511	3.0～5.0
倒粉期	6～10月 5个月	黄浆水	3000	7000	3500	2600	3.0～5.0

全年计废水量:1881900m³(每年按检修1个月,假定10个月,则实际排水量为1800000m³)

（2）国家有关设计标准和规范

《室外排水工程设计规范》（GBJ 14—97）、《污水综合排放标准》（GB 8978—96）、《给水排水构筑物施工及验收规范》（GBJ 141—90）、《供配电系统设计规范》（GB 50052—2009）、《鼓风曝气系统设计规程》（CECS97：97）。

（3）废水处理水量和水质

根据企业要求，废水处理量按每天 12000m³ 设计，其处理前后的水质要求见表 7-17。

表 7-17 处理前后的水质要求

处理状态 \ 指标	COD/(mg/L)	BOD/(mg/L)	SS/(mg/L)	总磷/(mg/L)	pH 值	水温/℃
处理前	12000	7500	4500		3～5	
处理后	≤300	≤150	≤200	≤10	5.5～8.5	≤35

处理后水质应能满足《农田灌溉水质标准》（GB 5084—2005）的要求。

（4）设计基础数据

包括：a.地耐力按 8t 考虑；b.动力电价按 0.7 元/（kW·h）计；c.水价按 0.5 元/m³ 计；d.煤价按 400 元/t 计；e.人工费按 1000 元/（人·月）计。

2. 污水处理工艺的选择

淀粉生产废水和酒精生产废水 COD 值和 BOD 值均较高，污染严重。由于其生化性较好，因此，目前国内外处理的方法以生化法为主，在生化处理前，应进行适当的预处理或有用物质（如蛋白饲料）的回收。关于生化处理方法主要分为厌氧和好氧处理两大类。而当 COD 值和 BOD 值较高时，一般均采用先厌氧后好氧的处理流程。

当前，厌氧处理的形式一般有 UASB、厌氧反应池、厌氧生物滤池、折板式厌氧反应器（ABR）、厌氧复合式反应器（UBF）、IC 法厌氧反应器、两相厌氧处理系统（TPAD）和多相厌氧处理系统（SMPA）等，通常以 UASB 形式应用较多。

在厌氧处理技术应用的同时，还有一种兼氧处理应用技术，如水解酸化处理技术并结合好氧处理工艺，也能收到良好的处理效果。

ABR 技术是美国人麦卡蒂于 1982 年开发的，主要原理是在 UASB 的基础上利用二相厌氧处理工艺原理而研发的。详细情况可见本书第二章有关章节。

上述多种厌氧处理形式中，UASB 属于第二代厌氧反应器，而 ABR 和 IC 已属于近年来新开发的第三代厌氧处理技术。经研究，本工程决定采用最近几年新开发的 ABR 折板式厌氧反应池技术，它与国内常用的 UASB 技术相比具有许多优点，除上述在机理上运用了两相厌氧反应理论，提高了处理效率外，还具有良好的水力条件和造粒功能，同时，与 UASB 相比，它还具有以下优势：a.可以省去三相分离器；b.启动时间短，运行稳定；c.不需要污泥搅拌装置；d.污泥不易堵塞；e.运行管理简单，投资低。

关于好氧处理技术，不外乎四大系列，即：a.传统的活性污泥法及变形，如 A/O 法、A^2/O 法、AB 法；b.SBR 系列及变形，如 CASS 法、DAT-IAT 法、Unitank 法等；c.氧化沟系列，如奥伯尔氧化沟、卡鲁赛尔氧化沟及交替型氧化沟、一体式氧化沟等；d.关于膜法系列，如接触氧化法及 MBR 法等（详见第二章有关章节）。

经过对上述多种好氧处理形式的分析比较并结合本工程实际情况，研究认为：氧化沟法占地大、处理负荷较低；SBR 系列如 CASS 法耐冲击负荷较差且自控要求高，一旦自控管理出现疏忽或问题，污水处理将无法运转；而膜法对于高浓度污水处理不适应。鼓风曝气好氧处理形式比较皮实，耐冲击负荷好，可高负荷运转，相对可减少池体造价，但污泥量较大，也就是说各种生化形式各有优缺点，根据该企业特点，我们提出两种处理方案；方案一为投资相对较低的饲料不回收 ABR 厌氧工艺和 A/O 好氧工艺处理方案。方案二为考虑饲料回收的 UASB 厌氧和 CAST 好氧工艺方案。由于在企业提供的处理要求文件中提出在处理过程最后设置农灌缓冲塘，为此，本工程处理流程设计最后一步将设计一个常规的氧化稳定塘，其目的一方面可当作处理后废水储存场地，另一方面还可起到进一步氧化和稳定水质的作用。

3. 关于污泥处理

淀粉和酒精废水处理中产生大量的沉淀污泥和生化处理产生的剩余污泥，如不妥善处理，势必造成新的污染，为此，污泥的处理问题也是一个不可忽视的问题。

关于污泥处理方式，一般分为自然干化和机械干化两类。自然干化造价低，但占地大，操作环境差，并对环境造成二次污染，一般情况下不宜采用。机械干化通常有以下三种形式。

（1）板框压滤机

该机是一种传统的压滤形式，优点是价格低，缺点是操作笨重、环境脏乱，目前已趋于淘汰。

（2）离心脱水机

该机是利用加药后的絮凝污泥颗粒在高速旋转离心力的作用下使泥水分离的设备。优点是占地小、效率高，缺点是造价高、耗电大（通常是带机的 6~10 倍）。

（3）带式压滤机

该机是利用机架上直径由大到小顺序排列的辊筒将污泥多次挤压成泥饼的压滤机器。优点是：工作稳定，价格及耗电均比离心机低（价格仅相当于离心机的 1/2，耗电仅相当于离心机的 1/8~1/5）。最近几年又出现的一种把浓缩和脱水合为一体的一体式带式压滤机，使得在现有带机的基础上，大大提高了效率。

经过以上对污泥脱水处理的分析，并结合本厂具体情况，决定采用一体式带式压滤机。

4. 设计方案的比较选择

（1）方案 1

1）污水处理工艺流程。污水处理工艺流程见图 7-16。

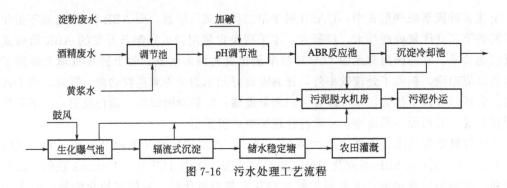

图 7-16　污水处理工艺流程

2）本工艺特点。

① 采用先进的 ABR 技术，既能保证处理效果又能节约投资，同时操作运行及管理相对简单。

② 采用生化曝气并留有 A/O 工艺可能的生化工艺，运行稳定，确保出水效果。

③ 采用辐流式沉淀工艺，运行稳定，确保出水效果。

3）主要构筑物及设备介绍。

① ABR 反应池。该池为一个新型厌氧处理单元，它是在 UASB 基础上开发出来的第三代厌氧处理技术，构造上可以看作是多个 UASB 的串联。因此，它除具有良好的水力状态和稳定的生物固体截流能力以及良好的颗粒污泥形成外，还具有处理负荷较高等特点。本 ABR 反应处理负荷采用 12kg COD/(m^3 · d)，其水力停留时间采用 24h，池体尺寸为 40m×30m×5.5m，钢筋混凝土结构，2 座。池体上方有沼气收集装置和输送装置以及安全措施。

② 生化曝气池。该池是废水进行好氧生化处理的主要场所，其有机负荷采用 0.3kg BOD/(kg MLSS·d)，水力停留时间采用 6h，池体尺寸为 25m×12m×5m，钢筋混凝土结构，2 座。采用 BZQ 型盘型曝气器充氧，池内设溶解氧在线监测装置及剩余污泥排出装置。

③ 辐流式沉淀池。该池设计表面负荷为 1.2m^3/(m^2 · h)，池体尺寸为 ϕ16m×4.5m，采用中心进水周边出水形式，池上设单臂刮泥机。钢筋混凝土结构，2 座。

④ 风机。采用罗茨风机，型号：FSR200 50kW，6 台（4 用 2 备）。

⑤ 自控主要配置。可编程控制器，采用日本松下产品，型号：AFP12117B，4 台。智能液位显示仪，采用北京天辰产品，型号：XSC/A，4 台。超声波液位变送器，采用北京昆仑产品。pH 检测仪，采用 ABB 产品。

4）处理成本和经济效益。

① 处理成本：经初步核算，本方案每吨污水处理成本为 0.90 元左右。

② 经济效益。本方案实施后，ABR 反应池按去除 80% COD 计算，则每天产生的沼气量为 36864m^3，可以产生的热值为 1.8432×10^9cal/d，又知该企业煤的热量为 3200cal，则本工程上马后，每天可节煤 57.6t，按每吨煤 400 元计，则每天可节省煤费 400 元/t×57.6t=23040 元，扣除每天处理成本 0.9 元/m^3×1.2×$10^4$$m^3$=1.08 万元，每天可获效益 2.304 万元－1.08 万元=1.224 万元。

（2）方案 2

1）污水处理工艺流程。污水处理工艺流程见图 7-17。

2）本工艺特点。本工艺特点包括：a.用饲料回收工艺，可获得可观的经济效益；b.采

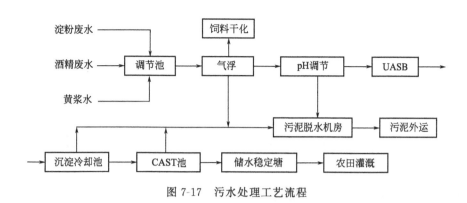

图 7-17 污水处理工艺流程

用较为成熟的 UASB 技术，处理效果稳定可靠；c.采用 CAST 好氧技术，可省去沉淀池；d.基建费用相对较高。

3) 主要设备和构筑物介绍。

a.气浮机。当前气浮设备有传统的溶气气浮、欧美应用的诱导式气浮、日本的尼可尼气浮以及根据浅层理论设计的浅气浮设备，根据本工程特点决定选用浅层气浮机，它具有反应时间短、固液分离效果明显、操作方便等特点，其机体直径 9m，同时配有加药装置和污泥输送装置。

b.UASB 厌氧反应罐。UASB 厌氧处理污水技术是当前国内外应用较多的厌氧处理形式之一，其主要原理是厌氧生物降解的三个阶段：第一阶段是由厌氧和兼氧的水解性微生物将大分子物质，如纤维素、蛋白质、木质素等水解为单糖进而生成有机酸；第二阶段是由产氢产乙酸细菌利用第一阶段产生的各种有机酸生成 H_2、乙酸和 CO_2；第三阶段由甲烷细菌将第二阶段生成的 H_2 和乙酸作为底物生成甲烷。

一般情况下，UASB 厌氧反应器由混合区、厌氧区、沉淀区、气液分离区以及沼气排放（或收集）系统五部分组成。本 UASB 反应罐采用的设备负荷为 9kg COD/($m^3 \cdot$ d)，其反应器尺寸为 $\phi 8m \times 12m$，共 4 台。

c.CAST 反应池。CAST 工艺是 SBR 处理工艺的一种变形，它的原理设计参数及优点可见本书第二章相关内容，此处不再详述。

本工程 CAST 反应池，设计污泥负荷为 0.1kg BOD/(kg MLSS·d)，池体结构尺寸为 $40m \times 30m \times 5m$（两格），曝气器采用 BZQ 型盘型曝气器，滗水器采用 SB1000 型不锈钢旋转式滗水器，池中设置溶解氧在线监测装置及污泥回流和排放装置。

d.滗水器，型号：SB-1000，4 台。

e.罗茨风机，型号：FSR-125，5 台。

f.螺杆泵，型号：NMO53 型，2 台。

4) 处理成本。经初步核算，本方案每吨污水处理成本为 0.85 元左右。

5) 经济效益。

① 本方案的饲料回收，按每吨废水可提取饲料 2kg 计，则每天从废水中可提取饲料 24t，按每吨饲料可卖 600 元计，每天饲料回收效益为 600 元/t×24t=14400 元。

② 扣除每天处理污水费用 0.88 元/m^3×$1.2 \times 10^4 m^3$＝10560 元，每天净获利为 23040 元＋14400 元－10560 元＝26880 元。

第八章

食品工业废水处理技术与工程实践

第一节 ▶ 淀粉工业废水处理

一、概述

1. 淀粉生产工艺

淀粉属多羟基天然高分子化合物，广泛地存在于植物的根、茎和果实中。淀粉是食物的重要成分，是食品化工、造纸、纺织等工业部门的主要原料。

淀粉生产的主要原料作物有甘薯类、玉米和小麦。由于每种原料生产淀粉的工艺所产生的废水水质不尽相同（见表 8-1），因此，在设计处理方案时，首先应弄清采用何种原料和淀粉生产工艺。

2. 淀粉废水水质和水量

淀粉废水水质和水量见表 8-1 和表 8-2。

表 8-1 淀粉废水水质

原料	化学需氧量(COD) /(mg/L)	生化需氧量(BOD) /(mg/L)	悬浮物(SS) /(mg/L)	总氮 (TN) /(mg/L)	氨氮 (NH₃-N) /(mg/L)	总磷 (TP) /(mg/L)	pH 值
玉米	6000～15000	2400～6000	1000～5000	300～400	70～150	10～80	3～5
马铃薯	10000～25000	1500～6000	10000～55000	400～600	200～300	<5	3～5
木薯	8000～10000	5000～6000	3000～5000	100～200	50～80	<5	3～5
小麦	7000～11000	2500～6000	1500～2500	150～300	50～100	30～100	3～5
淀粉糖	3000～8000	1500～5000	500～1000	40～70	15～30	<5	3～10

表 8-2 淀粉废水水量

淀粉类型		玉米淀粉	马铃薯淀粉	木薯淀粉	小麦淀粉	淀粉糖废水
废水产生量 /(m³/t 淀粉)	先进	≤3	≤4	≤4	≤3	≤2.5
	平均	≤4	≤8	≤8	≤4	≤3
	一般	≤5	≤12	≤12	≤5	≤3.5

二、淀粉废水常规处理方法

通常情况下，淀粉废水处理总体上是采用预处理＋厌氧生物处理＋好氧生物处理＋深度处理的处理工艺，其处理工艺流程见图 8-1。

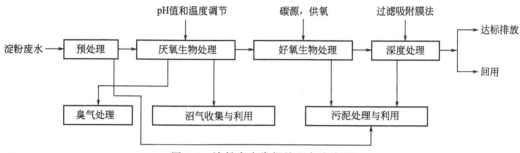

图 8-1　淀粉废水常规处理方法流程

一般情况下，在预处理工序中，主要是通过格栅、沉淀、气浮等工艺去除悬浮物等物质后进入调节池，进行水量和水质调节。马铃薯淀粉废水应在沉淀池前设置消泡设施，薯类淀粉废水中的原料输送清洗废水应通过沉砂等工艺去除废水中的沙粒后再进入调节池。

厌氧生物处理可选用 UASB、EGSB 或 IC 工艺。废水在进入厌氧处理装置前应进行 pH 值调节和温度调节，淀粉糖及变性淀粉废水进入厌氧处理装置前应投加营养盐调节碳氮比。

好氧生物处理可选用 SBR、A/O＋二沉池、氧化沟＋二沉池及活性污泥法工艺和 MBR 工艺等。

深度处理可选用混凝沉淀、砂滤、MBR 等工艺，同时根据出水指标要求采用纳滤、反渗透、超滤＋反渗透（RO）、超滤＋RO＋混合离子交换床等膜法处理后回用。

淀粉废水处理各工序处理效率见表 8-3。

表 8-3　淀粉废水处理各工序处理效率

处理程度	处理方法	主要工艺环节	处理效率/%			
			COD	BOD	SS	NH_3-N
预处理	自然沉淀	格栅、沉淀、调节	8～10	6～8	40～55	
	板框压滤机	格栅、板框压滤机、调节	10～15	8～10	45～60	
厌氧生物处理	EGSB	EGSB	80～92	90～95	30～50	
	UASB	UASB	80～92	90～95	30～50	
好氧生物处理	活性污泥	SBR	75～90	85～95	80～90	85～90
	活性污泥	A/O＋二沉池	75～90	85～95	80～90	91～96
	活性污泥	CASS	75～90	85～95	80～90	85～90
	生物膜	生物接触氧化	75～90	85～95	80～90	91～96
深度处理	生物膜	MBR	50～85	30～60	80～95	80～90
	过滤	砂滤池、BAF	10～20		50～60	
	过滤	混凝沉淀（澄清气浮）	15～30		50～70	
	吸附	活性炭吸附	＞20		＞80	

三、淀粉废水处理工程实例：河北省围场双九淀粉厂

笔者主持和参加的淀粉工业废水处理工程实例有：山东亨元精细化工厂淀粉工业废水处理工程和河北省围场双九淀粉厂淀粉工业废水处理工程，限于篇幅问题，现选河北省围场双九淀粉厂为例介绍如下。

1. 概述

河北省围场双九淀粉厂是一家大型的马铃薯淀粉生产厂，年产量1万吨，淀粉生产设备是从荷兰引进的全套马铃薯淀粉生产设备。其主要加工工艺为：

马铃薯→输送洗净→粉碎（磨）→筛分→离心分离→脱水→精致浓缩→干燥→成品

由于河北省围场地区属于中国北方寒冷地区，每年马铃薯9月份收获后要立即进行淀粉加工，并要求11月前全部结束。为此，要上马的污水处理设施要能适应2~3个月的气温条件（这2~3个月的气温为5~-5℃），这就给工程设计带来了一定的难度，我们在研究了该厂的具体情况后，决定承担这一工程的设计任务，具体设计情况如下。

2. 技术方案

（1）编制依据

① 围场地区对本次污水处理工程建设要求。

② 国家有关设计规范和标准。

（2）设计范围

① 污水处理工程系统中的混凝药剂选择、好氧处理工艺、高效气浮、过滤、沉淀、吸附工艺及设备的选择和运行参数的确定，电气自控、土建设计及附属配套工程设计。

② 污水从厂区来水开始至最后沉淀池止的全部污水处理系统设计。

（3）基础资料

包括：①地耐力按10t考虑；②动力电价按0.6元/（kW·h）计；③人工费按800元/（人·月）考虑；④药费，净水1号按1500元/t计，净水2号按4.5万元/t计。

（4）处理水质和水量

① 处理水质。处理前后水质指标见表8-4。

表8-4　处理前后水质指标

项目	COD/(mg/L)	BOD/(mg/L)	SS/(mg/L)
进水（处理前）	8450	3480	1000
出水（处理后）	100	20	70

② 处理水量。按每天处理960m³废水设计（40m³/h）。

3. 废水来源

以甘薯类（包括马铃薯及其他薯类）为原料的淀粉生产工艺是利用淀粉不溶于冷水和密度大于水的性质，采用专用的机械设备，将淀粉从水中悬浮液中分离出来从而达到生产淀粉的目的。

目前中国有淀粉生产企业600多家，其中年产万吨以上的淀粉企业60多家，废水中的主要成分为淀粉、蛋白质和糖类。根据生产工艺不同，废水中COD的含量为2000~20000mg/L，若不经处理直接排放，会对环境造成极大危害。

目前中小型马铃薯淀粉生产厂一般是不用去皮直接洗净和输送，其洗净水是污水的来源

之一，而马铃薯经洗净后进行切（磨）碎，成为淀粉乳液，在淀粉乳液和渣的分离过程中会产生大量水溶性物质，这部分废水中 COD 值和 BOD 值很高，是废水的主要来源。另外，设备冷却水及生活污水也是废水的主要来源之一。

4. 处理工艺的选择

由于马铃薯淀粉废水可生化性较好（BOD/COD 为 0.4~0.5），废水处理应首先考虑生化处理。又因为废水中 BOD 值和 COD 值均较高，因此，通常采用厌氧加好氧的处理方法。

由于围场地区处于中国北方较寒冷的地区，当地马铃薯淀粉加工企业生产时间为每年 9~10 月份，其气温较低（5~-5℃），每年大部分时间为闲置时间。因此，污水处理设施的设计应考虑能适应这个地区的温度要求才能实施。由于每年厌氧处理的培菌及处理的启动时间就需 2~3 个月，也就是说待厌氧培菌完成再进入正常处理，本年的淀粉加工时间就已结束了。若提早进行培菌试运转，等 9~10 月份淀粉加工完成后，厌氧处理设施也需停用，待明年重新培菌启动，费工费时费精力，很不合算。因此，探讨一种不用厌氧处理的方法提上了日程。针对上述情况，我们对该厂的情况进行了分析研究，并对该厂废水水样进行了化验，其 COD 值平均为 8450mg/L，BOD 值平均为 3480mg/L，我们初步选用了气浮加 A-B 好氧工艺的方法。其处理工艺流程见图 8-2。

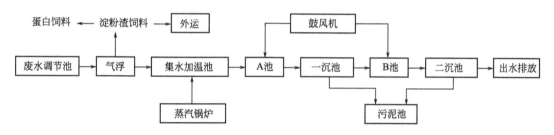

图 8-2 处理工艺流程

淀粉废水首先进入调节池，在此进行水质和水量的调节，然后进入气浮处理系统，进行细小颗粒及悬浮物的去除，再进行集水加温池，对废水进行加温，以利于下一步生化处理的进行（因当地气温较低，不加温不利于生化处理），随后再进入 A 池，该池是一个高负荷活性污泥法好氧处理的曝气池，其有机负荷可达到 2kg BOD/（kg MLSS·d），出水进入一沉池进行生化处理后的沉淀，完成第一次好氧处理净化。然后再进入 B 池，该池是一个低负荷的活性污泥好氧处理曝气池，其有机物负荷为 0.5kg BOD/（kg MLSS·d），其出水再进入二沉池，完成第二次好氧处理净化，出水即可达标排放。

上述处理系统针对实测的污水水样的 COD 值和 BOD 值进行设计，若今后在运行中 COD 值和 BOD 值有所增加，可采取将马铃薯洗净水先经沉淀后，再进行生化处理的办法解决。

本处理流程中只考虑了气浮处理后产生的一般饲料，可外卖给当地农民，若想进一步生产蛋白饲料，需建一套蛋白饲料生产装置。

5. 处理效果

处理效果见表 8-5。

表 8-5 处理效果

指标 构筑物	COD/(mg/L)			BOD/(mg/L)			SS/(mg/L)		
	进水	出水	去除率/%	进水	出水	去除率/%	进水	出水	去除率/%
进水	8450			3480			1000		
气浮	8450	2957	65	3480	1218	65	1000	100	90
A池	2957	887	70	1218	365	70	100	80	20
一沉池	887	800	10	365	328	10	80	72	10
B池	800	80	90	328	16	95	72	65	20
二沉池	80	72	10	16	15	10	65	58	10

6. 自动控制系统

污水处理站全部水处理设备均采用自动控制和手动控制，分别控制潜污泵、污泥泵、回流泵、气浮装置、鼓风机等的自动运行、工作状态显示及报警。

第二节 ▶ 乳制品废水处理

一、概述

乳品工业是食品工业的重要行业。在发达国家，乳制品有时可当成主要食品。在我国，乳制品也已成为生活中不可缺少的食品。一般乳制品除鲜乳外，还有炼乳、乳粉、奶油、冰激凌、奶酪等，简介如下。

1. 炼乳

炼乳是一种浓缩的奶饮料，种类也很多，如甜炼乳、淡炼乳、全脂炼乳、脱脂炼乳等。

2. 乳粉

乳粉种类很多，根据原料组成、加工方法和辅料及添加剂的不同，一般可分为以下几种。

（1）全脂乳粉

即鲜乳经标准化杀菌、浓缩、干燥等工序制成的乳粉。

（2）脱脂乳粉

用脱去脂肪的鲜乳加工的乳粉，该种乳粉一般不加蔗糖。

（3）乳清粉

它是指利用制造干酪或干酪素的副产品——乳清干燥而成的产品。

（4）调制乳粉

在乳或乳制品中添加婴儿必需的各种营养素而成的产品。

（5）特殊调制乳粉

它是指将乳的脂肪酸组成或用植物油脂进行脂肪置换牛乳脂肪的部分或全部，以使其类似母乳，并同时添加各种营养品所制成的乳粉。

3. 奶油

奶油是指脂肪含量在80%～83%而水分低于16%的、由乳中分离的乳脂肪所制成的产品。主要有以下几种。

（1）鲜制奶油

用高温杀菌的稀奶油制成的加盐或无盐奶油。

（2）酸制奶油

用高温杀菌的稀奶油经过添加纯乳酸菌发酵剂制成的加盐或无盐奶油。

（3）重制奶油

用稀奶油或奶油经过加热熔融除去蛋白质和水分制成的奶油。

（4）连续式机制奶油

用杀菌的稀奶油不经添加纯乳酸菌发酵剂发酵，在连续制造机中制成的奶油。

（5）冰激凌

它是以稀奶油为主要原料，加入牛乳、糖、蛋品、香料及稳定剂等，经杀菌后冷冻成较为松软的混合物，它一般含 10％左右的乳脂肪，10％～10.8％的非脂乳固体，营养价值很高，且易于消化吸收。

4. 其他

除上述乳制品外，还有干酪、干酪素、乳糖等乳制品，本书不再叙述。

二、乳制品生产废水的水质和水量

1. 乳制品生产废水的来源

乳制品加工生产的废水主要来自洗涤器皿、设备罐和冲洗管壁及地面的用水。另外还有洗涤和搅拌黄油的水，以及生产酸奶其他产品的水。酪朊工厂废水，包括真空过滤机的滤液和产品的洗涤水、蒸发器的冷凝水等。奶粉厂的废水主要为器皿的洗涤水和冷凝器的冷却水。干酪厂的废水一般含约 20％的乳清，并很难从废水中分离。

另外，直接从乳品工业排出的废水都含有洗涤器皿和设备用的化学药品，通常所使用的清洗剂和消毒剂为：①碱性洗涤剂，以苛性苏打为基础；②硝酸和磷酸；③消毒剂，如次氯酸钠等。这些化学药品由于使用的浓度较低，一般不致造成明显的污染，但对废水的 pH 值会造成影响。

乳品加工废水和冲洗废水中还包含着乳固体物即乳脂肪、酪蛋白及其他乳蛋白、乳糖和无机盐类。这些成分的含量根据乳品品种和加工方法的不同而有所不同，并在废水中呈溶解或胶体悬浮态，乳品和它的副产品——脱脂乳、酪乳和乳清都是高污染物。

2. 乳制品废水的水质和水量

（1）乳制品废水水质

一般情况下，乳制品废水的水质见表 8-6。

表 8-6 乳制品废水的水质

指标	COD /(mg/L)	BOD /(mg/L)	SS /(mg/L)	油 /(mg/L)	色度/倍	TN /(mg/L)	TP /(mg/L)	pH 值
乳制品废水	1500～2500	800～1500	200～400	150～300	30～80	30～50	5～15	5～7

（2）乳制品废水水量

一个乳制品加工厂排放的废水量，根据加工方法、管理水平和冷却水用量的不同而差别较大。一般来说，乳制品冷凝水及冷却水如果没有回用措施的话，生产 1t 乳制品所产生的

废水可达到 $30\sim35m^3$。通常管理水平较好的话，废水排放量也为乳制品加工量的 $1\sim3$ 倍。

三、乳制品废水处理的常规方法

由于乳制品废水中的 BOD 值和 COD 值均较高，且生化性较好（BOD/COD 一般在 0.5 以上），所以生化处理是乳制品废水处理必不可少的选择。通常情况下，乳制品废水处理流程应该是分三段进行：第一段是预处理，包括对油及悬浮物等废水中细小颗粒及乳化状态物进行去除；然后进入第二段处理，即厌氧生化处理，这一段处理的目的是将废水中的大分子有机物降为小分子有机物，即将废水中高 COD 和 BOD 降为好养生物处理所能接受和适应的范围，也就是说为进入好氧生化处理做好准备；再进入第三段好氧生化处理，在这一段，在好氧微生物的降解下，将废水中的大部分有机物降解为 CO_2 和 H_2O，达到可以排放的目的。

如有需要，好氧处理后达到排放标准的废水，还可以进行深度处理，以达到回用标准，回用于生产。一般情况下，处理的主要方法见表 8-7。

表 8-7　乳制品废水处理的主要方法

预处理	厌氧处理	好氧处理	回用处理
粗细格栅	水解酸化	活性污泥法及变形（A/O、A^2/O、AB）	混凝沉淀
混凝沉淀	UASB	SBR 及变形（CASS、DAT-IAT）	过滤
气浮	ABR	生物膜法（接触氧化、MBR、滴滤）	吸附（活性炭）
			膜法（超滤、反渗透）

注：1. 废水中含油脂及细小颗粒较多者，预处理可选用气浮。
2. 废水中 COD 值和 BOD 值不是太高者，厌氧处理可选用水解酸化法或 ABR 法。
3. 废水中含氮较高者，好氧处理可选用 A/O 法或 SBR 法，含氮含磷均较高者，可选用 A^2/O 法。

四、乳制品废水处理工程实例：包头伊利乳业有限责任公司

工程实例有北京三元食品股份公司乳品三厂和包头伊利乳业有限责任公司乳制品废水处理工程。由于篇幅所限，仅举包头伊利乳业有限责任公司一例。

1. 概况

包头伊利乳业有限责任公司主要产品为系列无菌液态奶产品，生产厂位于包头稀土高新技术产业开发区。

乳品生产过程中排放的废水来源通常为生产洗涤废水、冷却废水和产品加工废水，废水中主要含有多种易生物降解的有机物，如乳脂肪、乳糖、乳蛋白等，洗涤废水中还含有一定数量的洗涤剂和杀菌剂。这些污染物质在废水中呈溶解状态或胶体悬浮状态。废水中无其他有毒有害污染环境物质。

本项目废水日处理量为 2000t，其中包括生产污水 1800t，生活污水 200t，两种水连续排放，混合后一并处理。

废水处理站从厂区占地、绿化美观角度考虑，采取全地埋式设施，地表仍可作为绿化用地。

2. 技术方案

（1）设计范围

① 伊利乳业厂区废水处理站为新建工程。

② 方案设计范围为新建 2000t/d，即 85t/h 废水处理工艺。自生产废水进入水处理站开始，到处理水出处理站界区边线为止。包括：处理工艺、土建工程设计，管道、设备及材料加工采购与安装，配套电气工程控制，等。

（2）设计基础资料

① 地耐力按 8t 考虑。

② 动力电价按 0.5 元/（kW·h）考虑。

③ 生产废水水质。

（3）进水水质

根据业主提供的资料，设计废水处理站的进水水质取如下数值：

① 化学需氧量（COD_{Cr}）1500～2000mg/L。

② 五日生化需氧量（BOD_5）900mg/L，悬浮物（SS）：500mg/L。

③ 动植物油脂 300mg/L。

（4）废水水量

根据业主提供的基础资料，本方案设计污水处理站按 85m³/h 即约 2000m³/d 的规模及能力设计，24h 运行。

（5）出水排放标准

经废水处理站处理，外排出水水质应达到《国家污水综合排放标准》中规定的三级标准（开发区建有集中污水处理厂）：a. 化学需氧量（COD_{Cr}）≤500mg/L；b. 五日生化需氧量（BOD_5）≤300mg/L；c. 悬浮物（SS）≤400mg/L；d. 动植物油脂≤100mg/L。

（6）方案编制依据

① 业主方对处理水质、设计施工质量及投资等方面的要求。

② 国家有关设计规范和标准的要求。

（7）废水处理工艺流程

乳品生产过程中排放的废水主要污染物为有机物，没有其他任何有毒有害物质，且生产废水的 BOD_5/COD_{Cr} 大于 0.5，可生化性非常好，适于采用生化法为主的处理工艺。其处理工艺流程见图 8-3。

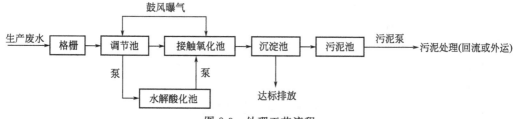

图 8-3　处理工艺流程

（8）工艺流程描述

生产废水首先用格栅拦截去除较大的杂质，避免造成后续处理设施发生堵塞等问题。栅渣定期清理。

废水经格栅进入调节池，在调节池对废水进行预曝气。

废水经提升进入水解酸化池，在此废水处于缺氧状态，使水解兼性菌优势生长，在兼性菌胞外酶的作用下，使污水中的悬浮状、胶体状有机物降解成溶解性有机物，并使难降解的有机物大分子断裂为小分子，从而使废水中易降解物的比例显著提高，BOD_5、COD_{Cr} 值很快下降，减轻后续接触氧化池的有机负荷。

经水解酸化池处理后的废水，经潜污泵抽提进入生物接触氧化池。接触氧化池中悬挂高效率立体弹性填料，并充氧曝气。在接触氧化池中主要存在好氧微生物，好氧微生物可将有机物分解成 CO_2 和 H_2O，大幅度去除污水中的 BOD_5、COD_{Cr}、SS 等污染负荷。接触氧化池分三级串联推流运行，以提高有机物的去除率。

生物接触氧化池出水后进入沉淀池，进行脱落生物膜污泥与清水分离，实现出水达标排放的目的。沉淀池为竖流式沉淀池，池中沉泥由阀门控制进入污泥池，在此进行浓缩消化，然后由污泥泵打入污泥处理间（外运），在必要时还可将部分污泥回流至水解酸化池，补充兼氧菌源，以达到提高有机物去除率的目的。沉淀池出水即可达标排放。

本处理工艺中采用了生物接触氧化池，其填料的体积负荷比较低，微生物处于自身氧化阶段，产泥量较少。

（9）处理工艺特点

① 处理工艺中整套水处理设施、设备埋入地表以下，基本不占用地表面积。

② 处理工艺中采用推流式生物接触氧化池，处理效果优于其他类型的接触氧化池，对水质适应性强、耐冲击性能好、出水水质稳定、不会产生污泥膨胀。

③ 处理工艺中采用新型弹性立体填料，实际比表面积大，微生物挂膜、脱膜方便，对有机物的去除率高，可有效提高氧在水中的溶解度。

④ 配备自动电器控制系统，可自动控制水处理设备的运行、在线显示设备工作状态、即时发出故障报警，设备管理、操作方便。

3. 废水处理设备

（1）格栅

① 工作区域：调节池入水口之前。

② 栅条间距：$b=10\text{mm}$。

③ 格栅槽尺寸：$1.0\text{m} \times 2.5\text{m}$。

（2）废水提升泵

① 工作区域：水解酸化池。

② 型号：AS30-2CB。

③ 流量：$42\text{m}^3/\text{h}$。

④ 扬程：11m。

⑤ 电机功率：3.0kW。

⑥ 数量：4台（2用2备），80GAK 自耦装置4套。

（3）污泥泵

① 工作区域：污泥池。

② 型号：AS10-2CB。

③ 流量：$15\text{m}^3/\text{h}$。

④ 扬程：4.5m。

⑤ 电机功率：1.1kW。

⑥ 数量：4台（2用2备），80GAK 自耦装置4套。

（4）鼓风机

① 工作区域：调节池、接触氧化池。

② 型号：SSR150。

③ 流量：$16.85m^3/min$。

④ 电机功率：30.0kW。

⑤ 数量：3台，2用1备。

（5）曝气头

① 型号：YMBⅡ。

② 服务面积：$0.4\sim0.75m^2/$个。

③ 氧利用率（水深3.2m）：$18.4\%\sim27.7\%$。

④ 充氧动力效率：$3.46\sim5.19kg\ O_2/(kW\cdot h)$。

⑤ 数量：400个。

4. 配电及自动控制系统

（1）配电

1）废水处理站装机情况。见表8-8。

表8-8 废水处理站装机情况

序号	设备名称	装机容量/kW	运行容量/kW	日运行时间/h	日耗电量/kW·h	备注
1	废水提升泵	12.0	6.0	24	115	2用2备
2	污泥泵	4.4	2.2	2	4.4	2用2备
3	鼓风机	90.0	60.0	24	1296.0	2用1备
	合计	106.4	68.2		1415.4	

由表可知，废水处理站总装机容量106.4kW，其中正常运行容量68.2kW，日耗电量1415.4kW·h。

站内所有机泵均采用直接按压启动方式，机泵旁均设置启停操作按钮，配电盘上设停止按钮。站内所有建筑物组成笼形接地系统，然后用两根水平接地体相连，组成全站的接地系统；配电柜设接地装置，接地电阻不大于10Ω，全站接地系统接地电阻不大于4Ω。

2）自动控制系统。废水处理站全部水处理设备采用全自动控制系统控制，全自动运行。本控制系统均可输入编程控制器和浮球液位控制装置，分别控制提升泵，鼓风机，水下曝气机，污泥泵的手动、自动运行，工作状态显示及故障报警。

5. 构筑物

（1）调节池

① 有效容积：$1012m^3$。

② 结构：钢筋混凝土，地下式。

③ 平面尺寸：15m×15m。

（2）酸化水解池

① 有效容积：$441m^3$。

② 平面尺寸：7.0m×7.0m+7.0m×7.0m。

③ 结构：钢筋混凝土，地下式。

（3）沉淀池

① 有效容积：486m³，平面尺寸 27.0m×4.0m，2座。

② 结构：钢筋混凝土，地下。

（4）接触氧化池

① 有效容积：850m³。

② 平面尺寸：27m×7m。

③ 结构：钢筋混凝土，地下式。

（5）污泥池

① 有效容积：148m³。

② 平面尺寸：11m×3m。

③ 结构：钢筋混凝土，地下式。

6.投资估算

① 编制说明。工程投资估算内容包括废水处理站内构筑物、水处理设备、电器、系统安装、系统调试等费用。投资估算结合类似工程的经济指标进行。

② 废水处理系统的投资估算为187.33万元（估算过程，略）。

7.废水处理工程系统主要经济指标

① 废水处理站占地面积：本废水处理站主体构筑物为地下结构，不占用地表面积，地表可做绿化，地下构筑物平面面积约需864m²。

② 废水处理系统总装机功率：75.9kW。

③ 废水处理站人员配置：a.班长1人（兼）；b.操作工1人（兼）。

④ 运行成本：0.806元/m³废水。

⑤ 维修费。按运行设备总费用的1%计算，每年按365d运行，则每天维修费用为：67.98×10000×1%/365＝18.6（元）。

第三节 ▶ 屠宰废水处理与工程实践

一、概述

屠宰业是我国出口创汇和保障供给的支柱产业之一。其废水主要来自牧畜、禽类、鱼类宰杀加工，是我国最大的有机污染源之一。而动物屠宰废水一般主要来自屠宰车间，主要包括：①屠宰前冲洗牲畜的废水；②烫毛、清洗废水；③清洗内脏废水；④冲洗车间地面和器具废水；⑤冲洗圈栏及地面废水等。这些废水一般呈红褐色，有难闻的腥臭气味，其中还有大量的血污、油脂、毛、肉屑、骨屑、内脏杂物，未消化的食物、粪便等污物。

1.屠宰废水的特点

① 有机污染物含量高，并含有油脂和无机盐类，COD值可达1500～4000mg/L，最高可到6000mg/L。

② 水质和水量在一天内变化较大，因为肉联厂屠宰过程往往集中在夜间或白天某一时段，这一时段为排水高峰期。

③ 除了有机物含量高外，由于有大量的动物体毛、内脏、骨残渣、食物残渣再加上动物身上的灰尘砂粒，悬浮物也很高。

④ 可生化性较好，一般 BOD/COD 可达 0.5 以上，这为采用生化处理提供了很好的条件。

⑤ 由于屠宰废水中有残血，所以废水色度也较高。

2. 屠宰废水的水质和水量

（1）水质

屠宰废水水质应以实际监测为准，若无监测数据，可参照表8-9。

表 8-9　屠宰废水水质　　　　　单位：mg/L（pH 值除外）

污染物指标	COD	BOD	SS	氨氮	油	pH 值
废水浓度范围	1500～2000	750～1000	750～1000	50～150	50～200	6.5～7.5

（2）水量

肉类加工的废水量与加工规模、种类及工艺有关，单独的肉类加工废水量应根据实际情况确定，一般不应超过 $5.8 \text{m}^3/\text{t}$（原料肉），有分割肉、化制等工序的企业，每加工 1t 原料肉可增加排水量 2m^3。肉类加工厂与屠宰场合建时，其废水量可按同规模的屠宰场及肉类加工厂分别取值计算。

单位屠宰动物废水产生量可按表8-10估算。

表 8-10　单位屠宰动物废水产生量

屠宰动物类型	牛	猪	羊	鸡	鸭	鹅
屠宰单位动物废水量	1～1.5	0.5～0.7	0.2～0.5	1～1.5	2～3	2～3

注：屠宰牛、猪、羊废水量为 $\text{m}^3/$头，屠宰鸡、鸭、鹅为 $\text{m}^3/$百只。

二、屠宰废水的常规处理方法

屠宰废水处理方法应按照处理流程来考虑，现按照屠宰废水常规处理流程来说明常规处理方法。

（一）屠宰废水常规处理流程（见图8-4）

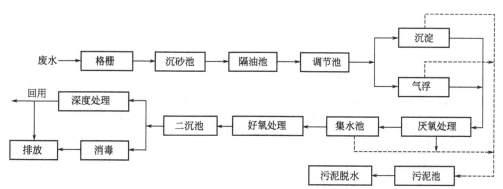

图 8-4　屠宰废水常规处理流程

处理流程中各处理构筑物设计要点介绍如下。

预处理部分如下。

（1）格栅

格栅设在沉砂池和调节池前，应设粗细两道格栅，格栅应有清渣装置（水量不大时可用人工清渣，水量大或漂浮物较多时，可采用有自动清洗功能的格栅），如漂洗物或悬浮物较

181

多时，还可考虑在格栅前加装筛网，以防格栅堵塞。

（2）沉砂池

沉砂池在格栅之后、隔油之前，其作用是将动物皮毛中所带泥沙和其他悬浮颗粒、碎骨等颗粒物沉淀出来。可与隔油池合建，以节约投资和减少占地。

采用平流式沉砂池时，流速应为 0.3～0.15m/s，水力停留时间按 30～60s 设计为宜。采用旋流沉沙池时，旋流速度应为 0.6～0.9m/s，表面负荷应按 200m³/(m²·h) 设计，水力停留设计为 20～30s。

（3）隔油池

隔油池设置在调节池之前。平流式隔油池停留时间一般为 1.5～2h，斜板隔油池停留时间一般不大于 0.5h。对于大中型水量的隔油池应设置撇油刮渣设施。为提高隔油效果，视情况在池中可设置隔板或吸油材料。

（4）调节池

调节池的功能是调节厂内各种需处理废水（包括生产废水和生活污水等）的水质和水量，以保证水质和水量的均衡。其池容的大小可按实际生产废水量设计，在无实际资料的情况下，池容可按水力停留时间 10～24h 设计，必要时还应考虑事故紧急处理时的水量池容。

调节池内应设搅拌装置，一般有机械搅拌和空气搅拌两种形式。机械搅拌可用液下（潜水）泵形式，其搅拌功率可根据池大小按 5～10W/m³ 设计。若采用空气搅拌时，所需空气量可按 0.6～0.9m³/(h·m³) 考虑。

为减少臭气影响，调节池宜加盖并设通风、排风及除臭设施。调节池还应设排水、集水坑，并应将池底坡向集水坑，其坡度不应小于 2%。

关于调节池的形式可参见本书第二章。

（5）沉淀（初沉池）装置

调节池出水可进入沉淀（初沉池）处理，也可进入气浮装置处理，以便废水中的悬浮颗粒物质、乳化状态及油类等物质的去除，为下一步进入生化处理创造条件。

关于沉淀处理，为了提高沉淀效率，一般采用混凝沉淀方式，即向废水中投加混凝剂（如铁盐或铝盐）并辅以助凝剂（如聚丙烯酰胺），经混凝沉淀后，其废水可去除大部分悬浮物及油类等物质，基本可达到进入生化处理的要求。

混凝沉淀池，一般有 4 种形式，即平流式沉淀池、竖流式沉淀池、辐流式沉淀池和斜板（管）式沉淀池。一般中小规模屠宰厂废水可采用平流式沉淀池或斜板（管）沉淀池及竖流式沉淀池，而规模大于 3000m³/d 的废水处理工程可采用辐流式沉淀池。

用竖流式沉淀池时，直径（或宽）深比一般不能大于 3，而池体直径（或正方形一边）不能大于 8m，不设反射板时的中心流速不能大于 20mm/s，而设置反射板的中心流速可取 100mm/s。沉淀时的水力停留时间一般应大于 1h 而不宜大于 3h。（沉淀池设计可参见第二章有关部分）

混凝沉淀的加药量应根据实测数据确定，无资料时可参照同类厂或有关资料确定。加药装置应选能自动加药的成熟或知名厂家产品，以确保处理质量。

（6）气浮装置

气浮工艺的主要功能是去除废水中悬浮状态和乳化状态的油脂及悬浮物（包括各种细小颗粒物，如细小碎骨、碎肉、皮等）。

气浮装置的形式主要有溶气气浮、浅层气浮、涡凹气浮，在屠宰废水处理工程中可采用溶气气浮或浅层气浮装置，关于气浮装置的设计和选用可参见第二章相关内容。

（二）生化处理部分

生化处理是屠宰废水处理工程的核心，其主要功能是去除废水中可降解的有机污染物及氨氮等营养型污染物。生化处理主要有厌氧生化处理和好氧生化处理两种形式。

1. 厌氧生化处理

厌氧生化处理的主要原理是，在厌氧条件下，在厌氧微生物的作用下，将废水中的有机物分解成 CH_4（甲烷）和 CO_2 的过程。其降解过程分为 2 个阶段，即产酸阶段和产甲烷阶段（具体原理可见本书第二章），通常情况下，厌氧处理的形式有 UASB、ABR、EGSB、水解酸化等。对于屠宰废水来说，常用的为 UASB 和水解酸化形式，其简要介绍如下。

① 水解酸化形式。水解酸化的原理和介绍可见本书第二章相关内容。

一般情况下，对于水解酸化处理屠宰废水来说，水力停留时间为 4～10h，容积负荷为 4.8～12kg COD/(m^3 · d)，温度应控制在 15℃以上，以 20～30℃为宜。而水解酸化池设计一般应采用上向流方式，最大上升流速应小于 2m/h。如果池内需设填料，填料高度应以池有效水深的 1/3～1/2 为宜。

② UASB 厌氧形式。UASB 反应器工作原理可见本书第二章。

③ UASB 特别适用于中、高有机负荷，水质和水量较为稳定，悬浮物较低的屠宰废水的处理。

④ UASB 应按容积负荷设计，并按水力停留时间校核（一般水力停留时间取 16～24h），通常情况下，不同温度条件下，UASB 的容积负荷率可参见表 8-11。

表 8-11　UASB 的容积负荷率　　　　　　　单位：kg COD/(m^3 · d)

指标	常温(15～30℃)	中温(30～35℃)
容积负荷率	2～5	5～10

⑤ UASB 设计可参见本书第二章相关内容。

2. 好氧生化处理

所谓好氧处理是指废水中有机污染物在有氧的条件下，通过好氧微生物的生物降解作用，将废水中的有机污染物降解为 CO_2 和 H_2O 等无毒物质的过程。详细的原理及论述可见本书第二章相关内容。

通常情况下，屠宰废水好氧处理可采用 SBR 法、MBR 法及接触氧化法。下边将这几种方法在设计上应注意的问题简述如下。

（1）SBR 法

1）SBR 法原理及变形。所谓 SBR 法是指废水在同一反应池内，依次完成进水（加入基质）→反应（基质降解）→沉淀（泥水分离）→排水（排出上清液）→闲置（恢复活性）五个阶段的活动。一般情况下，设两个反应池交替运行，原理及介绍见本书第二章相关内容。

2）SBR 法变形的主要形式有：a. CASS 法（循环式活性污泥法）；b. MSBR 法（改良式反应器）；c. CAST 法（循环式活性污泥技术）。

3）SBR 法设计要点。

a. 采用 SBR 法处理屠宰废水时，污泥负荷宜采用 0.1～0.4kg BOD/(kg MLSS · d)，总

运行周期为 6~12h，其中 5 个处理阶段的水力停留时间可分别设计成：进水段 1~2h，反应段 4~8h，沉淀段 1~2h，排水段 0.5~1.5h，闲置段 1~2h。各段具体取值按废水水质情况计算决定。

b. 设计中氨氮和水温是必须要考虑的因素，通常需按最低水温（结合氨氮出水标准）设计硝化反应速率，校核反应池容积。

c. 详细设计 SBR 反应池的有关指标（如曝气、沉淀等一个周期的时间，反应池容积，供氧能力、滗水器、风机、水泵等设备的选择，可参见本书第二章有关内容。

（2）MBR 法

① MBR 法是将活性污泥法及膜分离法放在同一反应池中，废水首先经活性污泥处理然后再经膜法，用泵将通过膜法处理的废水抽出，从而达到净化的目的；它实际上是一种活性污泥法与膜分离法相结合的新型好氧处理形式，对该法的具体有关介绍，可见本书第二章相关内容。

② MBR 反应池中反应器分为中控纤维膜组件和平板膜组件两种。其膜通量：中空纤维膜组件可按 8~15L/(m² · h) 设计，平板膜通量可按 14~20L/(m² · h) 设计（如果有实验条件的话，这两种膜组件的膜通量可根据实验数值决定）。

③ 膜生物反应器（MBR）的工艺参数：见表 8-12。

表 8-12 膜生物反应器（MBR）的工艺参数

项目	内置式 MBR	外置式 MBR
污泥浓度/(mg/L)	8000~12000	10000~15000
污泥负荷/[kg COD/(kg MLSS · d)]	0.1~0.3	0.3~0.6
剩余污泥产泥系数/(kg MLSS/kg COD)	0.1~0.3	0.1~0.3

（3）接触氧化法

① 所谓接触氧化法是指在反应池内放有生物填料，其填料上经培养驯化生长出生物膜，该生物膜表层为好氧膜，内部为厌氧膜，在处理废水时，废水中的有机物被生物膜降解生成 CO_2 和 H_2O 而被净化。由于此法占地少，操作运行简单，因而已被广大中小规模的污水处理工程所采用。

② 反应池中的生物填料应选用轻质、高强度、防腐蚀、化学稳定性好且有一定的孔隙度、易于挂膜的材料。

③ 接触氧化池的水力停留时间一般为 8~12h，填料的容积负荷率应为 1~1.5kg BOD/(m³ · d)。

④ 屠宰废水处理。接触氧化处理后的沉淀池常采用竖流式沉淀池，其表面负荷一般为 0.6~0.8m³/(m² · h)，若采用斜管（板）沉淀池其表面负荷为 1~1.5m³/(m² · h)，一般沉淀池水力停留时间应大于 1h，但不宜大于 3h。

（三）消毒

① 废水处理后，消毒方式可采用加氯消毒、次氯酸钠消毒、二氧化氯消毒和臭氧消毒等，一般屠宰废水处理后消毒采用次氯酸钠消毒或二氧化氯消毒。

② 消毒接触时间不应小于 30min，有效浓度不应小于 50mg/L。

③ 可以兼顾废水脱色与消毒一并进行。

（四）深度处理

根据地方环保部门及厂方对处理水质的要求，决定废水处理后水质是否要达到回用标准。回用水质一般有2种情况：①回用处理后水质厂方一般回用，如冲洗动物、冲洗屠宰设备及工具及车间地面、绿化等；②回用水质有更高要求，如达到净水水质标准。

深度处理常规方法如下。

（1）达到一般回用水质的方法

达到一般回用水质的处理流程见图8-5。

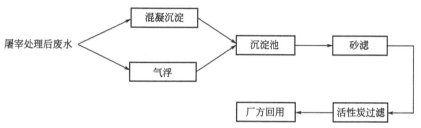

图 8-5　达到一般回用水质处理流程

屠宰废水经预处理和生化处理后，进入混凝沉淀或气浮处理（根据水质情况及厂方情况选择一种），然后进入沉淀池，进行水质和水量稳定，再进入砂过滤罐（池），进一步去除细小颗粒及杂质后，最后进入活性炭过滤，以达到进一步净化和脱色的目的。

（2）达到净水要求的处理方法

达到净水要求的处理流程见图8-6。

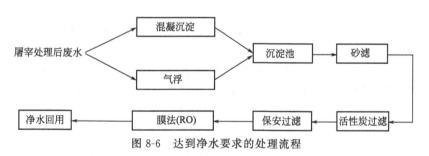

图 8-6　达到净水要求的处理流程

在上述处理流程的基础上，增加保安过滤和膜法（如反渗透 RO 处理手段），出水可达到净水标准。

三、屠宰废水处理工程实例：河北大厂福顺肉类公司

河北省大厂回族自治县福顺肉类公司是一家现代肉类加工企业，2002 年注册登记，资金 500 万元。主要经营范围：牛、羊的屠宰、加工、销售；肉牛养殖；预包装食品销售、速冻；冷冻食品加工、销售。设计生产能力为年屠宰肉牛 4 万头，羊 10 万只。屠宰加工设备采用国内领先的屠宰线和国内权威的制冷设备，并严格按照伊斯兰教屠宰加工，加工场地卫生状况达到国家规定的卫生标准。由于采用了先进成熟的技术，大大改善了牛肉质量，其营养易被人体吸收。该公司产品已销往北京、上海、广州、昆明、长春等全国各地，受到了广大用户的好评。为了搞好环保工作，屠宰废水能得到很好的处理后排放，公司决定建设一套污水处理工程设施。笔者研究团队承接了这项任务，其建设情况及处理效果如下。

1. 设计依据

① 公司方提出的屠宰废水水量为 5m³/h 左右，经现场实地考察并考虑今后发展，决定按每小时处理废水 10m³ 设计。公司意见为节约资金目前仍按 5m³/h 设计。

② 由于公司方未能提出屠宰废水的水质和处理后达到的水质标准，本设计拟按常规的屠宰废水水质及处理后达到国家一级排放标准，即 GB 13457—92 标准进行设计。其处理前后水质指标见表 8-13。

表 8-13　处理前后水质指标　　　　　　　　单位：mg/L

项目	COD	BOD	SS	油	NH₃-N
处理前	680~1600	260~850	300~380	28~38	25~65
处理后	100	30	70	20	15

③ 国家有关的设计规范和标准。

2. 污水处理工艺的选择

（1）选择工艺

由于屠宰废水 COD 值和 BOD 值均较高，且可生化性好（一般 BOD/COD 在 0.5 以上），所以，在预处理的基础上，采用生化处理屠宰废水的方法是当前处理屠宰废水的主要方法。所谓屠宰废水的预处理手段主要是指格栅去除较大的颗粒物及碎骨、碎肉、毛皮及各种杂物，而除砂是将动物毛皮中或身上的砂粒等颗粒无机物去除，除油是去除废水中动物的油脂。经过这些预处理手段的屠宰废水再进入调节池，并与全厂集中而来的其他污水（如生活污水等）充分混合，做到水质和水量的平衡与调节后再进入下一步生化处理系统。

关于生化处理，前已述及分为厌氧处理和好氧处理两部分。厌氧处理在屠宰废水处理中主要采用的是 UASB 法和水解酸化法（前已述及），而好氧处理中，有活性污泥法及变形系列、氧化沟法系列、SBR 法及变形系列、MBR 法系列及生物膜法系列（前已述及），而屠宰废水好氧处理最常用的是 SBR 法系列、MBR 法系列及生物膜法系列。

考虑本工程规模较小，且投资有限，本着少花钱办好事的精神，在厌氧处理形式上，采用一种投资少、占地少、操作管理方便的 ABR 厌氧处理技术。所谓 ABR 厌氧处理技术，它是美国人麦卡蒂在 1982 年开发的，主要的结构是：在厌氧反应池中设置许多块隔板，利用废水在隔板间的上下翻动推进，由厌氧菌将废水中的有机污染物生物降解（具体的原理及构造可详见第二章有关章节）。

（2）该方法的主要特点

该方法主要特点包括：a. 可省去 UASB 方法中的三相分离器；b. 不需搅拌设备；c. 启动时间短；d. 基本无污泥堵塞；e. 建设投资低，操作管理方便。

在好氧处理形式上，考虑废水中除去除的 COD、BOD、SS、油指标外，还有 NH₃-N 偏高，也需去除，因此，在好氧处理形式上选用了除可以去除 COD 和 BOD 外，还具有一定脱氮功能的接触氧化工艺。

除砂部分利用从屠宰车间通向污水处理站的排水沟自然沉淀，由人工定期清掏。

沉淀池采用平流式沉淀池。屠宰废水处理系统流程见图 8-7。

屠宰废水从车间排出，经过排水沟（约 30m 长）和格栅（在排水沟尽头安置）进入隔油调节池，隔油池安置有隔板、人工撇油，调节池与隔油池合为一池建造，调节池按停留

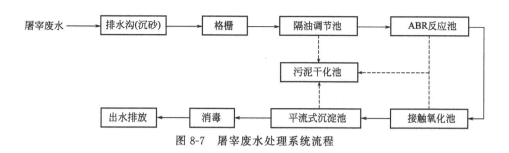

图 8-7　屠宰废水处理系统流程

7h 建造。出水进入 ABR 反应池，该池是一个置有隔板的封闭厌氧处理池，有机负荷为 3.8kg COD/(m³·d)，废水停留时间 8h，出水再进入接触氧化池，该池有机负荷为 1.1kg BOD/(m³·d)，选用球形悬浮生物填料；为提高细菌着床及去除效果，将球形填料用绳穿上并垂直挂于池中，供氧采用鼓风机供氧。接触氧化池出水进入平流式沉淀池，废水在此地停留 4h，该池表面负荷为 0.8m³/(m²·h)。沉淀池出水再进入消毒池，消毒用次氯酸钠，由投药装置按时投加，最后消毒出水排放。为考虑今后废水处理出水水质高标准的要求，本工程在操作间内预留砂滤罐和活性炭过滤罐的位置，以备需要时使用。

（3）本处理工程设计特点

① 隔油池与调节池合建，节约了投资和占地。

② ABR 厌氧工艺和接触氧化，好氧处理工艺，操作管理简单，处理效果稳定可靠。

③ 精打细算，基建投资相对较低。

④ 能实现人工和自动控制。

（4）主要处理构筑物

主要处理构筑物见表 8-14。

表 8-14　主要处理构筑物

序号	名称	规格	结构形式	单位	数量	备注
1	隔油调节池	2.6m×5m×3m	混凝土	座	1	
2	ABR 反应池	2.5m×5m×3.2m	钢筋混凝土	座	1	
3	接触氧化池	2.1m×5m×3m	混凝土	座	1	
4	沉淀池	1.2m×6.5m×3m	混凝土	座	1	
5	污泥干化池	4m×4m×2m	混凝土	座	1	
6	操作间	6m×3m×3m(高)	砖混	座	1	厂方原有

（5）主要设备

主要设备见表 8-15。

表 8-15　主要设备

序号	名称	规格型号	使用地点	单位	数量	备注
1	格栅	排水沟上粗细各一道	排水沟	个	2	厂方自制
2	污泥泵	$Q=1.5\sim2m^3/h, H=10m$	隔油、调节	台	2	
3	污水泵	$Q=5\sim10m^3/h, H=10m$	厌氧池（ABR）	台	1	
4	污泥泵	$Q=1.5\sim2m^3/h, H=10m$	沉淀池	台	1	

续表

序号	名称	规格型号	使用地点	单位	数量	备注
5	污水泵	$Q=5\sim10\mathrm{m^3/h}, H=15\mathrm{m}$	消毒池	台	1	
6	填料	$D=200\mathrm{mm}$ 球形	接氧池	套	200	
7	鼓风机	FSR50 型	接氧池	台	1	
8	沼气收集装置		ABR 池	套	1	
9	加药装置	AKS603 型	消毒池	套	1	
10	电控柜及自动系统			套	1	
11	管道、仪表、阀门等			套	1	

（6）处理效果

经当地环保部门检测，处理效果见表 8-16。

表 8-16 处理效果

检测项目	COD/(mg/L)	SS/(mg/L)	NH$_3$-N/(mg/L)	色度/倍
处理前	1077	105	38.74	640
处理后	31.2	15	3.12	20

（7）投资估算

51.2 万元。

（8）处理成本

经估算，处理 1t 废水的处理成本为 0.8 元左右。

（9）废水处理工程平面图

废水处理工程平面图见图 8-8。

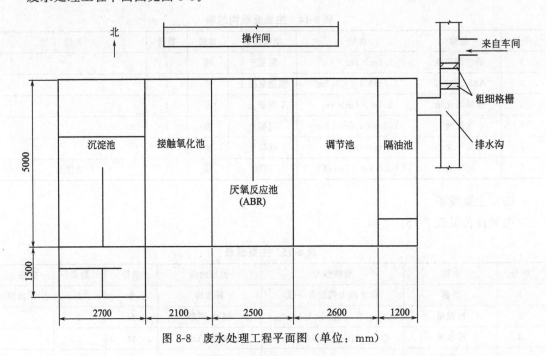

图 8-8 废水处理工程平面图（单位：mm）

第九章

煤气发生站废水处理技术与工程实践

第一节 ▶ 概述

一、煤气发生站生产工艺

以煤（包括烟煤、无烟煤、褐煤和泥煤）或焦炭等固体燃料做气化原料并以空气和蒸汽作气化剂通入发生炉而得到的煤气称为发生炉煤气。发生炉煤气是一种气化煤气，它既可作为工业生产的重要热源，又可作为化学工业的重要原料。在一些大型的冶金、机械、化工及建材企业中，往往建有煤气发生站。

发生炉煤气在出炉时会含有大量灰尘、水蒸气、硫化氢、焦油、酚类化合物以及氰化物、氮化物和其他有机物等。这些有毒物质对人类、动植物及环境会造成很大的危害。所以，必须经过处理和净化后才能供用户使用。

煤气中的水蒸气主要来自固体燃料的含水成分、热解水以及气化剂中未分解的水蒸气。

煤气发生站按照气化原料的性质和使用要求不同，分为热煤气发生站和冷煤气发生站。而冷煤气发生站又可分为有焦油回收系统和无焦油回收系统的煤气发生站，简介如下。

（1）热煤气发生站

若发生炉煤气经除尘和初步净化后，不再进行冷却和精制处理，直接以高温状态被送往使用部位就是热煤气，这种煤气的原料通常是烟煤。因此可以说，它的生产工艺较为简单且基本上无废水排出。

（2）有焦油回收设备的冷煤气发生站

当烟煤作为气化原料时，气化过程所产生的焦油蒸气要随煤气一同排出，因而必须要将焦油从煤气中除去并预回收。其煤气发生站生产工艺流程见图 9-1。

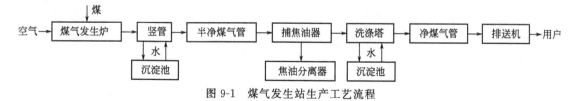

图 9-1 煤气发生站生产工艺流程

（3）无焦油回收的冷煤气发生站

当以无烟煤、焦炭和挥发分低的贫煤作为气化原料时，基本不产生焦油。无焦油回收的冷煤气发生站生产工艺流程见图 9-2。

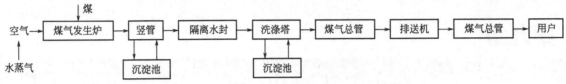

图 9-2 无焦油回收的冷煤气发生站生产工艺流程

其工艺流程为：出炉煤气进入竖管后，用水喷淋、冷却，再经水封、焦油回收器和洗涤塔冷却净化后送回车间使用。

通常情况下，竖管喷淋洗涤流出的水在 75℃ 以上，经沉淀池除去粉尘和焦油渣并在液面上回收轻质焦油后，送回竖管循环使用，完成了一次独立的循环。

煤气经竖管冷却后，仍残留着大量轻质焦油，这时需通过焦油回收器除去雾滴状焦油，也可用脱焦油机脱油。但必须有独立的脱焦油水循环系统。

煤气中的水蒸气在洗涤塔内冷凝而被脱出，洗涤塔流出的水经沉淀池沉淀去除悬浮物和少量焦油，然后再经冷却塔冷却后送回洗涤塔循环使用，这又是一次独立的循环过程。

一般情况下，洗涤塔有两段塔和三段塔，机械工业系统常用三段塔。其中，上部为第一段，是冷循环水；第二段是热水循环系统，主要是竖管流出的热水和喷淋水，温度为 75～85℃；第三段为空气预热段。

二、煤气发生站废水的特点、水质和水量

1. 特点

煤气发生站废水是一种高浓度的含酚及有毒有机物的废水。废水中含有焦油和酚类化合物，以及氨硫化物、氰化物、粉尘及其他有机物。其挥发酚浓度在 1200～1800mg/L，COD 值甚至在 10000mg/L 以上。

2. 水质

当以焦炭和无烟煤做气化原料时，其废水的含酚量、COD 及其他有毒物质相对较低些。若以烟煤、褐煤、泥煤做气化原料时，则废水中焦油、酚类化合物、COD 等指标均较高。

另外，不同地区所生产的同一种煤或由于煤气发生站生产工艺及操作管理水平的不同，所产生的废水水质亦有所不同。现将 6 个不同地区的烟煤煤气发生站废水的水质情况列于表 9-1。

表 9-1 6 个不同地区的烟煤煤气发生站废水的水质

指标	甲地区	乙地区	丙地区	丁地区	戊地区	己地区
pH 值	7.5	8～8.5	7.5～7.8	8.3	8～8.4	6.5～7.5
不挥发酚/(mg/L)	495				500～1000	
挥发酚/(mg/L)	570	300～1300	1450～1650	1500	1300～2000	1600～3200
总酚/(mg/L)	1100				1600～3000	
总固体/(mg/L)	1700	3000～5500		4050		10000～15000

续表

指标	甲地区	乙地区	丙地区	丁地区	戊地区	己地区
溶解性固体/(mg/L)	1500	3100～7000		2800		
悬浮固体/(mg/L)	170	120～280	350～700	1250	2000～3000	500～1000
焦油/(mg/L)	5800	60～800	2700～3200	650	1000～3000	900～1200
耗氧量(Mn法测量的COD)/(mg/L)	2200					11000～18000
COD/(mg/L)		1800～3000	20000～22000	6500	5500～10000	
BOD/(mg/L)	650	1400	3800～4200	3500		
可溴化物/(mg/L)		1500～3500	8000～9000	2800		5000～6500
氨氮/(mg/L)	1600	680～1100	3800～4200	270	400～500	1600～2200
氰化物/(mg/L)	8	0.5～10	1.6～8		15～25	2～20
硫化物/(mg/L)	15	160～500				

从表 9-1 可以看出，不同地区同样指标存在差异，有的差异还相当大，因此，煤气站废水处理设计时，要根据当地的具体废水指标进行。

另外，同一个煤气发生站，其热循环水和冷循环水的水质也是不一样的。现以哈尔滨锅炉厂煤气发生站循环水情况为例，其水质见表 9-2。

表 9-2　哈尔滨锅炉厂煤气发生站循环水水质指标

指标	热循环水/(mg/L)	冷循环水/(mg/L)
挥发酚	1200～1500	1000～1300
COD	8000～12000	5000～10000
油	1500～2500	800～1200
SS	950～1400	800～1000
氨氮	600～650	450～500
氰化物	2～5	2～5
硫化物	35～45	20～25

设计时，煤气发生站废水水质的确定，首先应根据煤气发生站的实际情况和有关资料研究决定，在无可参考资料的情况下可参照表 9-3 的指标设计。

表 9-3　煤气发生站废水水质参考指标　　单位：mg/L（pH 值除外）

指标	总酚	挥发酚	COD	BOD	SS	油	氰化物	硫化物	pH 值
数值	8000～12000	1000～2500	8000～16000	3800～4200	800～1400	800～2600	2～10	20～45	7.5～8.5

3. 水量

固体燃料的含水量多少对煤气站循环水量影响很大，含水率越高，所产生的凝结水就越多。另外，固体燃料中的成分也影响着化合水的多少。再有，煤气净化工艺与设备的工作状态也影响系统内的水量，而地区气候的变化有时也会引起蒸发量和降水量的变化，从而也会影响循环水系统水量的增减。

煤气发生站直流给排水系统与循环水系统的排放量是不同的，在直流给排水系统中，用水量和排水量基本是相同的，而循环水系统的排水量取决于系统内水量平衡的亏盈与保证循环水质量的排污水量。一般情况下，只有很少的水量排入排水系统，各种固体燃料气化煤气的废水排放量见表9-4。

表9-4　各种固体燃料气化煤气的废水排放量

气化原料种类	单位重量燃料的废水量/（m³/t 燃料)	
	直流系统	循环系统
焦炭无烟煤	15～25	0.1～0.16
烟煤	25～35	0.1～0.3
褐煤	25～35	0.1～0.35
洗煤	15～30	0.1～0.3
木材	15～25	0.8～1.5

循环系统排入排除系统的废水量可参照表9-5。

表9-5　循环系统排入排除系统的废水量

气化燃料	排水量/（m³ 废水/t 燃料)
焦炭与无烟煤	0.56～0.6
褐煤	0.1～0.2
洗煤	0.25～0.3
木材	0.05～0.12

三、煤气发生站废水循环系统及水量平衡与控制

1. 循环水系统

发生炉煤气的冷却与净化是通过竖管冷却器、捕焦油器与洗涤塔三套装置来实现的。由于每套装置的作用不同，水质也不同，因此，应设计成各自既是独立系统但又能相互联系的循环系统。其主要内容如下。

（1）竖管循环系统

由于竖管中对废水的降温主要是通过气化完成的，因此，竖管对循环水的水温和水质也无特殊要求。而竖管出水只需进行沉淀，除去悬浮固体，重、轻焦油即可循环使用。

在竖管中，由于喷淋，大量的水随煤气逸出，喷淋水量小于流出水量。因此，竖管循环水是一个亏水系统。

（2）脱焦油循环系统

以烟煤、褐煤为气化原料的煤气站，均应设有焦油回收设备。如脱焦油机来捕集煤气中的雾滴状焦油，并且是以水作为媒介来实现的。从焦油机流出来的水中，含有大量的焦油，经在焦油分离池中分离出焦油后，水可循环使用，并可用竖管沉淀池的出水来补充其亏水量。

（3）洗涤塔循环水系统

洗涤塔是最后一道净化和降温工序，它是通过水和煤气的直接逆流洗涤，将煤气温度从80℃左右降至35℃以下，并将煤气中的杂质进一步去除。从洗涤塔流出的水经过沉淀处理，去除杂质和部分焦油后，再经冷却塔冷却即可送回洗涤塔循环使用，这就是自身的循环水体系。另外，由于煤气所夹带的大量水蒸气（主要是从煤气炉和竖管中带来的水蒸气）在洗涤塔内大部分会冷凝下来，进入循环水系统中，使洗涤塔循环水成盈水状态，这就使得它有能

力补充竖管循环水系统的亏水量。

2. 水量平衡和控制

综上所述，当三个循环水系统正常运转后，总的输出系统水量大于输入系统时，即为亏水循环状态，反之，则是盈水循环状态。

要想实现封闭循环，水量平衡是首要条件；其次还应考虑水质平衡和热平衡问题。因此竖管系统在亏水状态下，要注意系统中水质是否逐渐恶化，是否导致管道堵塞，应经常予以监测和调控，适当时候可将洗涤塔出水补助竖管系统，而洗涤塔仍多余的出水，可去污水处理系统加以处理后排放，以维持整个循环系统水量及水质的平衡。

所以说，搞好煤气发生站循环水系统的平衡和控制，一方面可体现节水和节能，另一方面也可为下一步搞好污水处理打下一个有利的基础。因此，搞好系统水平衡的管理是污水处理不可缺少的前提。

第二节 ▶ 煤气发生站废水的常规处理技术

煤气发生站废水主要是含酚废水，同时要考虑氰化物、硫化物、油、COD 及 SS 等项指标的处理。一般应考虑分两步进行：第一步是预处理阶段，该阶段主要是去除废水中的大部分悬浮物（SS）及焦油等；第二步是脱酚处理阶段，其目的主要是将预处理后废水中的大部分酚类物质及部分有机物脱除。

1. 预处理方法

目前，煤气发生站废水已应用的有以下几种方法：a. 自然沉淀分离法；b. 机械过滤法；c. 化学混凝沉淀法；d. 浮选法；e. 负压脱酚法。

其中，自然沉降分离法可直接设置在废水处理系统的开始，虽然效果不十分理想，但运行成本较低，且有一定的处理效果。所以，一直被设计者和厂方所采用，而其他几种方法，则需专门的装置完成，相对处理费用要高出许多。

机械过滤法最常用的是离心分离机。它的主要原理是利用离心机高速旋转产生的离心力，使废水中不同密度的水和焦油及其他有机物或渣残分层并按需要排出机外的一种处理工艺。它的主要优点是工艺简单，除油及有机物效率高，但控制操作需一定的能力。由于焦油黏度大，且要求在一定的温度下操作，容易堵塞，且投资较大。

化学混凝沉淀法是通过加药（去除油和有机物的混凝剂）使废水油分及酚等有毒物质沉降下来的方法。

浮选法是利用浮选将废水中的油分、悬浮物及部分酚类物质等有机物去除的方法。

负压脱酚法是利用酚醛树脂在制备过程中脱水时直接将酚类吸收的方法。其特征是：以碱液为吸收液，直接把含酚蒸汽在负压系统中将酚吸收，吸收过程中含酚蒸汽与碱液接触，使挥发性酚形成酚盐，再经冷凝后剩余气体由真空系统抽脱。

2. 脱酚处理方法

脱酚处理方法分为物理化学法和生物化学法。

（1）物理化学法

① 蒸汽化学脱酚法。它是指用强烈的高温蒸汽加热含酚废水，使污水中的酚蒸发后随蒸汽逸出，然后再通入碱液吸收成为酚钠盐，从而达到脱酚的目的。该法操作简单，投资也较少，但蒸汽耗量较大，且脱酚效率不太理想。

② 蒸汽脱酚法。它是指将含酚废水加热，使酚随水蒸气挥发出来，再将这部分含酚蒸汽通入发生炉底部混入空气中作为气化剂使用。在炉内，酚在高温下燃烧分解成 CO_2 和 H_2O，最终达到脱酚的目的。此法的缺点是只能脱出低沸点的酚类化合物，且能耗较大（每蒸发 $1m^3$ 废水需耗燃料约 180kg 标准煤）。

③ 焚烧法。它是指将含酚废水喷入焚烧炉，使之在 1100℃ 左右的高温下，发生氧化反应，最终生成 CO_2 和 H_2O 排放。此法工艺简单，操作也方便，但能耗较大，每焚烧 $1m^3$ 含酚废水的成本 1200～1500 元。

④ 溶剂萃取脱酚法。该法主要分为萃取和解吸两部分。萃取是利用萃取剂将酚从废水中萃取出来，然后，含酚的萃取剂再与碱液接触，使萃取剂中的酚与碱反应生成酚钠盐。经该种方法处理的含酚废水中，仍然会存在 100～200mg/L 的酚不能直接排放，须进一步进行处理（一般是生化处理）才能达到排放标准。此种方法的缺点是：萃取剂的流失会造成二次污染，且需要高要求的萃取剂和碱，运行成本也较高。

⑤ 树脂脱酚法。该法是指用树脂吸附废水中的酚，然后用碱液进行解吸，生成酚钠。此法工艺过程较为复杂，且影响脱酚效率的因素较多，运行成本也较高。

⑥ 磺化煤吸附法。该法是以磺化煤极性基团吸附酚，然后以碱液吸收而成酚钠盐。磺化煤吸附是间歇进行的，完成一次循环包括吸附和再生两个环节。该法的主要缺点是磺化煤的吸酚量过低，吸附周期太短，解吸再生也很困难，实际应用已较少。

（2）生化法

用生化法脱酚是一个处理费用较低的成熟的方法，目前已广泛地用在含酚废水的处理工程中。但是生化脱酚应有个前提，即废水在进入生化处理前必须进行预处理，最好使它的含酚量、含油量以及 SS、COD 等指标不太高，否则会影响微生物的正常代谢活动而影响处理效果。一般情况下，含酚废水在进入生化处理前，废水的含酚量最好控制在 300mg/L 以下，油含量最好控制在 100mg/L 以下，COD 最好控制在 800mg/L 以下，BOD 最好控制在 300mg/L 以下，以利于生化处理的正常进行。

通常情况下，含酚废水的处理方法见表 9-6。

表 9-6　含酚废水的处理方法

脱酚处理	预处理	厌氧处理	好氧处理	回用处理	深度处理
蒸汽脱酚 蒸汽化学脱酚 焚烧法 树脂脱酚 磺化煤吸附 溶剂萃取	自然沉降 混凝沉淀 机械过滤 浮选法 负压脱酚	水解酸化法 ABR 法	活性污泥法及变形（A/O 法、A^2/O 法、AB 法）、SBR 法及变形（CASS 法等）、生物膜法（接触氧化法、MBR 法等）、氧化沟法	过滤法、吸附法（活性炭等）、电解法	膜法（超滤法、反渗透法等）、离子交换法等

注意事项：

① 为了搞好含酚废水处理，应首先搞好竖管循环水系统、脱焦油循环水系统和洗涤塔循环水系统的水量和水质平衡，争取是最低指标的废水和最少的废水量排放处理，以减少污水处理负担；

② 废水中含酚量大于 1000mg/L 时，应考虑先进行脱酚回收或处理，使废水指标降到可以进入废水处理系统水平后再进入污水处理系统；

③ 如果一次生化处理后，出水含酚指标达不到排放标准，可考虑二次生化处理。

第三节 ► 煤气站含酚废水处理工程实例：北京第二通用机械厂

以北京第二通用机械厂（北京重型机器厂）为例。

1. 概况

北京第二通用机械厂（北重厂）位于北京市石景山区和丰台区交界的吴家村，1958 年建厂，占地 $83hm^2$，固定资产总额 2.1 亿元，有职工 7500 人，是全国八大重机厂之一，1978 年更名为北京重型机器厂，全厂包括炼钢、铸钢、铸铁、模型锻压、热处理等大型车间。该厂在 1959 年安装 2500t 水压机大型设备，20 世纪 70 年代又发展成 6000t 水压机设备。该厂为国家生产了数万吨成套机械设备，2000 多种大型锻铸件热加工产品，为国家的水力发电站、火力发电站、核电站、万吨远洋巨轮及出口做出了巨大贡献。

该厂煤气发生站是全厂重要的生产部位之一，它为有关车间的加热和生产提供了供气的保证，但同时也因产生含酚废水而变成了污染大户。如不下决心重点解决，势必造成对环境的破坏。因此，搞好煤气发生站含酚废水处理是一项重要的且有一定难度的课题。为此，我们带着这项由当时第一机械工业部下达的重要科研课题——煤气站含酚废水处理，积极参与了这项课题的科研和生产性实践的攻关工作，主要情况如下。

2. 含酚废水的来源和危害

（1）来源

由烟煤煤气站生产工艺可知，以烟煤为气化原料并以空气（或蒸汽）作为气化剂在煤气发生炉中生产的煤气，出炉时带有大量的灰尘、水蒸气、焦油、酚类化合物、硫化物及氰化物等。在洗涤煤气的过程中，这些有毒物质会进入循环水中。在循环水系统处于正常运转状态时，也总有一些含多种毒素的废水需处理排放，这就提出了含酚废水处理的课题。

（2）危害

酚类化合物是一种原型质毒物，可通过与皮肤、黏膜的接触不经肝脏解毒直接进入血液循环，致使细胞破坏并失去活力。也可通过口腔侵入人体，造成细胞损伤。高浓度的酚液能使蛋白质凝固并能继续向体内渗透，引起深部组织损伤、坏死乃至全身中毒，即使是低浓度的酚液也可使蛋白质变性。人如果长期饮用被酚污染的水能引起慢性中毒，出现贫血、头昏、记忆力衰退以及各种神经系统疾病，严重的会导致死亡。口服酚致死量为 530mg/kg（体重）左右。即使水中的含酚浓度只有 0.002mg/L，用氯消毒也会产生氯酚恶臭。

含酚废水不仅对人类健康带来严重威胁，也对动植物产生危害，如水中酚浓度达到 0.1～0.2mg/L 时，鱼肉即有异味，不能食用。增加至 1mg/L 时，会影响鱼类产卵。若含酚到 5～10mg/L 时，鱼类会大量死亡。另外，含酚废水的毒性还可抑制水体中其他生物的自然生长速度。如果使用含酚废水灌溉农田，则会使农作物减产或枯死。

3. 水质和水量

（1）水质

根据厂方资料及分析，该厂含酚废水水质见表 9-7。

表 9-7　北京重型机器厂含酚废水水质　　单位：mg/L（pH 值除外）

指标	总酚	挥发酚	COD	BOD	SS	油	氰化物	硫化物	色度/倍	pH 值
数值	8000～9000	1500～2500	$(1.5～1.8)\times10^4$	4000～4500	700～900	1000～2600	13～25	250～500	400～600	7.2～8.1

（2）水量

水量按 $500m^3/d$（即 $21m^3/h$）设计。

4. 处理工艺设计

① 由于该厂废水中含酚量较高，故考虑在废水处理前先进行萃取脱酚，在溶剂萃取脱酚后，其含酚废水水质见表 9-8。

表 9-8 溶剂萃取脱酚后含酚废水水质   单位：mg/L（pH 值除外）

指标	挥发酚	COD	BOD	SS	油	氰化物	硫化物	色度/倍	pH 值
数值	200	1200	420	640	180	35	80	250	7.8

② 废水处理工艺流程见图 9-3。

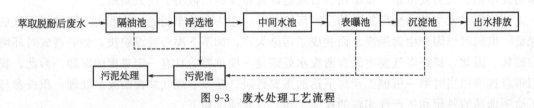

图 9-3 废水处理工艺流程

经萃取脱酚后的废水首先进入隔油池，该隔油池是以自然沉淀为主的平流式隔油池，池中设有隔板以增加隔油效果。在此池中，大部分浮油可上升至液面并定期由机械（或人工）清出池体，至锅炉房烧掉。隔油池出水后进入平流式浮选池，此池的作用是利用浮选原理清除废水中大部分的乳化和悬浮状态及部分溶解状态的油类物质以及颗粒状固体，为下一步进行生化处理做准备。该池的主要参数为：池内水平流速 0.5～1.5mm/s；表面负荷率 0.9～ $1m^3/(m^2 \cdot h)$；停留时间 1.5～2h；刮沫机往返行走速度 0.07m/s；水压 $3kgf/cm^2$；空气压力 $3.5kgf/cm^2$；溶气缸停留时间 1.2～2min；空气量 0.5～ $1m^3/h$；平流式浮选池尺寸 $6m \times 3m \times 2m$（长×宽×深）。

浮选池出水后进入中间水池，水质及水量稳定后由泵提至表曝池进行好氧处理，表曝池有两个，每个表曝池的轮廓尺寸见图 9-4。

③ 表曝池主要参数：a. 表曝池容积 $80m^3$，其中曝气区 $40m^3$，澄清区 $20m^3$（2 个）；b. 停留时间：曝气区 8h，澄清区 4h；c. 有机负荷：0.8～1.2kg/ $(m^3 \cdot d)$；d. 平板叶轮：$d=1m$，共 20 片，每片 $110mm \times 40mm$，运转线速度 2m/s。

表曝池出水进入平流式沉淀池，该池主要参数如下：a. 表面负荷：$1.5m^3/(m^2 \cdot h)$。b. 处理水量：$20m^3/h$。c. 停留时间：1.5～2h。d. 池尺寸：$6m \times 2.5m \times 2m$（长×宽×深）。

5. 处理效果及改进意见

（1）处理效果

根据上述处理工艺流程设计的处理构筑物，在生产实践中，经过多次检验测试，发现处理效果中，COD、BOD、油和氰化物基本可以达标，但挥发酚、

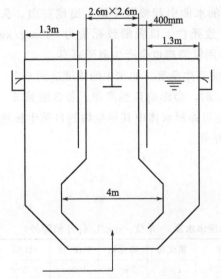

图 9-4 表曝池的轮廓尺寸图

SS及硫化物不能达标，且色度虽然勉强达标，但出水颜色偏深，给人以不愉快感。因此，建议在此处理工艺流程基础上，再增加一道生化处理手段（如接触氧化工艺），估计出水可达标。

（2）改进意见

在现有处理工艺的基础上，再增加接触氧化工艺以达到全部指标达标的目的。具体接触氧化工艺设计可见本书第二章，此处设计略。增加接触氧化工艺后估计处理效果见表9-9。

表9-9　增加接触氧化工艺后估计处理效果

指标 / 工艺	挥发酚	COD	BOD	SS	油	硫化物	氰化物	色度	pH值
处理前	2000	12000	4200	800	1800	800	35	500	7.2～8.1
萃取后	200	1200	420	640	180	80	3.5	250	
隔油后	190	1140	400	608	171	76		238	
气浮后	57	342	120	182	51	22	2.5	75	
中间水池	54	325	114	173	48	21		68	
表曝后	10.8	65	17.1	35	9.6	4.2	0.5	34	
中间水池	10.2	62	16.2	33	9.1	4	0.4	32	
接触氧化	0.51	18.6	1.6	16	6.4	0.4	0.1	16	6～9
排放标准	0.5	60	20	20	10	1	0.5	50	6～9

注：指标单位为mg/L，色度为倍，pH值无单位。

第十章 ▶▶

制革工业废水处理技术与工程实践

第一节 ▶ 概述

一、制革生产工艺

制革生产一般包括准备、鞣制和整理三个工段，其工艺流程见图 10-1。

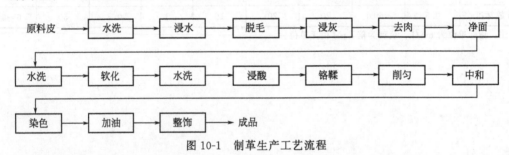

图 10-1　制革生产工艺流程

1. 准备工段

准备工段是指将原料皮从浸水到浸酸前的操作，其目的是除去如头、蹄、耳、尾等废物以及血污、泥污和粪便、防腐剂等，使其恢复到鲜皮状态，以便于制革加工，并有利于化工材料的渗透和结合。除去表皮层、皮下组织层、毛根鞘、纤维间质等物质，适度松散真皮层胶原纤维，为成革的柔软性和丰满性打下良好基础，为鞣制工序顺利进行做好准备。

2. 鞣制工段

鞣制工段包括鞣制和鞣后湿处理两部分。鞣制后的革与原皮有本质的不同，它在干燥后可以用机械的方法使其柔软，并使其具有较高的收缩温度、不易腐烂、耐化学药品作用、卫生性能好、耐曲折、手感好。

铬鞣后的湿铬鞣革成为蓝湿革，为进一步改善蓝湿革的内在品质和外观，需要进行鞣后湿处理，以增强革的粒面紧实性、丰满性和弹性，并可染成各种颜色，赋予革某种特殊性能，如耐洗、耐汗、防水等。

3. 整饰工段

整饰工段包括皮革的整理和涂饰操作，其中整理多为机械操作，它可改善革的内在和外观质量，提高皮革的使用价值和利用率。皮革经过整理后大多需进行涂饰，才能成为成品

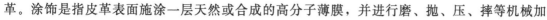

革。涂饰是指皮革表面施涂一层天然或合成的高分子薄膜，并进行磨、抛、压、摔等机械加工，以提高涂层乃至革的质量。

二、制革工艺各工序化工原料使用情况

制革工艺各工序使用主要化工原料情况见表 10-1。

表 10-1　制革工艺各工序使用主要化工原料

工序	化学名称	说明	工序	化学名称	说明
浸水	脱脂剂	皮革专用，Na_2CO_3 等	软化	酶制剂	各种专用酶制剂，主要去除皮中的弹性纤维
	浸水酶	制革浸水工序的酶类激活剂	浸酸	硫酸	调节 pH 值
	杀菌剂	皮革专用的杀菌防腐剂		甲酸	调节 pH 值
	浸水助剂	帮助水分进入皮内的各种亲水剂		盐酸	调节 pH 值
脱毛	硫化物	Na_2S、NaHS	鞣制	铬鞣剂	能够对皮起到缝合作用的化学物质 $Cr(OH)NSO_4$
	助剂	酶类激活剂或抑制剂		提碱剂	主要为 MgO、$MgCO_3$、$CaCO_3$、Na_2CO_3
浸灰	石灰	$Ca(OH)_2$			
	助剂	帮助石灰渗透或抑制石灰渗透的化学物质			
脱灰	助剂	主要使用硫酸、非膨胀性酸或非膨胀性盐		防霉剂	皮革专用防霉、防腐剂

三、制革工业废水来源

1. 准备工段

准备工段包括浸水、浸灰、脱毛、脱灰、软化、浸酸等几道工序。浸水工序将已晒干或用防腐剂处理过的原皮用水浸泡，回软并清除皮上沾染的血污、泥沙、油脂等；浸灰工序用石灰及硫化钠的混合液浸泡，接着进入脱毛工序，使其成为裸皮，再用流水清洗 30～45min，然后用铵盐、盐酸的混合液中和皮上残碱，使 pH 值下降到 7.5 左右（脱灰工序）；然后将皮用酶液软化，再用温水漂洗（软化工序）；最后用硫酸和食盐的混合液浸泡，得到呈酸性的生皮（浸酸工序）。

在该工段中，污水主要来自水洗、浸水、脱毛、浸灰、脱灰、软化、脱脂等工序。主要污染物如下。

（1）有机废物

包括血污、蛋白质、油脂等。

（2）无机废物

包括盐、硫化物、石灰、Na_2CO_3、NH_4^-、NaOH 等。

（3）有机化合物

包括表面活性剂、脱脂剂等。

鞣前准备工段的污水排放量占到制革污水总量的 60％以上，是制革污水的主要来源。

2. 鞣制工段

在该工段中，污水主要来自水洗、浸酸、鞣制，主要的污染物为无机盐、重金属铬等。其污水排放量占到污水总排放量的 8％～10％。

3. 鞣后湿整饰工段

在该工段中，污水主要来自水洗、挤水、染色、加脂、喷涂机的除尘等。主要污染物为染料、油脂、表面活性剂、酚类化合物、有机溶剂等，其污水排放量占制革污水总排放量的15%～20%。

4. 举例

以牛皮制革为例，加工过程废水产生情况见图 10-2。

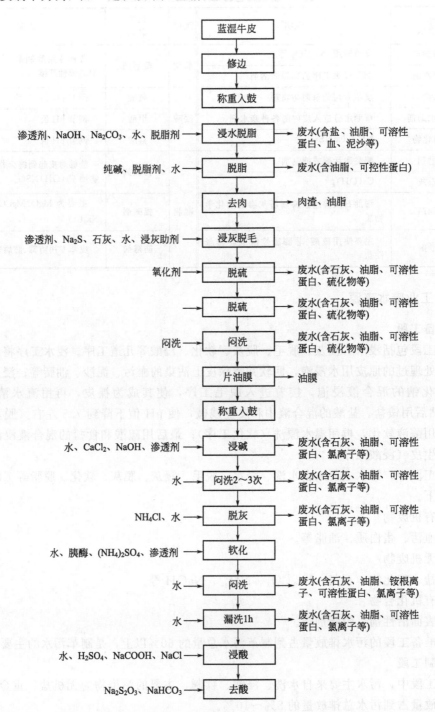

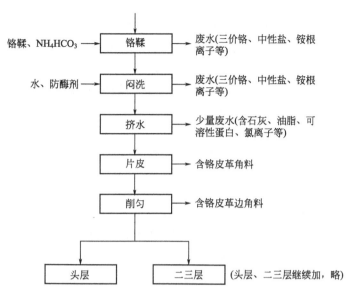

图 10-2 牛皮制革加工过程废水产生情况

四、制革废水的危害和特点

1. 制革废水的危害

由于制革废水中有机物及硫、铬含量高，COD 和污泥量也大，因此，它对人类及动植物和生态的破坏极大。它的危害主要表现在以下方面。

（1）色度

制革污水色度较大，主要来自植鞣、染色、铬鞣和灰碱废液。若采用稀释倍数法测定，一般在 600～3000 倍，如不经处理，污染水域，影响水质。

（2）碱性

制革废水总体上呈碱性，综合废水 pH 值在 8～10，其碱性主要来自脱毛等工序用的石灰、烧碱和 Na_2S。如不处理，则会影响水系 pH 及农作物生长。

（3）悬浮物

制革废水中的悬浮物（SS）高达 1800～4000mg/L，主要是油脂、碎肉、皮渣、石灰、毛、泥沙、血污及一些不同工段的废水混合时所产生的蛋白絮、$Cr(OH)_3$ 等絮状物。如不处理直接排放，则会堵塞水泵、排水管道及排水沟。同时，大量的有机物及油脂也会使水系 COD 增高，造成水体污染。

（4）硫化物

硫化物主要来自灰碱法脱毛废液，少部分来自采用硫化物助软的浸水废液及蛋白质的分解物。含硫废水在遇到酸时会产生 H_2S 气体，含硫污泥在厌氧情况下，也会释放出 H_2S 气体，对水体和人危害性极大。

（5）氯化物和硫酸盐

氯化物及硫酸盐主要来自原皮保存、浸酸和鞣制工序，其含量在 1800～3000mg/L。当饮用水中氯化物含量超过 500mg/L 时，可明显有咸味；如高达 4000mg/L 时，则对人体产生危害。硫酸盐含量超过 100mg/L 时，会使水味变苦且饮后易腹泻。

（6）铬离子

制革废水中铬离子主要是以 Cr^{3+} 形态存在，含量一般为 $50\sim100mg/L$。Cr^{6+} 虽然比 Cr^{3+} 对人体的直接危害小，但它能在环境或动植物体内积蓄，从而影响人体健康。

（7）化学需氧量（COD）和生物需氧量（BOD）

由于制革废水中 COD 值和 BOD 值都很高，若不处理直接排放会将水源污染。同时，废水排入水体后还要消耗水中的溶解氧，致使鱼类等水生物不能正常生存甚至死亡。

（8）酚类

酚类主要来自防腐剂，部分来自合成鞣剂。酚对于人体及水生物的危害是非常严重的（详见第九章煤气站含酚废水处理）。

2. 制革废水的特点

（1）耗水量大且波动大

1）耗水量大。一般情况下，每生产加工一张猪皮耗水 $0.3\sim0.5m^3$，生产加工一张盐湿牛皮耗水 $1\sim1.5m^3$，生产加工一张羊皮耗水 $0.2\sim0.3m^3$，生产加工一张水牛皮耗水 $1.5\sim2m^3$。总的来说，根据生产品种和生坯类别不同，每生产 1t 原料皮要耗水 $50\sim110m^3$。

2）每天水质波动大。由于制革废水是间歇式排放，即每天会出现某时是排水高峰，因此会出现排水高峰时是平时的 $2\sim4$ 倍，且废水水质在瞬时差异也较大。如：制革综合废水 COD 为 $2500\sim4000mg/L$，而实际生产中每天超过 $3000mg/L$ 的只会出现 $4\sim5$ 次，pH 值平均为 $7\sim8$，而一天中 pH 值最高时可达 11，最低时只为 2。这一情况是在设计废水处理系统时必须要考虑的。

（2）污染负荷重

一般来说，制革废水中有毒有害废水（如含硫、含铬废水）要占到总废水量的 $15\%\sim20\%$，其中来自铬鞣工序的铬含量为 $2\sim4g/L$，而当废水中 Cr^{3+} 含量达到 $17mg/L$ 时，即对微生物有了抑制作用。而来自灰碱脱毛的废液中硫化物含量可达到 $2\sim6g/L$，并且，进入生物处理的 S^{2-} 最高允许浓度仅为 $20mg/L$（氧化沟工艺可允许到 $40\sim50mg/L$）。这是因为若硫化物进入生物处理，会影响活性污泥的沉降性能，即固液分离效果下降，从而影响处理效果。

（3）可生化性好

制革综合废水的可生化性较好（一般情况下，BOD/COD 在 $0.4\sim0.45$），但是由于废水中有较高的 Cl^- 和 SO_4^{2-}，同时，高盐度引起的渗透压对微生物有抑制作用及硫酸盐的存在，在厌氧条件下还可被还原成 S^{2-}，而增加了处理难度。所以，在选用生物处理时应充分考虑高盐和高硫酸盐对生化的影响。

（4）悬浮物浓度高，易腐败，污泥量大

通常情况下，1t 原皮只能制成 300kg 革，而要有 200kg 以上的皮边毛、皮屑等杂物。大量的皮渣进入废水中，使得废水中的悬浮物能达到每升数千毫克。这些高浓度的悬浮物不但使得废水的有机物值很高，同时还会产生大量的有机污泥，增加了处理的麻烦。

3. 制革废水的水质和水量

（1）水质

制革废水由于成分复杂、污染物多且色度高，其中含有蛋白质、脂肪、染料等有机物及铬、硫化物、氯化物等无机物，并且在不同的工段和不同的工序，各种指标差异和变化较大。具体情况见表 10-2。

表 10-2　制革加工各工段废水水质

工段	准备工段		鞣制工段		整理工段		共计	
用水比例/%	48		28		24		100	
参数　　污染物	浓度/(kg/t)	比例/%	浓度/(kg/t)	比例/%	浓度/(kg/t)	比例/%	浓度/(kg/t)	比例/%
COD	140~153	71	8	4	50~80	25	198~241	100
BOD	57.5~72	80	3.5	4.8	11.5~14.5	15.4	72.5	100
SS	100	71.5	10	7.2	30	21.3	140	100
S^{2-}	87.9	99.1	0.1	0.9	—	—	8	100
Cr^{3+}	—	—	7	87.5	1	12.5	8	100

制革加工部分工序废水水质见表 10-3。

表 10-3　制革加工部分工序废水水质

废水名称	pH 值	SS/(mg/L)	氧化物/(mg/L)	硫化物/(mg/L)	铬/(mg/L)	COD/(mg/L)	色度/倍
硫化钠脱毛液	13	20700	1700	2400	—	5910	800
浸灰废液	13	80	390	800	—	3000	200
废铬液	3.5	900	21500	16	400	1300	200
植鞣废液	4	182	290	410	—	8000	3200
酶脱毛废液	6~7	168	—	—	—	650	100~400

制革综合废水水质见表 10-4。

表 10-4　制革综合废水水质

指标	数值	指标	数值
COD/(mg/L)	2500~4000	S^{2-}/(mg/L)	50~100
BOD/(mg/L)	1500~2000	Cl/(mg/L)	2000~3000
SS/(mg/L)	2000~4000	色度/倍	800~3500
Cr^{3+}/(mg/L)	80~100	pH 值	8~10

各种制革厂水质见表 10-5。

表 10-5　各种制革厂水质　　　　单位：mg/L

指标	牛面革厂	猪面革厂	羊面革厂	底革厂
COD	2116	2003	1365	2075
BOD	1370	2193	652	599
SS	2102	1331	1610	722
油	176	241	54	330
Cr^{3+}	10.7	20.2	46	
S^{2-}	40.3	40.5	49.5	
Cl	1150	2259	1034	823.5
NH_3-N	31	92	39.6	

续表

指标	牛面革厂	猪面革厂	羊面革厂	底革厂
单宁	42	114.6	77.6	148.5
酚	1.5	3.5	0.44	0.63
pH 值	8.48	8.76	10.36	6.29

注：指标单位不包括 pH 值。

（2）水量

制革废水主要由强碱性的浸灰脱毛废水和弱酸性的鞣制废水组成，前者由准备工段排出，后者则由鞣制工段排出。各工序废水量占总排放水量的比例大致是：浸水脱脂 25%、浸灰水洗 20%、脱水软化 20%、浸酸铬鞣 5%、中和染色上脂 30%。另据统计，每 100kg 原皮生产牛面革排水 18m³，猪面革 10.15m³，羊面革 11.225m³，牛底革 17.05m³，猪底革 20.5m³。具体各生产工序用水量见表 10-6。

表 10-6　每 100kg 原皮用水量　　　　　　　　　　　单位：L

工序	牛面革厂	底革厂		猪面革厂	羊面革厂
		牛底革	猪底革		
浸水	1600	4500	1200	750	1600
去肉、水洗	1200	4300	3500	1400	900
脱脂			5000	1600	
涂灰					500
拔毛				600	
浸灰	2400	800	1500	300	600
剥皮	1100	100	2100	750	
脱灰	1800	2400	2200	400	1800
脱毛	350	2450	3400	400	
软化	500				
浸酸	250	750	750	600	225
鞣制	400	无浴	无浴	250	300
中和	2400			2000	2400
染色	2400			300	850
填充	2400			300	850
加脂	400				
漂洗		1000	100		
整理	800	750	750	500	1200
合计	18000	17050	20500	10150	11225

国家标准（GB 30486—2013）规定，新建制革厂每吨原皮允许的最大排水量为：猪盐湿皮 60m³、牛干皮 100m³、羊干皮 150m³。现有制革厂每吨原皮允许的最大排水量为：猪盐湿皮 70m³、牛干皮 120m³、羊干皮 170m³。

第二节 ▶ 制革废水的常规处理方法

在制革生产过程中，由于操作工序的不同会导致不同工序有着不同的污染物质，如脱脂废液中含有大量的油脂，脱毛废液中含有大量的硫化物，铬鞣废液中含有大量的铬等。为此，一般情况下，在大型制革企业中，对各工序产生的废水（废液）应首先单独进行收集和处理，然后将处理后的废水再与厂内其他废水集中一并进行处理，而规模较小或不具备各种处理工序的企业，也可考虑与厂内其他废水集中一并进行处理。各工序处理情况如下。

一、脱脂废液处理

脱脂常使用的化工材料为 Na_2CO_3 和脱脂剂。一般情况下，一张皮平均脱脂废液为 $25\sim30L$，且这种废液中污染负荷相当高，其中，含油量能达到 $1\%\sim2\%$，COD 可达到 $20000\sim40000mg/L$。因此，对脱脂废液进行分隔治理和回收处理在皮革废水治理中是十分必要的，它不但治理了污染，同时还有经济效益。

脱脂废水中的油脂浓度可高达 $6\sim14g/L$，并以乳化状态分散在废水中。油脂的回收可采用静态法、气浮法、酸提取法、离心法及溶剂萃取法。通常情况下，多数制革企业采用静态法或酸提取法。所谓静态法的具体做法是：用硫酸将废水的 pH 值调制为 $4\sim5$ 进行破乳，并在 $40\sim60℃$ 温度下静置 3h，则油脂逐渐上浮形成油层，再进行油水分离回收油脂。

所谓酸提取法是：在加入硫酸将废水 pH 值调制为 $3\sim4$ 破乳后，再通入蒸汽搅拌，并在 $40\sim60℃$ 的温度下，静置 $2\sim3h$，待油脂逐渐上浮形成油脂层后，再进行油水分离（一般可回收油脂 95%，去除 COD 90% 以上）。回收的油脂泵入皂化缸，加入 30% 的 NaOH 调 pH 值至 12，同时间壁加热、沸腾 1h，再泵入酸化缸，加 H_2SO_4 酸化至 pH 值 $3\sim4$，静置 $2\sim3h$ 后放入澄清水，用温水洗油脂 $2\sim3$ 次，分离后得到混合脂肪酸。澄清水排入全厂污水处理系统。当废水中油脂含量在 600mg/L 以上时，可采用离心分离法；一般情况下，第一次分离可去除油脂 60%，第二次分离可去除油脂 95%。但这方法由于投资大、能耗高等因素，实用的可能性较小。萃取法也因为技术和经济等原因，实际应用也较少。

二、灰碱脱毛废液处理

1. 概述

目前在我国的制革工业生产中，脱毛工艺多采用硫化碱脱毛技术，由于它的质量稳定可靠、操作简单、易于控制，因此，在相当长的一段时间内，它将是我国制革工业使用的主要脱毛技术。

由于脱毛工艺所采用的原料主要是 Na_2S 和石灰，其废水污染负荷大、毒性大，硫化物含量往往在 $2000\sim4000mg/L$，而硫化物和 COD 能占到废水总污染量的 95%。另外，悬浮物和浊度也都相当高，因此，它是制革废水中污染最重的部分之一。

2. 处理方法

灰碱脱毛废液的处理方法通常有化学沉淀法、酸吸收法、化学混凝法和催化氧化法。现简介如下。

（1）化学沉淀法

由于硫化物的溶解度都很小（除 Na_2S 以外），所以可利用将可溶性的废水转化成不可溶的重金属硫化物沉淀，再实现固液分离。如：采用亚铁盐时，利用 S^{2-} 和 Fe^{2+} 在 pH 值大于 7 的条件下，反应生成不溶于水的 FeS 沉淀，然后再进行硫化物的分离，其反应式如下：

$$FeSO_4 + Na_2S \longrightarrow FeS \downarrow + Na_2SO_4$$

硫酸亚铁的投加量可按下式进行计算

$$W = \frac{CDM}{1000} \tag{10-1}$$

式中　W——$FeSO_4 \cdot 7H_2O$ 投加量，kg；

　　　C——废水中硫化物含量，mg/L；

　　　D——$FeSO_4 \cdot 7H_2O$ 与硫化物质量比；

　　　M——废水处理量，m^3。

由于脱硫后废水中含有大量的有害物质，虽然经过脱硫沉淀，但处理后的水质仍不稳定，存放期稍长就会出现水质变浊，这是因为这当中存在大量的中间产物所致。因此，向废水中通入一定量的空气或氧化剂即可克服上述缺陷，其中通入空气既经济又实用，但会产生大量污泥，带来二次污染且处理麻烦。

根据溶解度的大小，硫化物沉淀析出的次序为：$Zn^{2+} < Fe^{2+} < Cu^{2+} < Pb^{2+} < Hg^{2+}$。

（2）酸吸收法

脱毛废液中的硫化物在酸性条件下，产生极易挥发的 H_2S，再用碱液吸收 H_2S，生成硫化碱回用，反应方程式如下。

加酸生成 H_2S：

$$Na_2S + H_2SO_4 \Longrightarrow H_2S \uparrow + Na_2SO_4$$

碱液吸收

$$H_2S + 2NaOH \Longrightarrow Na_2S + 2H_2O$$
$$H_2S + NaOH \Longrightarrow NaHS + H_2O$$
$$Na_2S + H_2S \Longrightarrow 2NaHS$$

在整个反应过程中，要求吸收系统完全处于负压和密封状态，以确保硫化氢气体不致外漏。反应完毕后的残渣可直接进入板框压缩机进行脱水。这种残渣中含有大量有机蛋白质，可用作饲料或农肥。

（3）催化氧化法

在化学沉淀法除硫操作中，会产生大量的含硫污泥，且会造成二次污染和处置的麻烦。为了避免产生的硫化物在污泥中积蓄，应将废水中有毒的 S^{2-} 转变为无毒的硫酸盐、硫代硫酸盐或元素硫，而氧化法可达到这一目的。

氧化法就是借助空气中的氧，在碱性条件下，将负二价的硫氧化成元素硫及其相应 pH 值条件下的硫酸盐。为提高氧化效果，在实际操作中大多添加锰盐作为催化剂，这就是所谓的催化氧化法。通常，不论在酸性条件下还是在碱性条件下，氧气都可将负二价的硫氧化成单质硫。其反应式如下：

① 在碱性条件下：$O_2 + 2S^{2-} + 2H_2O \Longrightarrow 2S \downarrow + 4OH^-$；

② 在酸性条件下：$O_2 + 2S^{2-} + 4H^+ \Longrightarrow 2S \downarrow + 2H_2O$。

虽然在酸性条件下电位差大，氧化反应很容易，但在实际生产中，其氧化反应是按①式进行的。

目前，国内制革厂对含硫废液进行分隔治理时，多采用空气-硫酸锰催化氧化法。该工艺中，$MnSO_4$ 只是一种催化剂，起载体作用。在碱性条件下，Mn^{2+} 会促进空气中氧化剂对 S^{2-} 的氧化。

（4）化学混凝法

它是指用碱式氯化铝等混凝剂，将废水中的污染物质加以凝聚形成絮凝体，再用沉淀法或气浮法将之分离的方法。该种方法对悬浮物可去除 60% 以上，对 COD 和硫化物的去除可达 70% 以上。但处理后出水不能达到排放标准，需进一步进行处理。

三、铬鞣废液处理

由于裸皮经铬鞣后，成品革柔软丰满、弹性好、稳定性也好，所以，它是目前国内外制革企业采用的主要鞣制方法。由于铬鞣工序所使用的主要原料是红矾（重铬酸钾），其用量一般都在 5% 左右（有些企业用量甚至达 8%），这些红矾在生产中只使用了 77% 左右，而多余的 23% 左右会留在废铬液中，这就对人、动植物及环境造成严重危害。

含铬废液主要来自铬鞣工序和复鞣工序，在鞣制工序操作中，通常 Cr_2O_3 的用量为 4%，液比为 2～2.5，废液含铬量可达 3～4g/L。在复鞣操作工序中，Cr_2O_3 的用量为 1%～2%，液比为 2.5～3，废液含铬量可达 1.5g/L。另外，铬鞣工序产生的铬污染占全部污染的 70% 左右，而复鞣工序所产生的污染占 25% 左右，另外 5% 左右的铬在水洗和挤水时消失。

废铬液回收和利用的方法很多，主要包括：碱沉淀法、直接循环利用法、萃取法、压减蒸馏法、反渗透法和离子交换法。目前，国内大部分制革企业都采用碱沉淀法，而直接循环利用法多适用于中小型制革厂，现简要介绍如下。

1. 碱沉淀法

废铬液中铬的主要存在形式是碱式硫酸铬 $[Cr(OH)SO_4]$，pH 值 4 左右，呈稳定的蓝绿色。当加入 CaO、NaOH、MgO 等后，调整 pH 值为 8～8.5 时，即发生 $Cr(OH)_3$ 沉淀。然后，在沉淀分离出来的铬泥中加硫酸酸化，就可重新变成碱式硫酸钠而重复使用。一般回收的铬液或 Cr_2O_3 含量可达 50～100g/L，符合鞣革的要求。在碱沉淀法实施过程中，应注意以下问题。

（1）沉淀剂的选择

沉淀剂的选择应以沉淀后的沉淀物体积小和经济廉价为原则。目前多以 NaOH 为沉淀剂，但因 NaOH 碱性太强，反应过程中往往 pH 值范围不易控制，因此在国外，有些企业亦改用 MgO 作沉淀剂，它的优点是沉降快、沉泥少且致密、容易压滤，但价格较高，因此，一些企业的做法是：先适量投加 MgO，然后用 NaOH 调 pH 值，药剂费可节约 1/2 左右。

（2）沉淀条件

沉淀操作参数一般为：反应时间 1h，沉淀时间 3h，反应采用机械搅拌或空气搅拌。pH 值应控制在 8.5 左右。如采用加热反应，在 40℃ 下操作，其沉淀物为絮状，效果较好。沉淀后废液中的 Cr^{3+} 去除率应达 99%，出水含铬量在 1～2mg/L。

（3）压滤

沉淀分离出来的铬泥一般可用工作能力为 1.2～1.8kg 泥饼/m^2 的板框压滤机压滤。压滤周期 4～6h，泥饼含水率在 70% 左右，沉淀池上清液和滤液可与其他废水一并集中处理。

（4）铬鞣液回用

将压滤后的铬泥（一般红矾含量可达 20%～25%）放入反应锅中，直接加入浓硫酸，再加热（不可直接用蒸汽直冲）充分搅拌即可。一般酸化时，pH 值应控制在 2 左右，H_2SO_4 的加入量应根据泥中铬的含量和需要达到的碱度进行估计，也可按下式进行推算：

$$L = AV/(BC) \times 1.17 \tag{10-2}$$

式中　L——硫酸用量，L；

　　　V——废铬液量，L；

　　　A——废铬液中 Cr_2O_3 含量，g/L；

　　　B——工业硫酸浓度，%；

　　　C——工业硫酸密度，g/mL；

　　　1.17——换算系数。

2. 直接循环法

该方法是指：生皮经过浸水、浸灰、脱灰、软化、浸酸后，移入专门的铬鞣区进行铬鞣；铬鞣完成后，含 Cr^{3+} 的铬液经过专门的过滤系统进入贮液池，当下一批待鞣的裸皮进入铬鞣区后，将贮液池中的非铬鞣液做适当的调整后抽入铬鞣转鼓，并补加一定量的新铬液，即可进行下一轮的铬鞣。如此周而复始地循环使用，可基本实现铬鞣废液的零排放。

3. 萃取法

以 R 溶剂为萃取剂，萃取时，将 pH 值控制在 4 左右，R 溶剂中的 H^+ 和废液中的铬离子即以 3∶1 的交换比进行交换。操作前，先要中和萃取剂中部分酸（即皂化），使整个过程保持恒定的 pH 值，以保证萃取的效果。但由于 R 溶剂和三价铬的交换比为 3∶1，以致形成了稳定的环状结构，这只能在碱性条件下加以破坏，因此，在反萃前先行加碱，再加酸，这样才能使反萃顺利进行。用这种方法回收的三价铬一般纯度较高，是一种有前途的新技术。但由于技术要求较高，目前尚未广泛采用。

四、综合废水处理

上述脱脂废液处理、灰碱脱毛废液处理和铬鞣废液处理后的污水与全厂其他废水合并集中处理的称为综合废水处理。在一些小型制革企业，往往铬鞣脱毛及脱脂废液（或只这 3 项中的 1～2 项）不单独处理就与全厂其他废水一起集中处理，也称综合废水处理。

由于制革废水污染物含量高，成分复杂，经常采用的是物化处理和生化处理相结合的流程。物化处理最常用的是混凝沉淀法及加药气浮法。这些方法设备及操作简单，处理效果稳定，但污泥量较多，适用中小型制革厂。采用的混凝剂有 $FeSO_4$、碱式氯化铝、聚丙烯酰胺。物化处理后再进行生化处理，常用的方法有活性污泥法及变形（A/O 法、A^2/O 法、AB 法）、SBR 法及变形（CASS 法等）及氧化沟法和生物膜法（接触氧化法及 MBR 法等）。这些方法的主要设备及构筑物的设计参数见表 10-7。

表 10-7　制革废水处理主要设备及构筑物设计参数

构筑物	作用	设计参数	备注
格栅	去除大块碎皮、毛	(1)栅条间距：粗 20～25mm，细 10mm (2)过栅流速：0.2～0.5m/s (3)倾角：60° (4)按瞬时最大流量设计	宜用机械格栅，设粗细两道

续表

构筑物	作用	设计参数	备注
调节池	(1)调节水质水量； (2)预曝气、脱硫	(1)容积：停留不小于 12h (2)曝气量(穿孔管)：0.02～0.04m³ 空气/(m³·min)	容积设计应根据水量累加曲线及工程发展计划定曝气管单侧布置
初沉池	去除可沉物质	(1)表面负荷：约 1m³/(m²·h) (2)沉淀时间：2～3h (3)去除率：SS 60%～70%，COD、BOD 30%	常用平流式或竖流式，应有加药设施，以备处理效果不佳时使用
混凝沉淀池和混凝气浮池	去除各种形态的污染物，尤其是大分子难降解物质、有毒物质、胶体物质和不溶物质，如 SS、色度、S^{2-}、重金属、表面活性剂	(1)投药量：用 $FeSO_4$ 或碱式氯化铝(液态)投药量为 0.3%～0.5%，聚丙烯酰胺 2mg/L (2)表面负荷：混凝沉淀池 2～3m³/(m²·h)；混凝气浮池：3～5m³/(m²·h) (3)去除率：COD 和 BOD 约 50%，S^{2-} > 70%，SS 和色度 > 80%	加药间设溶解池，混合可用空气搅拌，反应可用桨板或水力搅拌，气浮法对混合与反应的要求不严格
活性污泥曝气池	去除各种形态的有机污染物，主要是可溶性有机污染物	(1)污泥浓度：3g/L (2)污泥负荷：不考虑消化 0.3～0.5kg BOD/(kg MLSS·d) (3)曝气量(穿孔管)：0.05～0.08m³ 空气/(m³·min) (4)沉淀后效果：COD 70%～80%，BOD > 90%，色度和 S^{2-} > 70%	废水中的 S^{2-} 易致污泥膨胀，最好选用推流式曝气池。废水中含有表面活性剂，在曝气池水面形成大量泡沫，因此不能用表面曝气设备，曝气池应设消泡设施
活性污泥二沉池	将微生物及吸附的污染物从水中分离	(1)表面负荷：约 1m³/(m²·h) (2)沉淀时间：2～3h (3)固体通量：< 150kg MLSS/(m²·d) (4)污泥回流比：50%～60%	根据表面负荷和固定通量计算出两个面积，用大者。污泥回流比应根据计算确定
接触氧化法	去除各种有机污染物	(1)容积负荷：2～4kg BOD/(m³·d)(考虑硝化时间下限) (2)曝气量(穿孔管)：0.15～0.3m³ 空气/(m³·min) (3)去除效果：同曝气池	该法负荷高，不产生污泥膨胀，且生物膜上的硝化菌有硝化作用，污染物浓度高时用二级

五、常规处理工艺流程

1. 大型制革企业废水处理工艺流程

大型制革企业废水处理工艺流程见图 10-3。

流程说明如下。

① 脱脂废液在酸性条件下破乳，使之油水分离和分层，将分离后的油层回收，再经加碱皂化后酸化水洗得到混合脂肪酸，其出水排入综合废水池。

② 脱毛废液加酸调 pH 后进入加药混凝池，如与加入池中的沉淀剂（如 $FeSO_4$）反应，生成 FeS 沉淀，出水进入综合废水池。

③ 铬鞣废液与碱反应生成氢氧化铬沉淀，其出水进入综合废水池。

④ 综合废水池相当于全厂废水总调节池，由于全厂废水集中起来，水质较复杂且水量瞬时波动也较大，所以该池设计停留时间应以长些为宜，建议按停留12h设计，以便得到很好的水质且水量稳定。

⑤ 综合废水池出水进入除砂池，该池的作用是将动物皮毛中的砂粒、泥土等固体物质

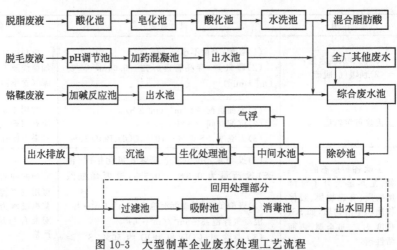

图 10-3　大型制革企业废水处理工艺流程

靠重力沉淀下来，后进入中间水池，做进一步的水质水量稳定，以便为下一步的生化处理做好准备。

⑥ 生化处理包括厌氧处理和好氧处理两大类：厌氧处理方式主要包括水解酸化处理形式、ABR 处理形式及 UASB 形式等；好氧处理形式包括活性污泥及变形（如 A/O 法、A^2/O 法及 AB 法等）、SBR 法及变形（如 CASS 等）以及氧化沟法形式和生物膜法形式（如接触氧化等）。

至于如何选择这些生化处理形式及厌氧和好氧形式如何组合，要根据水质情况和出水要求等因素决定。

⑦ 经生化处理的废水再进入二沉池对含生物污泥的废水进行最后处理后，即可达到排放标准进行排放。

⑧ 若废水处理要求达到回用标准，再进入回用处理工艺（虚线框内部分），二沉池出水再经过滤、吸附（一般采用活性炭）和消毒处理，出水即可达到回用标准而进行回用。

⑨ 若经过除砂池进入中间水池的废水含油量偏高（如含油量大于 100mg/L），就应进入气浮处理设施后再进入生化处理系统。

2. 小型制革企业废水处理工艺流程

一般小型制革企业不一定脱脂、脱毛和鞣革工艺都有，且废水量相对较小，因此，可将全厂废水直接送入调节池，集中统一处理，一般小型制革企业废水处理工艺流程可见图 10-4。

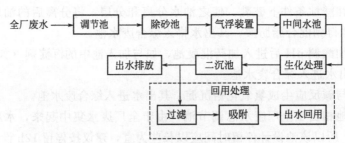

图 10-4　小型制革企业废水处理工艺流程

流程说明：①气浮装置可采用溶气气浮或浅层气浮；②其他解释同上。

第三节 ▶ 制革废水处理工程实例：某大型制革企业

以某大型制革企业为例。

某大型制革企业，年加工牛皮 80 万张。生产工艺包括制革企业所有工艺，其中准备工段包括浸水、浸灰、脱毛、脱灰、软化和浸酸等工序。其污水来源主要是这些工序。污染物主要有硫化物、石灰、Na_2CO_3、表面活性剂等。

鞣制工段的污水主要来自水洗、浸酸和鞣制，主要的污染物为重金属铬和无机盐等。在鞣后的整饰工段，污水主要来自水洗、挤水、染色等。在脱脂工段，污水主要是分散在废水中的乳化状态的油脂，废水中含油达 12g/L。

由于上述四部分污水污染负荷均较重，且成分复杂，我们在该厂废水处理工程设计中，采用了各段污水分头治理，治理后污水与全厂废水集中、一并处理的方案。其各工序的主要治理方案如下。

1. 脱脂工段

该工段废水处理主要考虑的是：油脂的回收及含油量的降低，所采用的处理方法是酸提取法。主要做法是：脱脂废液在酸化池中加入硫酸，将废液 pH 值调至 3～4，破乳后再通入蒸汽搅拌，并在 40～60℃的温度下静置 2～3h，待油脂逐渐上浮形成油层后再进行油水分离。回收的油脂进入皂化池，加入 30% 的 NaOH 调 pH 值至 12，同时间接加热，沸腾 1h，再送入酸化池，加 H_2SO_4 酸化至 pH 值为 3～4，静置 2～3h 后放出澄清水至全厂废水处理系统的调节池。在水洗池中，用温水洗油脂 2～3 次，分离后得到混合脂肪酸。其脱脂工段废水处理工艺流程见图 10-5。

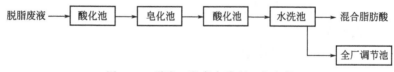

图 10-5　脱脂工段废水处理工艺流程

2. 准备工段（灰碱脱毛）

灰碱脱毛工艺使用的原料主要是 Na_2S 和石灰，其硫化物含量在 2000～4000mg/L，且 COD、悬浮物和浊度都很高，是制革工业主要的污染源之一。本工程采用的是化学沉淀法，即将脱毛废水先放入 pH 调节池内，加碱将废水 pH 值调至大于 7，然后，再进入加药反应池并加入 $FeSO_4$ 使之形成 FeS 沉淀，出水再进入出水池，待水质稳定后进入全厂调节池，其脱毛废液处理工艺流程见图 10-6。

脱毛废液 → pH调节池 → 加药反应池 → 出水池 → 全厂调节池

图 10-6　脱毛废液处理工艺流程

3. 铬鞣工段

铬鞣工段的含铬废液主要来自铬鞣工序和复鞣工序。由于铬鞣工序所使用的主要原料是红矾（重铬酸钾），用量为 6%，它的毒性很强，而这些红矾在生产中只使用 77% 左右，而多余的 23%左右会随排放的废铬液被带走，因此必须单独予以处理。

本工程所采用的处理废铬液的方法是碱沉淀法，主要做法是：铬鞣废液进入加碱反应池，当加入 NaOH 并将废液 pH 值调至 8～8.5 时，则发生 $Cr(OH)_3$ 沉淀，然后出水进入出水池进行水质稳定后，排入全厂调节池。其铬鞣废液处理工艺流程见图 10-7。

图 10-7　铬鞣废液处理工艺流程

4. 水质

由脱脂废水、脱毛废水、铬鞣废水和全厂其他废水组成的全厂综合废水、出水应达到的标准水质见表 10-8。

表 10-8　制革综合废水、出水应达到的标准水质

项目	COD	BOD	SS	油	S^{2-}	Cr	色度/倍	pH 值
综合废水/(mg/L)	2500	1200	270	180	48	5.8	300	8～10
出水/(mg/L)	100	30	50	10	0.5	<1.5	50	6～9

注：出水标准执行新建制革企业废水排放标准；pH 值无量纲。

5. 水量

制革综合废水水量见表 10-9。

表 10-9　制革综合废水水量

废水类别	设计水量	废水类别	设计水量
总废水量（远期）	5000m³/d	总废水量（近期）	4000m³/d
含铬废水	15m³/h	脱毛废水	25m³/h
脱脂废水	25m³/h	其他废水	140m³/h

6. 全厂综合废水处理

全厂综合废水处理工艺流程见图 10-8。

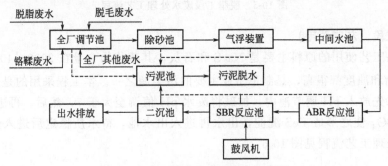

图 10-8　全厂综合废水处理工艺流程

7. 流程说明

① 脱脂废水、脱毛废水、铬鞣废水及全厂其他废水进入调节池进行水质和水量的均匀调节。为保证调节效果，调节池停留时间为 12h。

② 废水从调节池进入除砂池，此池的目的是将动物皮毛中的泥沙等固体颗粒去除。此池的主要参数是：流速 $u=0.25$m/s，停留时间 $t=30$s，池尺寸 7.5m×1m×1.2m（其中水

深 0.4m），泥沙斗容积 $V_泥 = 0.35m^3$。

③ 除砂池出水进入气浮装置，该装置的主要功能是去除废水中的油类物质和悬浮物。选用浅层气浮机，其规格为：处理规模 $Q = 110m^3/h$，气浮机 $\phi 6m$，反应罐 $\phi 2.1m \times 2.9m$，表面负荷 $q = 7m^3/(m^2 \cdot h)$，回流比 $R = 30\%$，共计 2 台。

④ 气浮出水进入中间水池，在此进行废水水质和水量的均匀稳定，为下一步进入生化处理系统做准备。

⑤ 中间水池出水进入 ABR 反应池，该池是一种厌氧处理水池，该池主要的作用是利用厌氧微生物将废水中高浓度的大分子有机物降解为低浓度的小分子有机物（原理可见第二章）。该池的主要参数为：废水停留时间 12h，有机负荷为 3.65kg COD/$(m^3 \cdot d)$，池尺寸为 $30m \times 24m \times 3.5m$，池中分两格，每格 12m，隔板按上流室和下流室间距 1:4 设计，共 52 块。池顶部设有沼气收集系统。为了提高处理效果及水质稳定，在池的入水端和出水端，池壁到隔板的距离适当增加。

⑥ ABR 池出水进入 SBR 好氧处理池，该池采用一种序批式活性污泥法，主要特点是：把活性污泥法的连续进水和出水方式改变为间歇运行方式，即间歇进水、间歇出水，使得该技术具有对水质水量变化适应性强、脱氮除磷好、可防止污泥膨胀、可不另设沉淀池等优点（具体原理可见本书第二章），因此，目前已被广泛应用在污水处理工程中。

该池设计成 2 个，每个尺寸为 $20m \times (30+5)m \times 5m$（宽×长×高）。其中，反应池池长 30m，生物选择器池长 5m，有机负荷 $L_S = 0.1kg BOD/(kg MLSS \cdot d)$。

反应池曝气时间 4h，沉降时间 1.67h，排出时间 2h。

每周期时间 $t = 4 + 1.67 + 2 = 7.67(h)$，定为 8h，每天 $\frac{24}{8} = 3$ 个周期。

进池 BOD 按 200mg/L，出池 BOD 按 30mg/L 设计（执行新建制革企业废水排放标准）。

8. 主要处理构筑物和设备设计计算

（1）调节池

混凝土结构，停留时间 12h，池容 $V = 208m^3/h \times 12h = 2496m^3$，选池尺寸 $V = 30 \times (12+12) \times 3.5 = 2520(m^3)$，池内分两格，每格宽 12m。池内装有预曝气蒸汽管，池底坡向沉淀坑，沉淀坑通向池外，以便排泥。

（2）除砂池

混凝土结构，按平流式设计。流速 V 按 0.25m/s、停留时间按 $t = 30s$ 设计，池长 $L = Vt = 0.25 \times 30 = 7.5(m)$。

池断面积：$A = \dfrac{Q_{max}}{0.25} = \dfrac{0.1}{0.25} = 0.4(m^2)$ （$Q_{max} = 208m^3/h = 0.06m^3/s$，取 $0.1m^3/s$）。

池宽：设为 1m，水深 $h = \dfrac{A}{B} = \dfrac{0.4}{1} = 0.4(m)$。

沉砂斗容积：$V_斗 = \dfrac{Q_{max}XT \times 86400}{K \times 10^6} = \dfrac{0.1 \times 30 \times 2 \times 86400}{1.5 \times 10^6} = 0.35(m^3)$。

池总高：$H = 0.3(超高) + 0.4(水深) + 约 0.5(沉斗高) = 1.2(m)$。

池尺寸：$7.5m \times 1m \times 1.2m(0.4m)$。

（3）气浮机

采用浅层式机械气浮机。机体直径 $\phi 6m$，2 台，每台处理水量 $Q = 110m^3/h$，表面负荷

$7m^3/(m^2 \cdot h)$，反应罐 $\phi 2.1m \times 2.9m$，主机功率 $N=3.3kW$，溶气泵 $N=17kW$，反应罐搅拌 $N=0.37kW$，加药泵 $N=1.1kW$，回流比 30%。

（4）中间水池

混凝土结构，停留时间 $t=0.5h$ 时，池容 $V=208 \times 0.5=104(m^3)$，选池尺寸 $10 \times 6 \times 2=120(m^3)$。

（5）ABR 反应池

钢筋混凝土结构，按停留 12h 设计，池容 $V=208 \times 12=2496(m^3)$，选为 $2500m^3$，池深选为 3.5m，池平面尺寸 $F=2500m^3 \div 3.5m=713m^2$，选尺寸为 $30m \times 24m \times 3.5m=2520m^3$，有机负荷 $1.84kg\ COD/m^3 \times 5000m^3/d \div 2520m^3=9200kg\ COD/d \div 2520m^3=3.65kg\ COD/(m^3 \cdot d)$。

池内设两格，每格 12m，设隔板 52 块，按上流室和下流室隔板间距为 4：1 布置。隔板下端做成 45°角形，以利于水流状态及处理效率。为进一步提高处理效果，在池进口和出口端适当放宽池壁与隔板间距离。池顶部设沼气集气罩及沼气回收装置。

（6）SBR 反应池

1）参数设定。

处理水量：$Q_S=5000m^3/d=208m^3/h$；

水温：10～20℃；

BOD：进水 200mg/L，出水 30mg/L（新建制革厂排放标准）；

BOD 负荷：$L_S=0.1kg\ COD/(kg\ MLSS \cdot d)$；

污泥浓度：$C_A=4000mg/L$；

反应池数：$N=2$；

反应池深：$H=5m$；

污泥界面以上最小水深：$\varepsilon=0.5m$；

排出比：$1/m=1/3$。

2）反应池运行周期各工序时间计算。

① 曝气时间

$$T_A=\frac{24 \times C_S}{L_S m C_A}=\frac{24 \times 200}{0.1 \times 4000 \times 3}=4(h)$$

② 沉降时间

a. 初期沉降速度

$$V_{max}=4.6 \times 10^4 \times C_A^{-1.26}=4.6 \times 10^4 \times 4000^{-1.26}=1.3(m/h)$$

b. 必要的沉降时间

$$T_S=\frac{H \times (1/m)+\varepsilon}{V_{max}}=\frac{5 \times (1/3)+0.5}{1.3}=1.67(h)$$

c. 排出时间：按 2h 计。

d. 一个周期时间。选曝气 4h，沉降 1.7h，排出 2h，一个周期 $=4+1.7+2=7.7(h)$，选一个周期 8h，一天的周期数 $n=\frac{24}{8}=3$。

3）反应池容积计算。

① 反应池容量：$V=\frac{m}{nN} \times Q_S=\frac{3}{3 \times 2} \times 5000=2500(m^3)$。

② 进水变化讨论。

设一个周期最大流量变动比为 $r=1.5$，超过一个周期进水量 ΔQ 与 V 的对比为 $\Delta Q/V=(r-1)/m=(1.5-1)/3=0.166$；

反应池修正容量 $V'=2500\times(1+0.166)=2915(m^3)$，取 $3000m^3$，反应池水深为 $5m$，则池面积为：$3000\div5=600$（m^2），反应池平面尺寸 $F=30m\times20m$。

4）生物选择器（按反应池面积 15% 计）。

生物选择器面积：$F_生=3000\times15\%=450$（m^2）；

生物选择器长 $=450\div20\div5=4.5(m)$，取 $L_生=5m$；

反应池尺寸（$30+5$）$m\times20m\times5.5m$［（反应池长＋生物选择器长）×反应器宽×反应池深］。

5）反应池水位。

排水结束时：$h_1=5\times\dfrac{1}{1.166}\times\dfrac{3-1}{3}=5\times0.85\times0.66=2.8(m)$；

基准水位：$h_2=5\times\dfrac{1}{1.166}=4.25(m)$；

高峰水位：$h_3=5m$；

溢流水位：$h_4=5+0.5=5.5(m)$；

污泥界面：$h_5=h_1-0.5=2.8-0.5=2.3(m)$。

6）需氧量。

需氧量按处理 1kg BOD 消耗 2kg 氧气计算，则：$O_D=5000\times200\times10^{-3}\times2=2000(kg\ O_2/d)$。

① 每池每周期需氧量

$O_D'=O_D/3=2000/3=667(kg\ O_2/周期池)$

曝气时间 4h，每小时需氧：$O_D667\div4=166.75(kg\ O_2/h)$。

② 曝气装置

a. 供氧能力。已知混合液水温 20℃，混合液 $DO=2mg/L$

$$R_0=\frac{O_D\times10.98}{1.024^{T_2-T_1}\alpha(\beta C_S-C_A)}\times\frac{760}{P}=\frac{166.75\times10.98}{1.024^{20-20}\times0.93\times(0.97\times10.98-2)}\times\frac{760}{760}=$$

$$\frac{1830.9}{0.93\times8.65}=\frac{1830.9}{8.05}=227.4(kg\ O_2/h)。$$

b. 鼓风曝气。

$$G_S=\frac{R_0}{E_A\rho O_W}\times100\times\frac{293}{273}\times\frac{1}{60}=\frac{227.4}{18\times1.293\times0.233}\times100\times\frac{293}{273}\times\frac{1}{60}$$

$$=41.95\times1.07\times\frac{1}{60}=74.8(m^3/min)。$$

选 3 台 37.4m³/min 风机（2 用 1 备）。

7）滗水器。

每池的排出负荷

$$O_D=\frac{Q_S}{NnT_D}\times\frac{1}{60}=\frac{5000}{1\times3\times2}\times\frac{1}{60}=\frac{833}{60}=13.8(m^3/min)=833(m^3/h)$$

每池内选一台潷水器，排出能力在最大流量比（$r=1.5$）时的排出能力为：

$$833\times1.5=1250(m^3/h)$$

9. 污泥浓缩池

污泥量计算，按 $10000m^3/d$ 产生 2t 干泥计，$Q=5000m^3/d$，产生 1t 干泥。

（1）湿泥量

$$V_2=\frac{\Delta X(\text{干泥量})}{(1-P)\times1000}=\frac{1000}{(1-99.2\%)\times1000}=\frac{1000}{8}=125(m^3/d)=5.2(m^3/h)$$

（2）池面积

$$A=\frac{QC}{M} \tag{10-3}$$

式中 Q——湿泥量（V_2），m^3/d；

  M——固定通量，选 $27kg/(m^2\cdot d)$；

  C——湿泥固体浓度，kg/m^3。

$$C=(1-P)\times1000=(1-0.992)\times1000=8(kg/m^3)$$

$$A=\frac{125\times8}{27}=\frac{1000}{27}=37(m^2)$$

选污泥浓缩池尺寸：$8m\times5m\times4.7m$（长×宽×深）。

（3）池高

取 $T=24h$：

① $h_1=\frac{TQ}{24A}=\frac{24\times125}{24\times37}=\frac{3000}{888}=3.3(m)$；

② 超高：$h_2=0.3m$；

③ 缓冲层：$h_3=0.3m$；

④ 底坡高：$h_4=8\times0.01=0.8(m)$；

⑤ 池总高：$H=h_1+h_2+h_3+h_4=3.3+0.3+0.3+0.8=4.7(m)$。

10. 二沉池

选用辐流式二沉池，表面负荷 $q=1.2m^3/(m^2\cdot h)$。

① 池表面积：$A=\frac{Q}{q}=\frac{208}{1.2}=173.3(m^2)$。

② 池直径：$D=\sqrt{\frac{4\times A}{\pi}}=\sqrt{\frac{4\times173.3}{3.14}}=\sqrt{\frac{693.2}{3.14}}=\sqrt{220.76}=14.85(m)$，取 16m。

③ 沉淀部分水深：$h_2=qT=1.2\times1.5=1.8(m)$（停留时间 T 选 1.5h 时）。

④ 池底落差（$i=0.05$）：$h_4=i\times\left(\frac{D}{2}-2\right)=0.05\times\left(\frac{16}{2}-2\right)=0.3(m)$。

⑤ 池周边有效水深：$H_0=h_2+h_3+h_5=1.8+0.5+0.3=2.6(m)$（式中，$h_3$ 为缓冲层高，h_5 为刮板高）；

校核：$D/H=16/2.6=6.15$，符合 $D/H=6\sim12$ 规定。

⑥ 池总高 $=H_0+h_4+h_1=2.6+0.3+0.3=3.2(m)$（式中 h_1 为池超高）。

11. 主要构筑物和设备

（1）主要构筑物

主要构筑物见表 10-10。

表 10-10 主要构筑物

序号	名称	规格	结构形式	单位	数量	备注
一、脱脂工段						
1	酸化池	5m×3m×3m	钢筋混凝土	座	1	
2	皂化池	5m×3m×3m	钢筋混凝土	座	1	
3	酸化池	5m×3m×3m	钢筋混凝土	座	1	
4	水洗池	5m×3m×3m	混凝土	座	1	
二、准备工段（灰碱脱毛）						
1	pH 调节池	8m×4m×3m	钢筋混凝土	座	1	
2	加药反应池	8m×4m×3m	混凝土	座	1	
3	出水池	5m×3m×2m	混凝土	座	1	
三、铬鞣工段						
1	加碱反应池	4m×3m×3m	钢筋混凝土	座	1	
2	出水池	5m×3m×2m	混凝土	座	1	
四、综合废水处理						
1	全厂调节池	30m×(12+12)m×3.5m	混凝土	座	1	
2	除砂池	7.5m×1m×1.2m	混凝土	座	1	
3	气浮间	18m×10m×5m(高)	简易	座	1	
4	中间水池	8m×4m×2.5m	混凝土	座	1	
5	ABR 反应池	30m×(12+12)m×3.5m	钢筋混凝土	座	1	
6	SBR 反应池	20m×(30+5)m×5.5m	钢筋混凝土	座	1	
7	二沉池	ϕ16m×3.2m	混凝土	座	1	
8	污泥池	8m×5m×4.7m	混凝土	座	1	
9	脱水机房	14m×8m×5m(高)	简易	座	1	

（2）主要设备

主要设备见表 10-11。

表 10-11 主要设备

序号	名称	规格	使用地点	单位	数量	备注
一、脱脂工段						
1	加酸装置		酸化池	套	9	
2	潜污泵	FYS 型	酸化池	台	9	耐酸泵
3	加热设备		酸化池	套	1	蒸汽加热
4	加碱装置		酸化池	套	1	
5	潜污泵	QW 型	水洗池	台	1	废水送至调节池
二、准备工段（灰碱脱毛）						
1	加碱装置		pH 调节池	套	1	
2	加药装置		加药反应池	套	1	

序号	名称	规格	使用地点	单位	数量	备注
3	潜污泵	FYS型	加药反应池			
4	潜污泵	QW型	出水池			废水送至调节池
三、铬鞣工段						
1	加碱设备		加碱反应池	套	1	
2	潜污泵	FYS型	加碱反应池	台	1	
3	潜污泵	QW型	出水池	台	1	
四、综合废水处理						
1	加热装置		调节池	套	1	
2	潜污泵	QW型	调节池	台	1	
3	除砂泵	PNL型	除砂池	台	1	
4	潜污泵	QW型	除砂池	台	3	2用1备
5	浅层气浮机	QF型	气浮间	套	2	
6	潜污泵	QW型	中间水池	台	1	
7	隔板		ABR池	块	52	
8	沼气收集系统		ABR池			包括集气罩、输气管等
9	潜污泵	QW型	ABR池	台	1	
10	曝气系统	D192E=18%	SBR池	套	500	
11	搅拌器	N=2.2kW	SBR池	台	4	
12	污泥回流泵	WQ型	SBR池	台	2	
13	剩余污泥泵	WQ型	SBR池	台	2	
14	滗水器	XB-1200	SBR池	台	2	每池1台
15	鼓风机	RO-150	鼓风机房	台	3	2用1备
16	刮泥机	旋臂式	二沉池	台	1	
17	防污泵	WQ型	二沉池	台	1	
18	防污泵	WQ型	污泥池	台	1	
19	污泥脱水机	B=1m	脱水机房	单台	2	
20	加药装置		脱水机房	套	1	
21	污泥输送机	皮带输送机	脱水机房	台	1	
22	电气及自控系统			套	1	
23	管道、仪表、阀门			套	4	脱脂、脱毛、鞣革及综合废水系统各一套

第十一章

电镀废水处理技术与工程实践

第一节 ▶ 概述

电镀厂主要集中在轻工、机电、电子仪表等工业系统。其中轻工系统占的比例最高，主要集中在自行车、缝纫机、钟表、日用五金、家电等行业。

电镀作业不仅镀层种类繁多，而且生产工艺也各不相同。因此，电镀过程中所产生的废水种类、化学组成也是各不相同的。电镀废水的来源大体可分为前处理废水、镀层漂洗废水、镀层后处理废水以及废镀液、废退镀液等电镀废液四类。

1. 前处理废水的基本特性

电镀件的前处理包括整平表面、化学或电化学除油污、酸洗或电化学方法除锈以及镀件的活化处理等。

除油过程常用碱性化合物，如 $NaOH$、Na_2CO_3 等。油污特别严重的零件有时需先用煤油、汽油或三氯乙烯等有机溶剂去除，再用碱性化合物除油。为了去除某些矿物油，有时需要加一定量的乳化剂，如 OP 乳化剂、AE 乳化剂等。因此，除油过程产生的清洗废水及更新液都是碱性废水，并含有油类及其他有机化合物。

酸洗除锈常用盐酸和硫酸，为了防止镀件基体的腐蚀，常加入某些缓蚀剂，如硫脲、磺化煤焦油等。镀件表面的活化常用浓度为 10％左右的酸溶液。酸洗除锈过程产生的清洗水一般酸度都较高，并含有重金属离子和有机添加剂。

2. 镀层漂洗废水的特性

镀层漂洗废水是电镀作业中污染的主要来源，主要污染物为重金属离子。

由于电镀液的主要组分是金属盐和络合物，包括各种金属的硫酸盐、氯化物、氰化物、氯化铵、焦磷酸盐等。另外，为了改善镀层性质，往往在镀液中添加某些有机化合物，如：作为光亮剂的有机精，香草醛作为整平剂的香豆素、硫脲等。所以，镀件漂洗废水中除含有重金属离子外，还含有少量的有机物。

漂洗废水排放量以及重金属离子的种类与浓度随着镀件的物理形状、电镀液的配方、漂洗方法以及电镀操作的管理水平等诸多因素而变。特别是漂洗工艺对废水中重金属浓度影响很大，并直接影响到资源的回收和废水的处理效果。

镀层漂洗水大体上可分为含铬废水、含氰废水、含锌废水、混合电镀废水等。各种漂洗废水中主要污染物见表 11-1。

表 11-1　各种漂洗废水中主要污染物

镀种	镀液名称	废水中的金属离子/(mg/L)
铬	普通镀铬	50～150
	低铬镀铬	20～50
	高铬镀铬	150～300
	镀硬铬	100～150
锌	氰化镀锌吊镀	20～50
	氰化镀锌滚镀	200～400
	氨三乙盐镀锌吊镀	10～40
	氨三乙盐镀锌滚镀	150～200
	锌酸盐镀锌	5～20
镍	普通镀镍	20～40
	光亮镀镍	40～80
铜	氰化镀铜	30～60
	焦磷酸盐镀铜	20～40
	硫酸镀铜	30～80
	HEDP 镀铜	2～10
氰化镀银	一般镀银	10～40
	光亮镀银	20～60
镉	氨三乙盐镀镉吊镀	10～30
	氨三乙盐镀镉滚镀	100～200
	氰化镀镉吊镀	10～20
	氰化镀镉滚镀	100～200
铜锡合金	氰化镀铜锡合金	Cu:10～40;Sn:10～70
	焦磷酸-锡酸盐镀 Cu-Sn 合金	Cu:5～20;Sn:20～30

3. 镀层后处理废水的特性

镀层后处理主要包括漂洗后的钝化、不良镀层的退镀以及其他特殊的表面处理。后处理过程中同样产生大量的重金属废水，如：镀锌层的钝化、镀银层的浸亮和镀铬层的着色等，这些工艺常采用一定浓度的铬酐、硫酸、硝酸和氢氟酸等，因此，也会产生含酸废水。

一般电镀厂由于不良镀层及挂具上镀层的退除，会碰到不良镀层的退除问题，而这退除废水中，组分亦十分复杂，一般来说，常含有 Cr^{6+}、Cu^{2+}、Ni^{2+}、Zn^{2+}、Fe^{2+} 等金属离子和 H_2SO_4、HCl、NaOH、Na_2CO_3 等酸碱盐物质，有时还会有甘油、氨三乙酸等有机物质。有些镀层亦采用氰化物退镀（目前已较少使用）。

总体来说，镀层后处理废水复杂多变，水量也不稳定，一般都是与混合废水或酸碱废水合并处理。

4. 电镀废液

在电镀、钝化、退镀等电镀作业中，常遇到由于槽液长期使用，积累了许多其他金属离子，或由于某些添加剂的破坏及某些有效成分比例失调等原因而影响镀层或钝化层质量的现象。为了控制和解决这些现象的发生，一般电镀厂是采用或是将槽液丢弃一部分，补充新镀液，或是干脆将镀液全部弃去，更换新镀液。这些废弃的镀液，重金属离子浓度非常高，是电镀行业重要的污染源之一，给电镀废水治理带来了复杂性和艰巨性。几种电镀废液的组分见表 11-2。

表 11-2　几种电镀废液的组分

废液种类	主要组分/(g/L)							
	Cr^{6+}	Cr^{3+}	Cu^{2+}	Fe^{3+}	Zn^{2+}	Cd^{2+}	Ni^{2+}	总 N^-
镀铬废液	90～120	3～20	1～5	2～20	<3	—	<3	—
氰化镀铜废液	—	—	60～70	—	—	—	—	80～90
中铬钝化废液	8～40	1～5	—	<1	1～10	—	—	—
电解退铜废液	180	10～20	40～50	1～2	—	—	—	—

第二节 ▶ 电镀废水常规处理技术

一、概述

电镀废水治理的基本思路应该是：首先应采用先进无毒的电镀工艺，以尽量减少电镀废水和废物的产生；其次是应尽量采用先进的漂洗工艺，以节约用水，并减少和减轻污染物的排放量；最后应考虑先进适用的废水处理技术。

一般情况下，电镀废水处理在首先考虑无毒或少毒的电镀工艺前提下，应该做好以下几方面的工作：①能采用逆流漂洗工艺的应尽量予以采用，以节约用水并减轻废水的排放；②含铬废水处理，包括镀铬漂洗水、各种钝化漂洗水和塑料电镀粗化工艺漂洗水等；③含氰废水处理，主要包括氰化镀铜、锌、镉、银、铜锡合金的废水；④贵金属电镀废水处理，主要包括镀金、银、镍漂洗水；⑤混合电镀废水处理，主要包括镀件前处理的酸碱废水，铬系及氰系以外的其他漂洗废水，小型电镀厂一般把含 Cr^{6+} 废水还原至 Cr^{3+} 后及含 CN^- 废水破氰后都归入混合水一并处理；⑥电镀废液处理；⑦电镀污泥处理与利用。

现就上述问题分别叙述如下。

二、关于逆流漂洗

1. 概念

所谓逆流漂洗是指，在电镀槽后设 1 个至 3～4 个漂洗槽，镀体被镀后，进入电镀槽后的第一个漂洗槽，然后再进入第二个、第三个直至最后一个漂洗槽后完成电镀作业。而漂洗槽中水的流向与之相反，即清水由最后一个漂洗槽进入，然后溢出进入倒数第二个漂洗槽，然后再进入倒数第三个漂洗槽，以此类推。即镀件的运动方向与水的运动方向相反，呈逆流漂洗状态，称为电镀的逆流漂洗技术。

逆流漂洗是一种从改革漂洗工序着手的电镀废水治理技术。它不但能有效防止和减少电镀废水污染，而且还能够做到水的回用和化工原料的节省使用，实现了电镀漂洗水的闭路循环，是一项重要的和实用的电镀废水处理技术。

2. 分类

逆流漂洗一般分为连续逆流漂洗和间歇逆流漂洗两种。所谓连续逆流漂洗是指镀件由镀槽处理后，从第一个漂洗槽向后移动，完成清洗，而清洗水是从最后一个（级）清洗槽连续向前槽移动并完成清洗；而间歇逆流漂洗是指各漂洗槽清洗时，平时不补新水，清洗一段时间后，把第一个（级）清洗槽内水抽走，然后将第二个清洗槽内清洗水抽到第一个（级）清洗槽，第三个槽内清洗水再抽到第二槽，以此类推。

抽水时间间隔的长短，取决于末级清洗槽内的水质要求及清洗槽数量的设定等因素。显然，镀件带出液多的和不易清洗的，需要更多的清洗槽和更短的换水时间，因此，逆流漂洗只有在清洗级数不太多、换水时间不太短的条件下才能使用。所以，一般情况下，形状简单又便于清洗的零件才适宜使用此法，再加上此法的操作和控制也较为麻烦，因此，此种方法在实际工程中的推广会受到一定的限制。

3. 逆流漂洗的设计计算

通常情况下，一般电镀厂使用连续式逆流漂洗方法较多。根据逆流漂洗系统水量平衡原理，可得出连续逆流漂洗水量计算公式为：

$$Q = q \sqrt[n]{\frac{C_o}{C_n}} \tag{11-1}$$

式中　Q——漂洗水量，L/h；

　　　q——镀件带出量，L/h；

　　　C_o——镀槽内浓度，g/L；

　　　C_n——末级槽内要求浓度，mg/L；

　　　n——漂洗槽级数。

【例 11-1】 已知镀槽内浓度：$C_o = 280$g/L，末槽（第三槽）要求浓度为 30mg/L，镀件带出量 $q = 1.2$L/h，漂洗槽共 3 级（$n = 3$），求漂洗水量。

解：带入公式　$Q = q \sqrt[3]{\frac{C_o}{C_n}} = 1.2 \times \sqrt[3]{\frac{280}{0.03}} = 1.2 \times 21.1 = 25$(L/h)

另外，已知镀槽内浓度、镀件带出量和漂洗槽容积和槽数，可用下式求出每级槽内浓度。

$$C_n = \frac{C_o}{\left(\frac{V}{q}\right)^n} \tag{11-2}$$

式中　C_o——镀槽内浓度，g/L；

　　　V——漂洗槽容积，L；

　　　q——镀件每次带出量，L；

　　　n——漂洗槽级数。

【例 11-2】 已知镀槽内浓度 $C_o = 250$g/L，漂洗槽容积 $V = 3000$L，镀件每次带出量 $q = 10$L，漂洗槽级数 $n = 3$，求每级内镀液浓度。

解：代入公式：$C_n = \frac{C_o}{\left(\frac{V}{q}\right)^n}$

第一级漂洗槽：$C_1 = \frac{250}{\left(\frac{3000}{10}\right)^1} = \frac{250}{300} = 0.83$(g/L)

第二级漂洗槽：$C_2 = \frac{250}{\left(\frac{3000}{10}\right)^2} = \frac{250}{90000} = 0.0027$g/L = 2.7 (mg/L)

第三级漂洗槽：$C_3 = \dfrac{250}{\left(\dfrac{3000}{10}\right)^3} = \dfrac{250}{27000000} = 0.009 \ (\text{mg/L})$

三、含铬废水处理

铬是一种微带天蓝色的银白色金属，其硬度很高，有时可以超过最硬的淬火钢，因而耐磨性能好。钝化后，其表面会产生一层极薄的钝化膜，其钝化废水是电镀废水处理的主要内容之一。为了搞好电镀废水处理，有必要弄清镀铬溶液的组成及工艺条件，镀铬溶液的组成可见表 11-3。

表 11-3　镀铬溶液的组成

溶液组成及工艺条件	低浓度	中浓度	标准	高浓度
铬酐(CrO_3)/(g/L)	80～120	150～180	250	300～350
硫酸(H_2SO_4)/(g/L)	0.8～1.2	1.5～1.8	2.5	3～3.5
三价铬(Cr^{3+})/(g/L)	<2	1.5～3.6	2～5	3～7
氟硅酸(H_2SiF_6)/(g/L)	1～1.5			
温度/℃	55±2	55～60	50～60	48～55
阴极电流密度/(A/dm²)	30～40	30～50	48～55	15～35
阴极材料	铅锡合金(Sn<5%)	铅锑合金	铅或铅锑合金	铅或铅锑合金
应用范围	装饰铬及硬铬	硬铬	装饰铬或硬铬	装饰铬

含铬废水处理，一般有化学法、电解法、离子交换法及其他方法。下面就有关方法简述如下。

1. 化学法

电镀废水中六价铬主要是以 CrO_4^{2-} 和 $Cr_2O_7^{2-}$ 两种形式存在（在酸性条件下是以 $Cr_2O_7^{2-}$ 形式存在，而在碱性条件下是以 CrO_4^{2-} 形式存在）。电镀废水处理一般是将废水中的六价铬还原为三价铬。而在酸性条件下（pH<4）时，反应较快，常用的还原剂有：亚硫酸盐、硫酸亚铁、二氧化硫、水合肼、铁屑铁粉等。还原后的 Cr^{3+} 通常以 $Cr(OH)_3$ 形式沉淀，沉淀最佳的 pH 值为 7～9。下面就常用的亚硫酸盐还原法、硫酸亚铁还原法和铁氧体法一一做叙述。

（1）亚硫酸盐法

1）目前，一般电镀厂含铬废水，亚硫酸盐法处理常用的还原剂为亚硫酸钠或亚硫酸氢钠，也有用焦亚硫酸钠的，但实际上焦亚硫酸钠溶解于水后，也会水解为亚硫酸氢钠，反应式如下：

$$Na_2S_2O_5 + H_2O == 2NaHSO_3$$

亚硫酸钠和亚硫酸氢钠与六价铬反应式如下：

$$2H_2CrO_4 + 3Na_2SO_3 + 3H_2SO_4 == Cr_2(SO_4)_3 + 3Na_2SO_4 + 5H_2O$$
$$4H_2CrO_4 + 6NaHSO_3 + 3H_2SO_4 == 2Cr_2(SO_4)_3 + 3Na_2SO_4 + 10H_2O$$

还原后用 NaOH 中和（pH=7～8），使 Cr^{3+} 生成 $Cr(OH)_3$ 沉淀，然后过滤回收铬污泥，反应式如下：

$$Cr_2(SO_4)_3 + 6NaOH == 2Cr(OH)_3 \downarrow + 3Na_2SO_4$$

采用 NaOH 中和所生成的 $Cr(OH)_3$ 纯度较高，可回收利用。若为节约投资采用石灰中和，则生成的泥渣量大，不便于回收，操作管理不便。

2）亚硫酸盐还原法的工艺参数如下

① 废水中的六价铬浓度一般控制在 100～1000mg/L。

② 废水 pH 值应控制在 2.5～3（如 CrO_3 浓度＞0.5g/L 时，pH 值要控制在 1）。

③ 还原剂用量与 Cr^{6+} 浓度和还原剂类型有关，在通常情况下，还原剂理论用量为（质量比）：

亚硫酸氢钠：六价铬＝4:1；

焦亚硫酸钠：六价铬＝3:1；

亚硫酸钠：六价铬＝4:1。

投料比不宜过大，否则既浪费药剂，又可能生成 $[Cr_2(OH)_2SO_3]$，导致沉淀不下来。

④ 还原反应时间一般为 30min。

⑤ 氢氧化铬沉淀 pH 值控制在 7～8。

⑥ 沉淀可用 NaOH（一般浓度为 20%）、碳酸钠或石灰。

（2）硫酸亚铁还原法

1）硫酸亚铁还原法处理含铬废水是一种成熟的、用得较多的方法。由于药剂和石灰来源容易，成本亦较低。特别是使用钢铁酸洗废液形成硫酸亚铁时更是如此。

硫酸亚铁中主要是亚铁离子起还原作用，在酸性条件下（pH＝2～3）其还原反应式如下：

$$H_2Cr_2O_7+6H_2SO_4+6FeSO_4 \Longrightarrow Cr_2(SO_4)_3+3Fe_2(SO_4)_3+7H_2O$$

应当注意，用硫酸亚铁还原六价铬，最终废水中同时含有 Cr^{3+} 和 Fe^{3+}，所以中和沉淀时，Cr^{3+} 和 Fe^{3+} 一起沉淀，所得到的污泥是铬和氢氧化物的混合污泥。而采用廉价的石灰乳进行中和时，所沉淀的污泥中还会有 $CaSO_4$ 沉淀物，其反应式如下：

$$Cr_2(SO_4)_3+3Ca(OH)_2 \longrightarrow 2Cr(OH)_3 \downarrow +3CaSO_4 \downarrow$$

因此，硫酸亚铁还原法所产生的污泥量是亚硫酸盐法产生的污泥量的 3 倍，所以，该法基本上没有回收利用价值，污泥尚需妥善处理，以防止二次污染，这也是该方法的最大缺点。

2）硫酸亚铁还原法的主要工艺参数。

① 废水六价铬浓度为 50～100mg/L。

② 还原反应时，废水 pH 值应控制在 1～3。

③ 硫酸亚铁的投料比，可参考表 11-4。

表 11-4 硫酸亚铁的投料比

废水中 Cr^{6+} 浓度/(mg/L)	<20	<5	<100	>100
投料比 Cr^{6+}：$FeSO_4 \cdot 7H_2O$	1:50	1:30	1:25	1:16

从表 11-4 中可以看出，硫酸亚铁的用量与废水中 Cr^{6+} 的浓度有关，Cr^{6+} 浓度越低，投料比越大。

④ 还原剂用量一般可控制在 Cr^{6+}：$FeSO_4 \cdot 7H_2O$＝1:(25～30)。

⑤ 中和剂石灰的用量一般可控制在 Cr^{6+}：$Ca(OH)_2$＝1:(8～15)。

⑥ 中和反应时，pH 值为 7～9。

⑦ 还原反应时间一般不少于 30min。

（3）铁氧体法

1）铁氧体法实质上是硫酸亚铁法的演变与发展。其主要做法是首先投加亚铁盐还原六价铬，加碱调 pH 值沉淀后，需要再加热（60～80℃），并进行长时间曝气充氧。形成的铬铁氧体沉淀属尖晶石结构，Cr^{3+} 占据了部分 Fe^{3+} 位置，而其他二价金属阳离子占据部分 Fe^{2+} 的位置，即进入到铁氧体的晶格中。由于进入晶格的三价铬离子极为稳定，在自然条件或酸性和碱性条件下都不为水所浸出，因而不会造成二次污染，从而便于污泥的处置。国内有的单位曾利用电镀废水治理所产生的铁氧体制成磁性材料或合成氨工业使用的催化剂。但由于电镀废水复杂多变，产品性能较难稳定，再加上综合利用的渠道尚不通畅，因此，在推广上尚有一定难度。

2）铁氧体法的工艺条件。

① 硫酸亚铁投加量。一般可按 $FeSO_4 \cdot 7H_2O：CrO_3 = 16：1$ 考虑，具体投加量可参照表 11-5。

表 11-5　硫酸亚铁投加量

序号	废水中含 Cr 浓度/(mg/dm³)	投量比(质量比)Cr：$FeSO_4 \cdot 7H_2O$
1	<25	1：(40～50)
2	25～50	1：(35～40)
3	50～100	1：(30～35)
4	>100	1：30

② 通气量。

a. 当废水含铬浓度在 $25mg/dm^3$ 以下时，由于废水中的溶解氧已足以使投入的 Fe^{2+} 氧化成 Fe^{3+}，因此，可以不通入空气；

b. 当废水含铬浓度在 $25～50mg/dm^3$ 时，通气时间为 5～10min；

c. 当废水含铬浓度在 $50mg/dm^3$ 以上时，通气时间为 10～20min。

③ 加热温度。由于铁氧体制作时温度是一个重要因素，它会影响到尖晶石结构的形成，为节约能耗，操作时可将沉淀后上清液排出，只对污泥部分加热，当温度上升到 40℃以上时，颜色会突变为棕褐色，沉淀分离快。

加热方式一般采用蒸汽直接加热（也可用车间废蒸汽），温度一般应控制在 60～80℃（70℃±5℃较好）。

④ 加碱（NaOH）沉淀，pH=8～9（不能用石灰中和）。

2. 电解法

① 电解还原法处理含铬废水是利用铁板作阳极，在电解过程中，溶解生成 Fe^{2+}，并在酸性条件下，Fe^{2+} 将 Cr^{6+} 还原成 Cr^{3+}。同时，由于阴极上析出氢气，使废水 pH 值逐渐上升，最后呈中性。此时 Cr^{3+} 和 Fe^{3+} 都以氢氧化物沉淀析出，达到废水净化的目的。其反应式如下。

阴极反应：$Fe \longrightarrow Fe^{2+} + 2e^-$

生成的 Fe^{2+} 和 Cr^{6+} 反应：

$Cr_2O_7^{2-} + 6Fe^{2+} + 14H^+ \longrightarrow 2Cr^{3+} + 6Fe^{3+} + 7H_2O$

$Cr_2O_4^{2-} + 3Fe^{2+} + 8H^+ \longrightarrow 2Cr^{3+} + 3Fe^{3+} + 4H_2O$

阴极反应：$2H^+ + 2e^- \longrightarrow H_2 \uparrow$

② 技术条件和设计参数可见表 11-6。

表 11-6 技术条件和设计参数

序号	项目	技术条件和参数	备注
1	处理水量/(m³/h)	不宜大于 10	若水量较大,可采用多个电解槽
2	进水含 Cr 浓度/(mg/L)	50~200	
3	进水 pH 值	4~6.5	
4	调节池容积/m³	按停留 2~8h 计算	
5	电解槽及电极材料	普通碳钢(厚 3~5mm)	
	极板间距/mm	5~10	
	供电线与极板连接方式	双极式	
	极水比/(dm²/L)	2~3	
	极板消耗量(Cr⁶⁺)/(g/g)	4~5	还原 1g Cr⁶⁺量(理论值 3.09)
	电压/V	<60	应符合国家规定
	电流密度/(A/dm²)	0.15~0.3	
	电解时间/min	进水含 Cr⁶⁺浓度为 50~100mg/L 时:10~20;小于 50mg/L 时:5~10	
6	电解出水含 Cr 浓度/(mg/L)	≤0.5	
	电解出水 pH 值	6~8	
7	进水 pH 值	7~9	废水中含镉时,调至 10
	水平沉淀槽停留时间/h	2	污泥室容积按废水量 5%~10%计
	斜板(管)沉淀池上升流速/(mm/s)	1~2	
	斜板(管)沉淀槽表面负荷/[m³/(m²·h)]	4~5	
8	气浮槽进水 pH 值	8~9	当废水含镉时,pH 值应调至 10 左右
	进水 SS/(mg/L)	<600	
	停留时间/min	30	
	溶气水比/%	30 左右	
	溶气水压力/kPa	300~500	
	聚丙烯酰胺投加量/(g/m³)	1.5~2	将阴离子聚丙烯酰胺配制成 0.1%
	处理 1m³ 浓度为 100mg/L 废水污泥干重/(kg/m³)	1	

3. 离子交换法

(1) 概念

离子交换法是指废水与离子交换剂(树脂)接触时,发生固-液间离子相互交换的过程。离子交换剂是一种不溶于溶液同时又能与溶液中电解质进行离子交换反应的物质,它是由骨架和交换基团组成的。离子交换剂的种类见图 11-1。

(2) 离子交换剂(树脂)的性能

物理性能和化学性能见本书第二章有关章节。

(3) 离子交换装置的设计

1) 设计内容。

①首先根据用户要求,确定设计水量并了解处理废水的水质和出水水质;②经研究分析

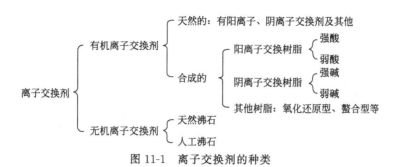

图 11-1　离子交换剂的种类

确定处理工艺及处理系统（包括设备选择）；③设计计算处理系统中各种设备的规格型号及树脂用量、交换柱工作周期、反洗水量、再生剂耗量等有关技术、经济指标。

2）离子交换设备设计。

① 设备总工作面积：
$$F = \frac{Q}{V} \tag{11-3}$$

式中　Q——设备总产水量，m^3/h；

　　　V——设备水流速度，m/h。

一般情况下，阳床的流速为 20m/h（最大可达 30m/h）；混合床流速为 40m/h（最大可达 60m/h）。

② 一台设备工作面积：
$$f = \frac{F}{n} \tag{11-4}$$

式中，n 为设备台数（一般不少于 2 台）。

③ 设备直径：
$$D = \sqrt{\frac{4f}{\pi}} = 1.13\sqrt{f} \tag{11-5}$$

式中，D 为设备直径，m。

④ 一台设备一个周期离子交换容量（E_C）：$E_C = QC_0T$ \tag{11-6}

式中　Q——一台设备产水量，m^3/h；

　　　C_0——进水浓度；

　　　T——一个周期时间，h。

⑤ 一台设备树脂装填量（V_R）：
$$V_R = \frac{E_C}{E_0} \tag{11-7}$$

式中，E_0 为树脂交换容量。

⑥ 反冲水量：
$$q = V_2 f \tag{11-8}$$

式中　V_2——反冲流速，m/h（阳树脂 15m/h；阴树脂 6~10m/h）；

　　　f——反冲洗面积，m^2。

⑦ 反冲耗水量
$$q_2 = \frac{V_2 f t}{60} \tag{11-9}$$

式中，t 为反冲时间，min（一般 15min）。

⑧ 再生剂需要量：
$$G = \frac{V_R E_0 N n}{1000} = \frac{V_R E_0 R}{1000} = V_R L \tag{11-10}$$

式中　V_R——1 台交换柱中树脂体积，m^3；

　　　E_0——树脂交换容量；

n——再生剂比耗；

N——再生剂当量；

R——再生剂耗量；

L——再生剂用量，kg/m^3。

求得 G 后，再根据再生剂实际含量，计算再生剂用量：$G_G = \dfrac{G}{\varepsilon} \times 100\%$，式中 ε 为含量比。

(4) 离子交换法处理含铬废水

① 由于电镀废水中六价铬是以阴离子状态存在，因此，可用 OH 型阴离子交换树脂去除。另外要注意的是：废水中除了 CrO_4^{2-}、CrO_7^{2-} 外，还存在 SO_4^{2-}、Cl^- 等其他阴离子，某些钝化清洗水还存在 NO_2^- 等阴离子，这些阴离子同样也能与阴离子交换树脂交换。所以，废水在进入阴柱之前应进入酸性阳柱，以去除废水中的重金属离子和其他阳离子，同时还可将废水的 pH 值调整为酸性（一般 pH 值为 3～3.5），使废水中的六价铬转为 $Cr_2O_7^{2-}$，为进入阴柱创造条件。

② 含铬废水用离子交换法处理有两种工艺，一种是双阴柱（或三阴柱）串联全饱和工艺，另一种是逆流漂洗—离子交换—蒸发浓缩组合工艺，但由于后者需蒸发浓缩设备，技术复杂且投资大，因此，目前已基本不再采用。目前常用的是双阴柱（或三阴柱）串联工艺，见图 11-2。

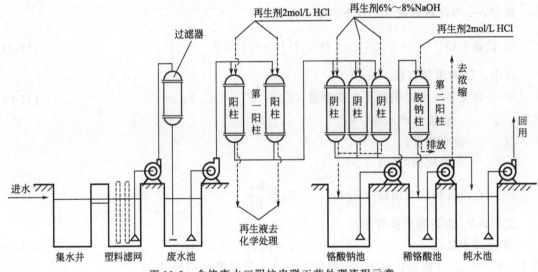

图 11-2　含铬废水三阴柱串联工艺处理流程示意

流程介绍：废水经集水井进入塑料滤网，以去除废水中较大颗粒、杂质，然后在废水池中用泵抽至第一阳柱，在这里将对废水中的金属离子与其他阳离子进行交换，并将 pH 值为 5～6 的废水，降为 pH=3 左右。然后，废水再进入双阴柱（或三阴柱）对铬离子进行交换，当第一阴柱铬含量达到 0.5mg/L 时，进入第二阴柱，这时由于第一柱的饱和，用 NaOH 溶液再生，而阳柱饱和后用 2mol/L 的盐酸再生。阴柱的再生洗脱液可通过第二阳柱的脱钠柱处理后回收铬酸。

③ 含铬废水离子交换法处理主要设计参数见表 11-7。

表 11-7　含铬废水离子交换法处理主要设计参数

工序		项目	技术条件或参数	备注
交换	进水	含 Cr^{6+} 浓度/(mg/L)	≤200	循环水,补充水宜用除盐水
		含悬浮物浓度/(mg/L)	≤10	
		pH 值	>4	
	除铬阴柱	阴离子交换树脂和工作交换容量/[g(Cr^{6+})/L(R)]	大孔型树脂:60~70	710、D370、D301 树脂
			凝胶性树脂:40~45	717 树脂
		交换流速(V)/(m/h) 空间流速(V)/(L/[L(R)·h])	≤20 ≤30	酸性阳柱、除酸阴柱均相同
		树脂层高度(H)/m	0.6~1	酸性阳柱、除酸阴柱相同,脱钠阳柱为 0.8~1.2m
		控制出水终点指标	第1除铬阴柱进出水 Cr^{6+} 浓度基本相等	
	酸性阳柱	阳离子交换树脂工作交换容量/[meq/L(R)]	1200~1300	732 树脂
		树脂用量与除铬阴树脂(单柱)的体积比(阴:阳)	镀铬废水1:1,钝化、混合含铬废水1:2	当废水阳离子浓度资料缺乏时,用此比值估算
		控制出水终点指标	出水 pH=3~3.5	或控制出水电阻率≥$2×10^4Ω·cm$
	除酸阴柱	树脂用量与除铬阴树脂(单柱)的体积比(除铬:除酸)	镀铬废水1:1,钝化、混合含铬废水1:2	Cr^{6+} 浓度当水循环使用时,可根据清洗要求提高,但不宜大于20mg/L
		控制出水终点指标	出水 pH=5,Cr^{6+}≤0.5mg/L	
	脱钠阳柱	每升强酸阳离子树脂每周期可交换除铬阴柱再生洗脱液量/[L/L(R)]	0.7~0.9	732 树脂
		每周期处理除铬阴柱再生洗脱液量	为除铬阴柱和树脂体积的1~5 倍	每周期脱钠阳柱工作1~2 次
		交换空间流速/(L/[L(R)·h])	约4	$V=2.4~4m/h$
再生	除铬除酸阴柱	再生液用量(树脂体积倍数)	2	除铬阴柱复用0.5~1,新配1~1.5
		再生液浓度(NaOH)/(mol/L)	大孔树脂2.2~2.8;凝胶性树脂2.8~3.4	用除盐水配制
		再生液空间流速/(L/[L(R)·h])	约1	$V=0.6~1m/h$
	酸性脱钠阳柱	再生液用量/(树脂体积倍数)	2	用自来水配制
		再生液浓度(NaOH)/(mol/L)	酸性阳柱1.5~2;脱钠阳柱1	
		再生液空间流速/(L/[L(R)·h])	2~4	$V=1.2~4m/h$
淋洗	除铬除酸阴柱	淋洗水量(树脂体积倍数)	大孔型树脂6~9;凝胶型树脂4~5	用除盐水
		淋洗流速	开始用再生流速,逐渐增大到交换流速	
		淋洗终点	出水 pH 值:8~10	
	酸性脱钠阳柱	淋洗水量(树脂体积倍数)	酸性阳柱4~5;脱钠阳柱10	
		淋洗流速	开始用再生流速,逐渐增大到交换流速	
		淋洗终点	酸性阳柱出水 pH 值:2~3;脱钠阳柱出水无氯离子为止	

四、含氰废水处理

1. 含氰废水的组成及工艺条件

氰化电镀主要包括氰化镀铜、锌、银、镉和铜锡合金等。电镀时，这些镀种的电镀液随着镀件的漂洗会存留在漂洗水中，为了搞好对这些漂洗水的处理和回用，首先应弄清这些电镀液的组成和操作的工艺条件，以便正确地选择处理方法。现将各镀种的电镀液组成及工艺条件列表如下。

（1）氰化镀铜电解液的组成及工艺条件

氰化镀铜电解液的组成及工艺条件见表11-8。

表11-8　氰化镀铜电解液的组成及工艺条件

溶液组成及工艺条件	普通镀铜	光亮镀铜	高速镀厚铜	锌压铸件镀铜
氰化亚铜(CuCN)/(g/L)	30~50	50~70	80~120	18~25
氰化钠(NaCN)/(g/L)	40~60	65~90	95~140	25~35
氢氧化钠(NaOH)/(g/L)	10~20	15~20		
碳酸钠(Na_2CO_3)/(g/L)	20~30		25~35	10~15
酒石酸钾钠($NaKC_4H_4O_6 \cdot 4H_2O$)/(g/L)	30~60	10~20		20~30
硫氰酸钾(KCNS)/(g/L)		10~20		
硫酸锰($MnSO_4 \cdot 5H_2O$)/(g/L)		0.08~0.12		
pH值				11.5~12.5
温度/℃	50~60	55~65	60~80	35~50
阴极电流密度/(A/dm²)	1~3	1.5~3	1~11	1~2

（2）氰化镀锌电解液的组成及工艺条件

氰化镀锌电解液的组成及工艺条件见表11-9。

表11-9　氰化镀锌电解液的组成及工艺条件

溶液组成及工艺条件	高氰	中氰	低氰	微氰
氧化锌(ZnO)/(g/L)	35~45	17~22	10~12	12~14
氰化钠(NaCN)/(g/L)	80~90	38~55	10~12	3~5
氢氧化钠(NaOH)/(g/L)	60~80	60~75	70~80	100~120
硫化钠(Na_2S)/(g/L)	0.5~5	0.5~2		
甘油($C_3H_8O_3$)/(g/L)	3~5			
890添加剂/(mL/L)			1~2	
温度/℃	10~40	10~40	10~40	10~40
阴极电流密度/(A/dm²)	1~5	1~4	1~3	1~3

（3）氰化镀银电解液的组成及工艺条件

氰化镀银电解液的组成及工艺条件见表11-10。

表 11-10　氰化镀银电解液的组成及工艺条件

溶液组成及工艺条件	普通镀银	光亮镀银	高速镀厚银	镀硬银
氯化银（AgCl）/(g/L)	30～40	55～65		35～45
氰化银（AgCN）/(g/L)			80～100	
氰化钾（KCN）（总）/(g/L)	60～80		100～120	80～90
氰化钾（KCN）（游离）/(g/L)	35～45	65～75		
碳酸钾（K_2CO_3）/(g/L)			20～30	
酒石酸钾钠（$NaKC_4H_4O_6 \cdot 4H_2O$）/(g/L)		25～35		30～40
酒石酸锑钾[$KSb(H_4C_4O_6)_3$]/(g/L)				1.5～3
1,4-丁炔二醇（$C_4H_6O_2$）/(g/L)		0.5		
2-羟基苯并噻唑（$C_7H_5NS_2$）/(g/L)		0.5		
温度/℃	10～35		30～50	15～30
阴极电流密度/(A/dm^2)	0.1～0.5		0.5～3.5	1～2
阴极移动/(次/min)			20	20

（4）氰化镀镉电解液成分及工艺参数

氰化镀镉电解液成分及工艺参数见表 11-11。

表 11-11　氰化镀镉电解液成分及工艺参数

溶液成分	浓度	溶液成分	浓度
CdO	25～40g/L	光亮剂	适量
NaCN	120～140g/L	温度	室温
Na_2SO_4	30～50g/L	阴极电流密度	1～2.5A/dm^2
$NiSO_4 \cdot 7H_2O$	1～1.5g/L		

（5）高氰镀铜锡合金溶液组成及工艺条件

高氰镀铜锡合金溶液组成及工艺条件见表 11-12。

表 11-12　高氰镀铜锡合金溶液组成及工艺条件

溶液组成及工艺条件	低锡合金		高锡合金	
	1	2	3	4
铜[以 $Cu(CN)_2$ 形式加入]/(g/L)	22～26	25～30	10～15	10～15
锡（以Na_2SnO_3形式加入）/(g/L)	11～13	18～22	30～45	50～60
氰化钠（NaCN）（游离）/(g/L)	18～22	20～25	18～20	10～15
氢氧化钠（NaOH）（游离）/(g/L)	7～9	8～10	7～8	30～40
明胶			0.3～0.5	
温度/℃	55～60	50～60	60～70	60～65
阴极电流密度/(A/dm^2)	1～1.5	1～3	1.5～2.5	3～4
阳极材料	含 Sn 10%～12%的合金阳极		铜板和锡板	

2. 含氰废水常规处理方法

由于有氰电镀比无氰电镀镀件在质量上有它的优越性，所以，目前无氰电镀还不能完全替代有氰电镀，虽然无氰电镀可减少废水治理的麻烦，但有氰电镀废水的处理也不能算是难题。

当前含氰废水处理的常规方法有碱性氯化法、电解法、臭氧法、离子交换法、膜法、活性炭法、空气催化氧化法等，但最常用的是碱性氯化法和电解法，现就这两种方法加以叙述。

（1）碱性氯化法

所谓碱性氯化法就是在碱性条件下，利用次氯酸钠、漂白粉、液氯等氧化剂将氰化物破坏的方法。以漂白粉或漂白精及氯气为例，其和水的反应式如下：

$$2CaOCl_2 + 2H_2O \rightleftharpoons 2HClO + Ca(OH)_2 + CaCl_2$$

氯气与水接触发生如下反应：

$$Cl_2 + H_2O \rightleftharpoons HCl + HClO$$

次氯酸 HClO 有很强的氧化能力，在酸性条件下效果更好。在有光（特别是紫外线）的作用下，由于产生原子态氧，氧化能力要比氯大 10 倍。

常用的碱性氯化法有局部氧化法和完全氧化法两种工艺。

1）局部氧化法。

氰化物在碱性条件下，被氯氧化成氰酸盐，这是碱性氯化法除氰的第一步（也称一级处理），其反应式如下：

$$CN^- + ClO^- + H_2O \rightleftharpoons CNCl + 2OH^-$$

$$CNCl + 2OH^- \rightleftharpoons CNO^- + Cl^- + H_2O$$

上述反应在任何 pH 条件下均能迅速完成，但在酸性条件下，生产的剧毒物 CNCl 极易挥发而造成危害。而在碱性条件下，CNCl 会很快地水解转化成微毒的氰酸根 CNO^-，pH 值越高转化越快。pH 值小于 8.5 时就有释放出 CNCl 的危险。所以，废水 pH 值宜大于 11，当 CN^- 的浓度高于 100mg/L 时，pH 值最好控制在 12～13，这时只要反应 10～15min 就可完全水解（实际操作时按 20～30min）。

由于含氰废水中除游离氰外，还有重金属与氰的化合物，因此，氯系氧化剂的用量应按废水中总氰计算，其理论投加量为：

$CN：Cl_2 = 1：2.73$；

$CN^-：NaClO = 1：2.85$；

CN^-：漂白粉（有效氯 20%～25%）$= 1：(4～5)$；

破坏络离子时（如铜氨络离子）：$CN^-：NaClO = 1：3.22$。

2）完全氧化法。

局部氧化法生产的氰酸盐虽然毒性很低，仅为氰的 1‰，但 CNO^- 易水解生成 NH_3。完全氧化法则是继局部氧化法后，再将生成的氰酸根 CNO^- 进一步氧化成 N_2 和 CO_2（也称二级处理），以消除氰酸盐对环境的污染，其反应式如下：

$$2NaCNO + 3HOCl \rightleftharpoons 2CO_2 + N_2 + 2NaCl + HCl + H_2O$$

如果一级处理中含有残存的氯化氰，则也可进一步被氧化破坏，反应式如下：

$$2CNCl + 3HOCl + H_2O \rightleftharpoons 2CO_2 + N_2 + 5HCl$$

完全氧化工艺的关键在于控制反应的 pH 值。pH≥8 时，反应很慢；pH=8.5～9 时，反应时间需 30min；pH＞12 时，则反应停止。但是，pH 值也不能太低，否则，氰酸根会水解成氨，并与次氯酸生成有毒的氯铵。因此，通常完全氧化工艺的 pH 值应控制在 6～7。若考虑重金属氢氧化物的沉淀去除，pH 值控制在 7.5～8 为宜。通常调节废水的 pH 常用稀硫酸而不是盐酸，这是为了防止副反应的发生。

完全氧化处理时氧化剂的投加量，一般为局部氧化法的 1.1～1.2 倍，但过量的氧化剂，氰的去除率不会明显增加。

通常情况下，完全氧化工艺处理含氰废水是不能单独完成的，而是必须在局部氧化（一级处理）的基础上才能完全氧化（二级处理）。处理过程可以连续，但药剂可按两步投加，以保证除氰的有效进行。

含氰废水处理的形式有间歇处理和连续处理2种，现介绍如下。

① 间歇处理形式。

a. 适用条件：废水量不大时。

b. 处理流程：见图 11-3。

两个反应池交替使用，每个池的有效容积为 2～4h 的废水量，当采用次氯酸钠或液氯做氧化剂时，因无沉渣可不设沉淀池和污泥干化池。

② 连续式处理形式。

a. 适用条件：水量较大或要求比较严格时；

b. 处理流程：见图 11-4。

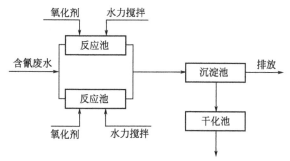

图 11-3　间歇处理流程

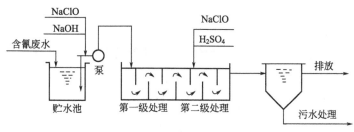

图 11-4　连续式处理流程

氰化物与氧化剂 NaClO 反应后，在碱性条件（投加氢氧化钠）下生产氰酸盐（一级处理）。在同一池中，接下来废水运行的过程中加入 NaClO 和稀 H_2SO_4，调至 pH＝7 左右（二级处理）出水已达到除氰的目的，然后再经过沉淀池沉淀，出水即可排放。

③ 技术参数与设计。

a. 工艺参数。

ⓐ pH 值：一级处理时，pH＞11；二级处理时，pH＝7 左右。

ⓑ 投药比：可见表 11-13。

表 11-13　投药比

氧化程度	氰化物状态	理论投药比 (CN^- : Cl_2)	实际投药比 (CN^- : Cl_2)	备注
第一氧化阶段	简单氰化物	1：2.73	1：(3～4)	即不完全氧化
第二氧化阶段	简单氰化物	1：4.1	1：4	即不完全氧化
两阶段合计	简单氰化物	1：6.83	1：(7～7.5)	即完全氧化
第一氧化阶段	络合氰化物	1：(2.9～3.4)	1：(3～4)	即不完全氧化
第二氧化阶段	络合氰化物	1：4.1	1：4	即不完全氧化
两阶段合计	络合氰化物	1：(7～7.5)	1：(7～8)	即完全氧化

ⓒ 投药量可按下式计算：

$$G = \frac{K_1 K_2 Q C_{CV}}{1000d}$$
(11-11)

式中　G——投药量，kg/h；

　　　Q——含氰废水量，m^3/h；

　　C_{CV}——废水含氰浓度，mg/L；

　　　K_1——破坏一份氰所需的活性氯理论数（一般 2～5）；

　　　K_2——安全系数（1.5～2.5）；

　　　K——投药比等于 $K_1 K_2$，一般取值 5～8；

　　　d——药剂中活性氯百分比（漂白粉 20%～30%，次氯酸钠 10%，液氯 100%）。

b. 反应条件控制。

ⓐ 反应时间。对于一级处理，当 pH≥11.5 时反应时间 $t=1$min，当 pH＝10～11 时反应时间 $t=10～15$min；不完全氧化阶段 10～15min；完全氧化阶段 10～15min；氧化全过程 25～30min。

ⓑ 温度影响。由于二级反应中产生低毒的 CNO^-，其水解速率受温度影响较大，温度越高，CNCl 水解速率越大，所以当温度较低时，可适当延长反应时间和提高 pH 值；但温度也不宜太高，一般不宜超过 50℃，否则，氯气会转化为盐酸，不利于氰的分解。通常，废水的温度稳定控制在 15～50℃为宜。

(2) 电解法

电解法通常是用电解食盐水产生次氯酸钠氧化脱氰的方法，其电解反应如下：

$$2Cl^- + H_2O \xrightarrow{\text{电解}} ClO^- + Cl^- + H_2 \uparrow$$

生成的次氯酸根在混合反应槽内与废水中的氰接触时，次氯酸根立即将氰根氧化成氰酸盐，反应式如下：

$$ClO^- + CN^- \longrightarrow CNO^- + Cl^-$$

生成的氰酸盐进一步氧化成 CO_2 和 N_2，或水解成碳酸根及铵离子，反应式如下：

$$2CNO^- + 3ClO^- + H_2O \longrightarrow 2CO_2 \uparrow + N_2 \uparrow + 3Cl^- + 2OH^-$$

$$CNO^- + 2H_2O \longrightarrow NH_4^+ + CO_3^{2-}$$

络合氰化物发生如下反应：

$$[Zn(CN)_4]^{2-} + 4ClO^- \longrightarrow Zn^{2+} + 4Cl^- + 4CNO^-$$

$$2[Cu(CN)_3]^{2-} + 7ClO^- + H_2O \longrightarrow 2Cu^{2+} + 6CNO^- + 7Cl^- + 2OH^-$$

生成的氰酸盐按前面反应被进一步氧化，金属离子生成氢氧化物沉淀，反应式如下：

$$Zn^{2+} + 2OH^- \longrightarrow Zn(OH)_2 \downarrow$$

$$Cu^{2+} + 2OH^- \longrightarrow Cu(OH)_2 \downarrow$$

处理流程见图 11-5。

1) 主要设计参数。

a. 食盐浓度：50～80g/L；

b. 极板间净距：8～20mm；

c. 电源电压≥36V；

d. 盐水流量：

$$q = K' C_{CN} Q$$
(11-12)

式中　q——盐水流量，L/h；

K'——系数，处理 1g 氰所需盐水量（一般为 0.8L/g）；

Q——废水量，m^3/h；

C_{CN}——废水浓度，g/m^3。

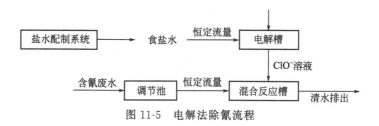

图 11-5　电解法除氰流程

e. 工作电流：

$$I = \frac{KQC_{CN}}{n-1}$$

(11-13)

式中　K——系统处理 1g 氰所需电量（一般为 8A·h）；

n——电极串联次数。

f. 工作电压及电能消耗等指标，可参见电解法处理含铬废水。

2）设计时应注意的问题。

a. 电解槽根据地形可设在地上或地下。设在地上时，一般采用废水提升装置并在电解槽前考虑消耗稳压措施。当采用两格或两格以上电解槽时，废水进入电解槽前应设配水井，以保证每格进水均匀。

b. 电解槽在冰冻地区应设在室内，在非冰冻地区可设在棚内。

c. 接入电解槽的压缩空气，应采取除油措施，以保证处理正常运行及处理效果。

d. 在电解槽的进出水管口安装一个附加电极，以减少当进出水管处电位不等时，通过电解槽以外的途径造成漏电，或采取漏电保护措施。

e. 电解槽应密闭，并要有抽风措施，以免氯化氢等气体逸出。

f. 电解槽外面应有一个冷却水套，以使电解槽内的温度控制在 50℃ 以内，一般可用处理后的废水进行冷却。

五、电镀混合废水处理

1. 概述

大型电镀厂（车间）的废水，由于废水量大且镀件品种复杂，一般首先都采用分质处理，但除了分质处理以外的前处理（包括酸洗、除油、除锈等）和后处理的氧化、钝化、抛光、着色以及退镀等工序的废水，还有车间的地面冲洗水和设备管道的跑、冒、滴、漏废水，以上就构成了电镀混合废水。另外，由于电镀厂酸碱耗量一般都不平衡，通常耗酸量较多，因此，混合废水一般都呈酸性。

还有一种情况是：一些小电镀厂（车间），由于废水量不大，往往是将全部电镀废水集中混合、一并处理，这也构成了电镀混合废水处理的难题。

电镀混合废水目前尚无经济合理的回收利用方法，目前基本上都采用中和沉淀法进行处理。该方法的实质是通过调整废水的 pH 值，使各种重金属离子生成相应的氢氧化物沉淀，然后再进行固液分离，以达到净水的目的。要想达到此目的，需考虑如下 3 个影响因素。

（1）pH 值

由于各种金属离子生成氢氧化物沉淀的 pH 值有所不同，所以，首先要弄清各种金属离子沉淀去除的最佳 pH 值是多少，同时，还要兼顾到各种重金属离子沉淀的 pH 值要求，这一点是非常重要的。各金属离子沉淀去除的最佳 pH 值见表 11-14，可在实际工程设计中应用。

表 11-14　各金属离子沉淀去除的最佳 pH 值

金属离子	pH 值范围	残留浓度/(mg/L)	备注
Al^{3+}	5.5～8	<3	从 pH 值约 6.5 以上再溶解
Cd^{2+}	10.5 以上	<0.1	
Cr^{2+}	7～9	<2	从 pH 值为 9 以上再溶解
Cu^{2+}	7～14	<1	
Fe^{2+}	5～12	<1	从 pH 值为 12.5 以上再溶解
Fe^{3+}	9～12	<1	
Mn^{2+}	10～14	<1	从 pH 值为 12 以上再溶解
Ni^{2+}	9 以上	<1	
Pb^{2+}	9～9.5	<1	
Sn^{2+}	5～8	<1	
Zn^{2+}	9～10.5	<1	从 pH 值为 10.5 以上再溶解

（2）有机添加剂的影响

络合剂和表面活性剂的存在，达到一定浓度范围后对金属离子的沉淀有一定的影响。如酒石酸钾钠、柠檬酸钾、焦磷酸钾等络合剂，当它们的浓度高时（每升数百毫克以上）影响显著。又如，氨乙三酸含量为 25mg/L 时，铜和镉就不能处理到排放标准；这时，常用石灰乳做中和沉淀剂，使 Ca^{2+} 与络合剂反应，把重金属离子游离处理，从而沉淀去除。

（3）凝聚剂的选用

电镀混合废水一般含铁量较高，一般不使用凝聚剂也能达到较理想的固液分离效果。但由于混合废水水质复杂且变化多，为了加速污泥沉降，也常需要投加少量的凝聚剂。有资料报道，投加 5% 的明矾溶液或 2% 的 PAM 溶液效果就较为理想。

2. 混合电镀废水化学法综合处理流程

① 混合电镀废水处理可以在含铬、含氰废水分质处理的基础上，与厂内前处理、后处理及其他废水合并一起处理，即含 Cr^{6+} 还原为 Cr^{3+}，含氰废水用碱性氯化法破氰，这两股水可相互自然中和，然后和厂内其他废水一并中和处理，沉淀污泥再经固液分离、浓缩、脱水后处理或综合利用。

② 电镀混合废水化学法处理流程见图 11-6。

③ pH 和 ORP 控制。

混合废水化学法综合处理的关键是 pH 和 OPR 控制，因为含 Cr^{6+} 废水和含氰废水处理用手工操作和调节 pH 和 ORP 相当不便，因此，应当采用 pH 和 ORP 自控系统，不仅操作方便，而且可以精确地控制 pH 值和 ORP 值，以确保满意的处理效果。为了确保 pH 和 ORP 仪表测量控制的准确性，应定期（如每周）用 5%HCl 洗 1～2 次并经常检查仪表是否被油等污物沾污等情况。

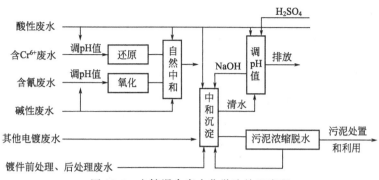

图 11-6　电镀混合废水化学法处理流程

六、电镀废液的处理与回用

电镀废液是指电解溶液由于长时间使用，杂质增加或自然老化及由于配料错误或添加剂有误等原因，不得不停止使用而报废更新的现象。由于这些废液成分复杂且浓度很高，如不妥善处理，将对环境造成严重污染。为此，电镀废液处理也是电镀废水处理中不可或缺的内容之一。几乎每个镀种都会产生这种电镀废液，而最有代表性的是含铬废液、含铜废液和含镍废液的处理及回用。而其中含铬废液的处理与回用主要方法包括：离子交换法处理含铬废液和电解法处理含铬废液。在含铬废液的综合利用中，主要包括：用铬酸废液制取鞣剂、制造中铬黄和铬酸铅、制造铬绿（Cr_2O_3）及回收重铬酸钾。而镀镍废液可用次亚磷酸钠（NaH_2PO_2）或离子交换法将之净化，进而重复使用。关于含铜废液的处理与综合利用，有用添加 $CuSO_4$ 或 $CuCl_2$ 回收氰化亚铜和氰根及采用铜屑与酸洗废液反应，再用结晶和重结晶的方法制得纯净的硫酸铜的报道，本书在此不做详述。

第三节 ▶ 电镀废水处理工程实例

电镀废水处理方法较多，如化学法（亚硫酸盐法、碱性氯化法等）、电解法、离子交换法等。各种方法均有应用实例，本书仅以应用较多的碱性氯化法和离子交换法为例，加以表述。

一、实例一　某电镀厂含铬废水处理工程（离子交换法）

已知该厂要处理电镀镀铬漂洗水，镀液含 CrO_3 250g/L，H_2SO_4 2.5g/L，废水每小时平均排放量为 2m³，废水含 Cr^{6+} 浓度为 50mg/L，阳离子总含量为 5mg/L，机械杂质含量 40mg/L，每班槽液补充水量 50L，工作为两班制，试用离子交换法对废水处理工程进行设计。

1. 常用的设计参数及公式

（1）常用的设计公式

1）树脂用量的计算

$$V_{阴} = \frac{QC_{Cr}T}{E_{阴}}$$

（11-14）

式中　$V_{阴}$——单个阴柱树脂用量，L；

Q——废水平均流量，m^3/h；

C_{Cr}——废水中含 Cr^{6+} 浓度，mg/L；

$E_阴$——阴树脂工作交换容量，g/L 树脂，可参照表 11-15；

T——周期，h（实际运行时间）。

2）各种树脂交换容量（见表 11-15）。

表 11-15 各种树脂交换容量

树脂名称	再生液使用条件		工作交换容量/(g/L)
	NaOH 浓度	用量/(L/L 树脂)	
717	10%～12%	2	50
370	8%～10%	1.2～2	≥70
710A	6%	1.5 复用,1.5 新再生剂	70～75
710B	6%	1.5 复用,1.5 新再生剂	75～80

（2）周期 T 的选择

周期 T 的长短决定着一次投资的大小和操作管理是否方便，周期 T 可按下式计算：

$$T = \frac{E_阴}{C_{Cr}V} \tag{11-15}$$

式中，V 为空间速度，L/(dm^3 树脂·h)，可参考表 11-16。

表 11-16 空间速度

717 树脂		大孔弱碱树脂	
C_{Cr}/(mg/L)	V/[L/(dm^3 树脂·h)]	C_{Cr}/(mg/L)	V/[L/(dm^3 树脂·h)]
≤35	30～40	≤50	21～30
35～100	9～11	50～150	15～20
100～200	6～10	150～300	8～10

（3）阴树脂需要量（kg）

$$G_阴 = Y_1 \sum V_阴 \tag{11-16}$$

式中，Y_1 为阴树脂密度。

（4）阳树脂体积用量计算

阳树脂需要量

$$G_阳 = Y_2 (\sum V_阴 + \sum V_钠) \tag{11-17}$$

式中 $V_钠$——脱钠柱树脂体积；

$V_阳$——阳柱树脂体积；

Y_2——阳树脂密度。

（5）交换柱设计计算

间接运行阳柱可用 1 根，连续运行阳柱应设 2 根，脱钠阳柱 1 根，体外再生移动床流程阳柱、脱钠柱各 1 根。

1）交换柱尺寸确定。

a. 直径（m）：

$$D = 2\sqrt{\frac{V_R}{\pi h_R}} \tag{11-18}$$

式中　V_R——树脂体积，m^3；

　　　h_R——吸附带高度，m（一般 $h_R > 0.6m$，树脂用量大时可加高）。

b. 柱体高度（m）：

$$H = (1+e)h_R \qquad (11-19)$$

式中，e 为膨胀系数（为 30%～50%）。

2）再生酸碱耗量计算。

a. 每周期酸耗量

$$W_S = \frac{36.5m(AV_{阳} + BV_{钠})}{1000\varepsilon_1} \qquad (11-20)$$

式中　W_S——每周期盐酸耗量，kg；

　　　m——每次再生 1mol/L HCl 体积量；

　　　B——脱钠柱再生次数；

　　　A——交换阳柱再生次数；

　　　ε_1——工业盐酸纯度（一般 31%左右）。

b. 每周期碱耗量

$$W_J = mW_{阴} CY_2 \times \frac{1}{\varepsilon_2} \qquad (11-21)$$

式中　W_J——每周期耗碱量，kg；

　　　C——NaOH 浓度；

　　$W_{阴}$——阴树脂量；

　　　Y_2——浓度为 C 时的溶液密度；

　　　ε_2——碱纯度。

c. 每周期水耗量

$$W_{水} = q_1 AV_{阳} + q_2 BV_{钠} + q_3 V_{阴} \qquad (11-22)$$

式中　$W_{水}$——每周期自耗水量，m^3；

$V_{阳}$，$V_{钠}$，$V_{阴}$——阳柱、脱钠柱和阴柱体积，m^3；

　　　A——交换阳柱再生次数；

　　　B——脱钠柱再生次数；

　　　q_1——阳柱每次淋洗水量系数（一般为 3～3.5）；

　　　q_2——脱钠柱每次淋洗水量系数（一般为 10～12）；

　　　q_3——阴柱淋洗水量系数（一般为 5～7，710A、710B 为 10～12）。

（6）脱钠柱计算

脱钠柱阳树脂用量可按阴树脂体积倍数计算，可参见表 11-17。

表 11-17　脱钠柱阳树脂用量计算

NaOH 浓度/%	每次铬酸回收量（铬酸体积/阳树脂体积）	脱钠柱树脂用量（阴树脂体积倍数）
4	1.5～1.7	1.18～1.33$V_{阴}$
6	1～1.5	1.33～2$V_{阴}$
12	0.7～0.8	0.25～2.86$V_{阴}$

注：设计中常按 $V_{钠} = V_{阴}$ 设计，此表中脱钠柱树脂体积用量即为阴柱再生一次，脱钠柱再生次数。

2. 设计计算举例

（1）选用条件

① 树脂：选用 717 阴树脂与 732 阳树脂。

② 处理流程：采用自来水循环双阴柱串联全饱和流程。

③ 再生方式：采用高位顺流再生方式。

④ 再生剂用量：采用 2 倍树脂体积（不复用）。

⑤ 预处理方法：采用聚氯乙烯微孔滤管。

（2）交换柱计算

① 交换柱数量：选用阳柱 2 根，阴柱 2 根，脱钠柱 2 根。

② 阴树脂体积用量：$V_阴 = \dfrac{Q C_{Cr} T}{E_阴} = \dfrac{2 \times 50 \times 48}{50} = 96$（L）。

③ 阴树脂需要量：$G_阴 = Y_1 \sum V_阴 = 0.7 \times 2 \times 96 = 134$（kg）。

④ 阳树脂体积用量：$V_阴 = V_阳 = 96L$。

⑤ 每周期阳柱再生次数：$A = \dfrac{E_阴 C_阳}{E_阳 C_{Cr}} = \dfrac{50 \times 5}{1.4 \times 50} = 3.56$（按 3.5 次计）。

式中，$E_阳$ 为 1.2～1.4g/L，选 1.4g/L。

⑥ 脱钠柱树脂体积用量：$V_钠 = V_阴 = 96L$。

⑦ 脱钠柱每周期回收次数由表查得：$B = 2.86$ 次（按 3 次计）。

⑧ 阳树脂需要量：$G_阳 = Y_2(\sum V_阳 + \sum V_阴) = 0.8(2 \times 96 + 2 \times 96) = 308(\text{kg})$。

⑨ 交换柱尺寸：经计算，选交换柱 $D = 300mm$，高 $H = 2000mm$。

⑩ 每周期酸耗量：$W_S = \dfrac{36.5m(AV_阳 + BV_钠)}{1000\varepsilon_1} = \dfrac{36.5 \times 2 \times (3.5 \times 96 + 3 \times 96)}{1000 \times 31\%} = \dfrac{73 \times 624}{310} = 147(\text{kg})$（$\varepsilon_1$：工业盐酸纯度）。

⑪ 每周期碱耗量：$W_J = mV_阴 C Y_2 \dfrac{1}{\varepsilon_2} = 2 \times 96 \times 12\% \times 1.131 \times \dfrac{1}{95\%} = 27.4(\text{kg})$。

⑫ 每周期水耗量：$W_水 = q_1 AV_阳 + q_2 BV_钠 + q_3 V_阴 = 3.5 \times 3.5 \times 96 + 12 \times 3 \times 96 + 7 \times 96 = 5310(\text{L})$。

3. 两种处理流程的主要设计参数

综上所述，现将两种经常采用的处理流程主要设计参数列于表 11-18，以供参考。

表 11-18　两种处理流程的主要设计参数

项目 / 处理流程名称			双阴柱串联全饱和流程 （732 阳树脂， 717 阴树脂）	体外再生移动床流程 （735 大孔阳树脂， 710 A 大孔阴树脂）	备注
交换	交换速度	阳	30～40L 水/(L 树脂·h)	25～40m/h	
		阴	30～40L 水/(L 树脂·h)	25～40m/h	
	树脂交换容量	阳	1.2～1.4g/L	1.6～1.7g/L	
		阴	50g/L(Cr^{6+})	70～75g/L(Cr^{6+})	

续表

项目 \ 处理流程名称			双阴柱串联全饱和流程 (732 阳树脂， 717 阴树脂)	体外再生移动床流程 (735 大孔阳树脂， 710 A 大孔阴树脂)	备注
再生	再生剂种类	阳	1mol/L HCl	8%～10%HCl	
		阴	12%NaOH	6%～10%NaOH	
	再生剂用量	阳	2 倍树脂体积	2～3 倍树脂体积	
		阴	2 倍树脂体积	1.5～2 倍树脂体积	
	再生流速	阳	3～4L 水/(L 树脂·h)	1.5～2m/h	
		阴	1～2L 水/(L 树脂·h)	0.3～0.5m/h	
	再生时间	阳	30～40min	30～60min	
		阴	60～120min	120～180min	
阴柱再生液	含六价铬浓度		23～28g/L	28～35g/L	
	能否回用于镀槽		能直接回用于镀槽或 经浓缩后回用于镀槽	能直接回用于镀槽或 经浓缩后回用于镀槽	

二、实例二　某电镀厂含氰废水处理工程（碱性氯化法）

已知：该厂电镀车间有相同的氰化镀铜工艺 2 条，镀液中含氰化钠 6g/L，氰化亚铜 40g/L，镀槽后设回收槽和漂洗槽各 1 个。回收槽液最大含氰化钠 0.75g/L，氰化亚铜 5g/L，漂洗槽有效容积各为 2m³，两班生产，每班生产 2000 个镀件，每个镀件面积（包括挂具浸入槽液部分面积）为 0.01m²，镀件为杯形，操作水平一般。求：碱性氯化法处理含氰废水（采用漂白粉间歇处理方式）。

1. 含氰废水的处理方法

处理方法根据水质、水量、药剂、供电情况、操作条件、泥渣量处理条件和要求以及经济因素等情况而定。一般采用碱性氯化法和电解法较多。而碱性氯化法已是普遍采用的方法，常用的氧化剂有漂白粉、液氯、次氯酸钠等，各种氧化剂的适用范围和优缺点可见表 11-19。

表 11-19　各种氧化剂的适用范围和优缺点

氧化剂名称	适用范围	优点	缺点
漂白粉	低浓度含氰废水 (<50mg/L)	货源供应较液氯和次氯酸钠容易	(1)泥渣量多； (2)操作繁重
液氯	高浓度或低浓度大水量含氰废水	(1)采用氢氧化钠时，无泥渣产生； (2)处理费用比采用漂白粉、次氯酸钠便宜	(1)货源供应困难； (2)操作不安全，有严重刺激味，操作人员要经过培训； (3)采用石灰时有泥渣产生； (4)要严格控制 pH 值
次氯酸钠	小水量低浓度含氰废水	(1)泥渣少； (2)设备简单，操作较漂白粉方便； (3)可利用次氯酸钠废品	货源少，有时需自己制作

2. 碱性氯化法原理

① $CN^- + HClO \longrightarrow CNCl + OH^-$；

② $CNCl + 2OH^- \longrightarrow CNO^- + Cl^- + H_2O$；

③ $2CNO^- + 3OCl^- + H_2O \longrightarrow 2CO_2 \uparrow + N_2 \uparrow + 3Cl^- + 2OH^-$。

反应式①、②是第一阶段反应，将氰化物氧化为氰酸盐，即所谓局部氧化；反应式③是第二阶段反应，再将氰酸盐氧化分解为 CO_2 和 N_2，即所谓完全氧化。

3. 处理方式

有间歇式处理和连续式处理两种方式，详情前已述及。

4. 设计主要参数

碱性氯化法主要设计参数见表 11-20。

表 11-20 碱性氯化法主要设计参数

项目		局部氧化	完全氧化	备注
理论投药量（质量比）	简单氰化物（镀锌、镀银等）	$CN:Cl_2 = 1:2.73$	$CN:Cl_2 = 1:4.09$	
	复合氰化物（镀锌、铜合金等）	$CN:Cl_2 = 1:3.42$	$CN:Cl_2 = 1:1.409$	
反应	pH 值	10～12	7.5～8	
	反应时间/min	3～5	20～30	
投药量计算		$G = \dfrac{KQC_{CN}}{1000d}$		式中 G——投药量，kg/h； Q——含氰废水量，m^3/h； C_{CN}——废水含氰浓度，mg/L； K——投药比（一般为 5～8）； d——药中含活性氯百分比（漂白粉 20%～30%，次氯酸钠 10%，液氯 100%）
混合搅拌		一般采用水力搅拌，因用空气搅拌会逸出刺激性气体，搅拌时间为 10～15min		漂白粉干投时搅拌反应时间要长，一般为 30～40min

5. 设计时应考虑的问题

① 含氰废水中尽可能不要有镍离子、铁离子混入，否则处理很困难。因为有镍离子存在时会形成镍的络合物，不但投药量要增加 3.5～7.5 倍，而且需要较长的时间（24h）才能分解，水色还会变黑，有时，铁会使废水中的氰化物变成亚铁氰化物，就更不容易分解了。

② 当含氰废水中有铁络合物存在时，须用特殊方法处理，如加入过量的亚铁盐，使其生成不溶性的亚铁氰化物，从水中除去，或加入硫酸锌，生成亚铁氰化锌白色沉淀物。

③ 实践证明，在处理过程中，pH 值越大，氧化反应越快，CNCl 产生时间越短。含氰废水大致的 pH 值见表 11-21。

表 11-21 含氰废水大致的 pH 值

含氰浓度/(mg/L)	pH 近似值	备注
50	8～9	为某厂实测数据
100	9～10.5	
200	11	
300	11.5	

④ 在处理过程中，产生 CNCl 是下述两个条件或其中之一造成：a. 加氯量不足，达不

到废水局部氧化的需要量；b.加氯量虽大于局部氧化需要量，但加氯后废水 pH 值低于某一数值。

避免产生 CNCl 的 pH 值如下：

加氯比(Cl₂：CN)	1：4 左右	1：(5～8)
加氯后废水 pH 值	≥10.5	≥7.5

用液氯处理时，应严格控制加氯比和 pH 值，并注意充分混合。

⑤ 处理镀槽中含氰废液时，可贮存起来慢慢放入含氰废水中，使其含氰浓度在 200mg/L 以下。

6. 设计计算（采用漂白粉间歇处理）

（1）废水水量

废水量等于漂洗槽的平均小时给水量，按漂洗槽的有效容积的 1/2 计算，即：

$$Q_{时}=\frac{1}{2}\times V_{效}=\frac{1}{2}\times 2\times 2=2(m^3)$$

$$Q_{日}=2\times 16=32(m^3)$$

（两班制可按 12h 计算，考虑设备要有一定的余量，故按 16h 计。）

（2）废水浓度

废水浓度按下式计算

$$C_{CN}=\frac{D_0 C_{化} nFA}{Q}=\frac{3.26\times(5\times0.45+0.75\times0.54)\times2000\times0.01\times2}{32}=10.8(mg/L)$$

说明：①3.26 为杯形镀件，单位面积带出镀液量（mL/dm²）；②回收槽中氰化钠和氰化亚铜所占比例为 45% 和 54%。

（3）漂白粉投药量

$$G=\frac{KQC_{CN}}{1000d} \tag{11-23}$$

式中　K——投药比，采用 7；

　　　d——漂白粉含有效氯（30%）。

$$G_{时}=\frac{7\times2\times10.8}{1000\times0.3}=0.5(kg/h)$$

$$G_{日}=\frac{7\times32\times10.8}{1000\times0.3}=8.06(kg/d)$$

（4）调药桶容积

$$V=\frac{G_{日}}{0.05}=\frac{8.06}{0.05}=161.2 \ (L/d) \ （漂白粉调成 5% 溶液，每天调配一次。）$$

（5）反应池

反应池容积采用 4h 废水量，容积为 $2\times4=8(m^3)$，池内用水力或机械搅拌。为保证出水质量，出水剩余氯量不应少于 3mg/L。由于沉渣少，可不设污泥池和沉淀池，搅拌 15min 后排出即可。

第十二章 ▶▶

一体化设备处理工业废水与工程实践

第一节 ▶ 当前一体化设备处理工业废水的状况和发展趋势

由于经济不断发展而形成的各种工业废水排放的产业和废水量的不断增加，除了应建造正规的大中型的废水处理设施外，一些小型废水处理设备也随着形势的需要应运而生。所谓一体化废水处理设备，通常情况下是指以生化处理为主，并将格栅、混凝沉淀（或气浮等）等预处理手段以过滤、沉淀、消毒等处理手段集于一体而构成的处理设备。发达国家早在20世纪60～70年代就已开发投入使用，我国是从20世纪80年代开始引进，并开始自主研发的。

1.特点

目前，在我国开始应用废水处理工程实践的一体化废水处理行业有造纸、印染、化工、食品及生活污水处理等。其主要形式有地下式(包括埋地式)、室内式及室外式等多种。

一体化废水处理设备的主要特点是：

a.设备紧凑，占地少，投资相对便宜；b.可根据不同行业废水特点，制造不同的一体机(有的一体机可适用于2种或多种污水)；c.便于实现自动计量和控制，操作管理方便；d.运输安装及维护方便；e.处理废水量较小 （一般处理量每天不超过1000m³，水量大时也有采用2套或多套一体化设备的）。

2.各种一体化处理废水设备情况简介

当前，在我国各种用一体化设备处理废水和正在研制新的一体化设备的报道日益增多。许多行业的废水用一体化设备处理技术已经成熟并做到定型化和系列化，一些新型的针对某些废水的一体化设备也正在研发中。现将目前已广泛使用的一体化设备情况简介如下。

(1) 生活污水的一体化设备处理

生活污水的一体化设备处理分为地下式(埋地式)、室外地上式及室内式3种。

1) 地下式(埋地式)。该设备是我国最早(20世纪80年代)引进国外技术并结合我国国情自行研发的一体化处理设备。地下式(埋地式)一体化设备外形可参见图12-1。

图12-1 埋地式一体化设备外形

　　该设备处理工艺流程是：污水先排入调节池（独立性混凝土结构水池），经水质和水量均衡调节后，用泵打入一体化处理设备。首先进入一级接触氧化处理段，在此段污水中的BOD和COD将被降解50%左右；然后再进入二级接触氧化段，污水中的BOD、COD将被去除70%~80%；最后进入沉淀池部分，出水即可达到排放标准。

　　随着环保技术的不断发展，目前，埋地式一体化设备的生化处理手段已不限于接触氧化一种工艺。A/O工艺及MBR工艺等也出现在埋地式一体化处理设备中，这就大大提高了处理效率，同时也能满足对除磷脱氮的要求。另外，在处理的最后，还增加了消毒手段（一般为次氯酸钠消毒），使得处理后水质更进一步提高。

　　关于一体化的外壳材料，也由20世纪80~90年代的玻璃钢、碳钢发展到目前的高强塑料、碳钢防腐及不锈钢等材料，更加环保化；同时，自控水平也有所提高。目前，埋地式一体化污水处理设备被广泛应用于用地紧张地区及广大农村、乡镇地区，为了节约占地及不影响环境美观，在城市居住小区中，一体化机往往被埋在草坪或花园地皮以下。

　　2）室外地上式。由于埋地式污水处理设备处理水量往往较小，为了满足中等污水量处理（一般日处理量在 $1000m^3$ 以上）且又需要采用占地较少的处理设备的要求，需有一种室外地上式（或地下式）的一体化处理设备。

　　这种设备的处理工艺，一般情况下，在小型一体化处理设备处理工艺的基础上，为确保处理效果，在生化处理前增加气浮（或混凝沉淀）处理手段，并根据需要适当增加简易工棚或防护措施，以确保风、雨、冰雪等天气时，设备的正常运转。室外地上式一体化设备外形（参考）可参见图12-2。

(a)　　　　　　　　　　　　　　　(b)

图12-2　室外地上式一体化设备外形（参考）

　　3）室内式一体化处理设备。在现代城市居住小区或办公区的高层建筑中，其生活污水处理一体化设备往往放在底层或地下层的空间内，这就需要设计一种室内的一体化处理设备。该种设备根据所需处理污水的水质情况，处理流程可以设计出类似埋地一体化设备的工艺流程。应当注意的是，由于该设备一般放在地下室，设计时，应有污泥污水集水（泥）坑及提升设备，并应设置空气清洁处理措施。

　　室内一体化处理设备外观可参见图12-3。

　　（2）医院废水一体化处理设备

　　1）医院废水中除一般生活污水中含有的有机污染物及其他污染物质外，最主要的是含有病原微生物、化学污染物、有毒有害化学物质及放射性污染物等。这些有毒物质主要来自诊疗室、化验室、病房、洗衣房、X光照相洗印、同位素治疗诊断及手术室等。从污水成分上说有病原菌污水、重金属污水、放射性污水、含油废水、洗印废水等。因此，水质较为复

(a)　　　　　　　　　　　　(b)

图 12-3　室内一体化处理设备外观

杂且危害较大，在处理上应严格和慎重。尤其是在设计一体化处理设备时，应充分考虑以下事项：

a. 各产生污染部门（特别污染严重的部门），其废水和废物在排出前应做一定的预处理措施，以减少污染物扩散及一体化污水处理设备的负担；b. 全院总调节池及输送至调节池的管道应采取封闭措施，以防泄漏；c. 消毒是医院废水处理的关键手段，应选好消毒剂、消毒方法以及严格控制工艺参数如消毒时间和控制手段；d. 因废水处理产生的污泥中带有病原菌及其他有毒物质，因此应妥善处理好污泥，防止二次污染。

2）医院废水一体化处理常采用的处理工艺和主要技术参数。

① 常用的处理工艺。通常情况下，医院废水（经有关部门先进行必要的预处理后）与其他废水一并进入全院综合调节池（封闭的），经对废水水质和水量的均匀调节后，由泵打进一体化处理设备。在此设备中先经过初次沉淀，再进入接触氧化段（一般为两段），在这两段中去除 BOD 及 COD 等有机污染物 70%～80%，然后进入二沉池段，在此将污染物及悬浮颗粒等沉淀，最后进入消毒段，在此与次氯酸钠接触消毒后排放。

② 主要技术参数

a. 调节池：停留时间一般为 3～5h，需封闭设计。

b. 格栅：栅条间隙可按 15～20mm 设计。

c. 沉淀段。

ⓐ 初沉段：表面负荷 $1.5\sim3m^3/(m^2\cdot h)$，沉淀时间 1～2h。

ⓑ 二沉段：表面负荷 $1\sim2m^3/(m^2\cdot h)$，沉淀时间 1.5～2.5h。

d. 接触氧化段。

ⓐ 一氧段：BOD 负荷 $1\sim2kg\ BOD/(m^3\cdot d)$，停留时间 1h。

ⓑ 二氧段：BOD 负荷 $0.8\sim1.2kg\ BOD/(m^3\cdot d)$，停留时间 1h。

ⓒ 供气量：气水比按 1∶15 计。

e. 消毒段：投加次氯酸钠，与废水接触时间不少于 1h（一般可按 1～1.5h 计），医院废水一体化处理设备外形可参见图 12-4。

（3）造纸、印染废水一体化处理设备

① 关于造纸和印染废水处理技术等有关问题，本书第三、第四章已有较详尽的论述。在研制造纸及印染废水一体化处理设备时，应在充分了解造纸和印染废水的性质、水质、水

246

量和处理工艺的基础上进行。

由于造纸过程包括备料、制浆（蒸煮产生黑液）、洗涤、漂白、脱水等工序，要想设计一种能全部解决造纸过程产生的废水的一体化机不够现实，因此，所谓造纸废水的一体化处理机，也只能是对造纸洗涤、漂白、抄纸（白水）等废水的处理。

由于印染过程包括退浆、煮炼、漂白、丝光、染色、印花、整理等工序，且除使用各种染料外，还要使用各种化学助剂，因此，废水

图 12-4 医院废水一体化处理设备外形

水质相当复杂；因此，设计一种印染废水一体化处理设备时，必须要有去除这些染料及助剂成分的手段。

目前，处理造纸及印染废水的一体化处理设备已有报道，其设备外形可参见图 12-5。

图 12-5 造纸、印染废水一体化处理设备外形

② 主要处理工艺及参数详述如下。

a. 处理工艺流程见图 12-6。

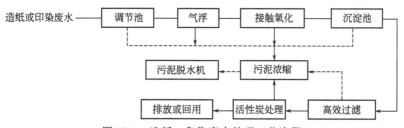

图 12-6 造纸、印染废水处理工艺流程

b. 主要技术参数。

ⓐ 调节池：按停留时间 4～5h 计。

ⓑ 气浮段：停留时间按 0.5～1h 计（混合部分为 10min）；刮泥（沫）机速度不大于 5m/min；溶气罐压力 300～500kPa；水在罐内停留 3min；空气量按废水量的 10% 计。

c. 接触氧化段。

一级接触氧化：有机负荷 2～3m³/(m²·h)，停留时间 1h。

二级接触氧化：有机负荷 1～2m³/(m²·h)，停留时间 1h。

供气量：按气水比（15～20）:1 计。

d.沉淀池段（斜板沉淀池）：表面负荷 $2m^3/(m^2 \cdot h)$，停留时间 1～1.5h。

e.高效过滤罐滤速：10m/h，反冲洗强度 6～8L/$(m^2 \cdot s)$，反冲洗时间 5min，清洗周期 24h。

f.活性炭罐：滤速 8m/h，反冲洗强度 $30m^3/(m^2 \cdot h)$，反冲洗时间 5min，清洗周期 24h。

g.需说明的问题：

ⓐ 造纸、印染废水一体化处理设备，一般情况下只适用于小水量单位（$1000m^3/d$ 以下），大水量时仍需单独工程设计。

ⓑ 污泥处理可与全厂系统一并处理或采用干化处理。

（4）化工废水一体化处理设备

1）化学工业包括的内容很多，如石油化工、橡胶、合成纤维、塑料、化肥、农药、无机酸、碱、盐、染料等生产。其废水的特点是水质水量变化大，有毒和难降解的物质多，可生化性差，成分复杂。若想用一体化处理设备处理所有的化工废水是不现实的。特别是对于某些高 COD、油和酚及某种重金属或其他成分含量很高的废水，不经过专门处理，全靠一体化处理设备处理也是不现实的。因此，用一体化设备处理化工废水，一般情况下应是在废水符合以下条件下，才有可能实现：

COD<1000mg/L；BOD 500mg/L；油<200mg/L；SS<300mg/L；酚<500mg/L。

2）化工废水一体化设备处理常用的处理工艺和主要参数如下。

① 主要处理工艺流程见图 12-7。

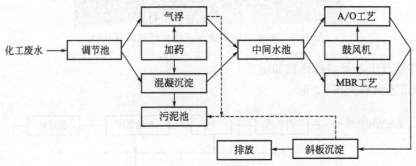

图 12-7 化工废水常用的处理工艺流程

② 流程说明：全厂化工废水进入调节池进行水质水量均衡，然后用泵打入一体机的气浮段（或沉淀混凝段，根据水质情况或厂方具体情况定），再进入中间水池做水质水量稳定后，用泵打入一体机的 A/O 工艺（或 MBR 工艺）段（根据制作厂方情况定），最后进入斜板沉淀段，沉淀后出水排放。

③ 主要参数。

a.调节池：按停留 4～6h 计。

b.气浮段：按停留时间 0.5～1h 计（混合部分为 10min），刮泥（沫）机速度不大于5m/min，溶气罐压力 300～500kPa，水在罐内停留 3min，空气量按废水量的 10％计。

c.混凝沉淀段：混合时间按 1～2min 计，絮凝反应时间按 20～30min 计，沉淀时间按0.5～1h 计。可投加碱式氯化铝，投药量可根据实测量计。

d.A/O 反应段：有机负荷可按 0.2～0.5kg BOD/(kg MLSS·d) 计。A 池停留时间可

按1h计，O池停留时间可按 4～6h 计，MLSS 可按 3000mg/L 计，空气量可按气水比 (15～20)∶1 计。

e. MBR 反应段：BOD 容积负荷可按 1～1.5kg COD/(m^3·d) 计，膜通量可按 0.4～0.8m^3/(m^2·d) 设计，每张膜冲洗时所需的空气量可按 10～15L/(min·张) 计，反应池内空气量可按气水比 (15～20)∶1 计。

f. 斜板沉淀段：表面负荷可按 3～4m^3/(m^2·h) 计，停留时间可按 0.5～1h 计，斜板间距可按 5cm 计。

g. 污泥可在一体化处理设备外做污泥浓缩干化池处理或机械处理。

该化工废水一体化处理设备外形可参见图 12-8。

图 12-8　化工废水一体化处理设备外形

（5）养殖和屠宰废水一体化处理设备

养殖废水主要包括养猪场废水、养鸡场废水和养牛场废水等。屠宰场废水主要包括屠宰猪、牛、羊等牲畜废水。其废水的性质主要是 COD、BOD、油类、SS 等指标偏高，屠宰场由于有牲畜残血，其废水色度亦偏高。但这两种废水有个共同的特点，即可生化性较好（一般 BOD/COD≥40%），为生化法处理提供了可能。

养殖和屠宰废水一体化处理设备常用的处理工艺及主要参数如下。

① 养殖和屠宰废水处理工艺流程可参见图 12-9。

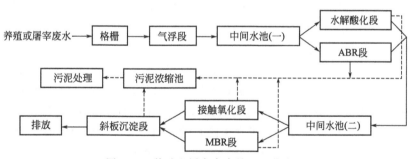

图 12-9　养殖和屠宰废水处理工艺流程

② 流程说明。养殖和屠宰废水首先经过格栅处理去除一些颗粒、肉皮、碎肉或毛草等杂物，然后进入气浮段，在此去除细小颗粒和悬浮油及油类物质，进入中间水池进行水质水量稳定，为进入生化处理做好准备。生化处理分为厌氧处理和好氧处理两阶段，在厌氧处理中，可选择水解酸化段或 ABR 段。在好氧处理中可选择接触氧化段或 MBR 段，经生化处理的废水再进入斜板沉淀做沉淀处理后排放。

养殖和屠宰废水一体化处理设备外形见图 12-10。

③ 主要参数。

a. 格栅：安装在进水管（沟）中，栅条间隙 b=20～25mm，人工捞渣或采用机械格栅。

图 12-10　养殖和屠宰废水一体化处理设备外形

b.调节池：停留时间4～6h。

c.气浮段：按停留时间0.5～1h计（混合部分为10min），刮泥（沫）机速度小于5m/min，溶气罐压力300～500kPa，水在罐内停留3min，空气量按废水量10%计。

d.中间水池（一）段：按停留20min计。

e.水解酸化段：有机负荷可按0.1～1kg COD/（m³·d）设计，用停留时间4～6h核算容积，段内应考虑废气释放阀门。

f.ABR反应段：可按0.5～2kg COD/（m³·d）负荷设计，用停留时间6～8h核算容积。段内隔板间距上升区为下降区的4倍，隔板下端做成45°倾角，进口端和出口端区域可适当放大，以提高处理效果，池顶应有沼气收集或释放装置。

g.中间水池（二）段：停留时间按20min计。

h.接触氧化段。

ⓐ一级接触氧化段：有机负荷2～3m³/（m²·h），停留时间0.5～1h。

ⓑ二级接触氧化段：有机负荷1～2m³/（m²·h），停留时间1h；供气量按气水比（15～20）：1计。

ⓒ MBR段：BOD容积负荷可按1～1.5kg COD/（m³·d）计，膜通量可按0.4～0.8m³/（m²·d）设计，每张膜冲洗时所需的空气量可按10～15L/（min·张）计，反应池内空气量可按气水比（15～20）：1计。

ⓓ斜板沉淀段：表面负荷可按3～4m³/（m²·h）设计，停留时间可按0.5～1h计，斜板间距可按5cm计。

说明： 如果废水量较大，可采用2～3套一体化设备处理，若超过3套一体化设备处理的量，建议改用工程设计。

（6）电解法一体化处理设备

1）电镀废水中包括含铬废水、含氰废水、含镍废水、含铜废水、含锌废水等。用一体化电解法处理上述这些重金属离子已有成熟的经验。另外，电解食盐水产生次氯酸钠及二氧化氯也已应用于废水处理中。同时，电解含酚废水及有机物废水等的研试也正在抓紧进行中，特别是新发展的微电解处理工业废水也已开始应用于工程实践中。因此，开发用电解法处理工业废水是一项前途广阔的处理手段，这是因为电解法一体化设备有着其他方法所不具备的优势。主要表现为：

a.占地小，布置紧凑，操作管理方便；b.污泥及沉渣量少，无二次污染；c.微电解技术，几乎对所有的重金属离子及难生化的物质都可以去除，耗电量相对较少，同时去除效率比普通电解法提高20%左右。

缺点是：a.极板及电量消耗较大；b.一般适用于小水量处理，处理大水量不合适。

2）电解法常规处理技术要点及主要参数如下。

① 电解法常规处理流程（见图12-11）。

② 流程说明。工业废水（一般指含重金属离子废水）首先经过格栅（为了使废水进入调节池和电解槽前尽量减少颗粒状或悬浮物量，格栅应设粗、细两道格栅），拦截废水中颗

图12-11 电解法常规处理流程

粒状及悬浮物，然后进入调节池进行水质水量均衡，其后，进入电解槽进行电解处理，处理后进入出水池，均化后排放。

③ 一体化电解法处理设备设计和主要参数。所谓一体化电解法处理设备，泛指以电解槽为主体的处理设备，其设计要点主要是电解槽供电参数和槽体尺寸的确定以及食盐和供气量等参数的确定。具体的设计参数及计算可参见本书第二章有关章节及第十一章电解法处理电镀废水部分。

④ 电解法一体化处理设备外形见图 12-12。

图 12-12　电解法一体化处理设备外形

（7）反渗透法一体化处理设备

1）关于反渗透法的原理、材料、设计、结构及技术参数等可参见本书第二章有关内容。反渗透法废水处理常规工艺流程见图 12-13。

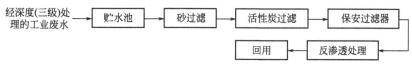

图 12-13　反渗透法废水处理常规工艺流程

2）流程说明。废水经过一、二、三级（深度）处理后，一般情况下仍达不到进入反渗透处理的要求，所以首先进入贮水池，对废水进行水质和水量的稳定，然后进入过滤处理，其滤料常用的有石英砂（密度要求 $2.65g/m^3$）及磺化煤（密度要求 $1.4\sim1.7g/m^3$）和钛铁矿（密度要求 $4.2\sim4.6g/m^3$），并常以磺化煤和石英砂作为双层滤料或石英砂、磺化煤和石榴石或钛铁矿作为三层滤料过滤。为了简化过滤工艺，仅用石英砂作为滤料过滤也是经常被采用的。

一般情况下，砂滤罐的滤速采用 $8\sim12m/h$，运行周期一般为 $6\sim8h$（最高 48h），反冲洗强度一般可采用 $13\sim18L/(m^2\cdot s)$，过滤器的水头损失一般应大于 29.4kPa，反冲洗时间 $10\sim15min$。

应该说明的是：

① 当废水中 SS<20mg/L、铁<0.3mg/L 时可直接用上述砂滤直接过滤。

② 当废水中 SS>20mg/L、铁>0.3mg/L 时可用直流混凝过滤或采取除铁措施后再行过滤。

③ 当废水中有机物含量较高时，可采用加氯、混凝澄清过滤。

④ 当废水中碳酸盐硬度较高时，加药处理会造成 $CaCO_3$ 在反渗透膜上沉淀，这时可采用石灰法处理或用钠离子交换器处理。

⑤ 当废水中硅酸盐较高时，可投加石灰、氧化镁（或白云粉）处理，将硅、碳酸钙和氢氧化镁除去。

⑥ 经过滤后的废水进入活性炭罐处理，关于活性炭的质量应选用果核炭或木炭，不能选用煤质炭，以确保出水质量。活性炭罐的滤速应为 $7\sim10m/h$，压力应为≤0.4MPa，水头损失一般为 $0.6\sim0.8m$，反冲洗强度一般可选为 $10\sim18L/(m^2\cdot s)$，反冲洗时间 $10\sim15min$。

⑦ 经活性炭处理后的废水再进入保安过滤器（精密过滤器）。所谓保安过滤器指的是过

滤精度为 $1\sim30\mu m$ 的过滤器，通常是放在活性炭罐处理后，其构造为：用不锈钢做外壳，内装滤芯，滤芯孔径一般为 $0.5\sim120\mu m$。滤芯分为线绕滤芯和熔喷滤芯两种，而线绕滤芯又分为两种，一种是用聚丙烯做骨架，用聚丙烯纤维缠绕（最高使用温度 60℃）；另一种是用不锈钢做骨架，脱脂棉纤维缠绕（最高使用温度 120℃）。熔喷滤芯是以聚丙烯为原料，经熔喷工艺制成的（最高使用温度为 60℃）。通常，保安过滤器分为 $0.5\mu s$、$5\mu s$、$10\mu s$ 等几级。经保安过滤器处理的废水一般均能达到进入反渗透处理的水质要求。

⑧ 经过保安过滤器处理的废水最后进入反渗透处理系统，处理后可达到预定的回用水质标准。

3）膜件排列组合举例。

① 已知系统回收率定为 75%，6m 长膜组件和 4m 长膜组件的排列组合，见表 12-1 和表 12-2，试分别计算 6 个 6m 长膜组件和 6 个 4m 长膜组件的排列组合。

表 12-1　6m 长膜组件的排列组合

段数	第一段	第二段
每段膜组件占膜组件总数的倍数	2/3	1/3

表 12-2　4m 长膜组件的排列组合

段数	第一段	第二段	第三段
每段膜组件占膜组件总数的倍数	0.5102	0.3061	0.1837

② 设计计算。6 个 6m 长膜组件可采用 4-2 排列（一级二段），即第一段有 4 个膜组件采用并联，第二段有 2 个膜组件并联，4-2 排列（一级二段）见图 12-14。

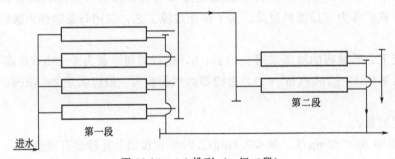

图 12-14　4-2 排列（一级二段）

同理，一级三段计算为：

第一段所需膜组件数：$6\times0.5102=3.0612\approx3$

第二段所需膜组件数：$6\times0.3061=1.8366\approx2$

第三段所需膜组件数：$6\times0.1837=1.1022\approx1$

反渗透法一体化处理设备外形可见图 12-15。

（8）其他形式的一体化废水处理设备

随着环保事业及创新意识的不断发展，一体化废水处理设备也在不断地推新及更新换代。除了上述介绍的几种常用的一体化废水处理设备外，目前，我国尚有电镀废水处理一体化设备、含油废水处理一体化设备、游泳池循环水处理一体化设备、厨房（酒店）污水处理一体化设备、洗车循环水处理一体化设备等问世并投入使用，本书不再一一做介绍。

(a)   (b)

图 12-15　反渗透法一体化处理设备外形

3. 工业废水一体化处理设备的发展趋势如下

（1）市场前景

我国幅员辽阔，人口众多，每年工业废水的排放量很大（详情可见本书第一章），对环保设备的需求量亦很大，特别是对于占地小、投资低、操作使用管理方便的一体化设备更是受到了各地政府、企业和农村的欢迎。因此，它具有广泛的市场前景，具体地说，可表现在以下几方面：

1）在广大的农村和乡镇。众所周知，我国农村乡镇土地面积占了我国土地总面积的80％以上，虽然这些年来城市化的发展迅速，但广大农村乡镇人口仍占到我国总人口的70％以上。近些年来，由于乡镇企业的发展及人民生活水平的提高，工业废水及生活污水的排放量逐年提高，再加上国家对生态环境的重视，迫切需要一批切实可行、经济实惠的废水处理技术和设备。因此可以说，一体化污水处理设备在广大的农村乡镇地区，有着十分美好的发展前景。

2）在大、中、小城市。在大城市，由于地皮紧张，尚存的有污染治理的企业也需要一些占地小、处理效果可靠且投资相对较低的废水治理技术和设备。尤其是近些年来，为适应环保的需要而需搬迁的企业，更需要在新厂址采用投资少、占地小、技术可靠的废水处理设备。

在中、小城市，由于当地经济相对不够发达，治理环境（包括废水处理）更需要一批投资少、占地小、处理效果可靠的技术和设备。

总而言之，今后相当一段时期，一体化废水处理设备，应当说具有相当美好的市场前景。

（2）发展趋势

自从 20 世纪 60 年代我国从国外引进了埋地式生活污水一体化处理设备后，各行业的一体化废水设备的研制开发势不可挡，到目前为止，据不完全统计，我国已有造纸、印染、电镀、化工、食品、屠宰养殖以及医院、游泳池、生活污水等一体化处理设备几十种，处理工艺也包括了预处理、生化处理及深度处理（如电渗析、反渗透、离子交换等）。随着国民经济的快速发展及环境保护要求的不断提高，一方面对一体化废水处理设备的要求也越来越高，另一方面也需要不断提高我国一体化处理设备的水平，以争取早日进入世界先进环保设备制造国行列，为此，今后一段时期我国一体化机的发展趋势应在以下方面有所发展和作为。

处理工艺多样化。一体化废水处理机已由 20 世纪 60 年代的埋地式接触氧化处理工艺，发展到目前的多种好氧处理工艺，如 A/O 工艺、MBR 工艺、SBR 工艺等，同时已开发了厌氧处理工艺，如水解酸化工艺等，深度处理的超滤、电解析、反渗透工艺等，另外，预处理的混凝沉淀、气浮、电解工艺等。今后的一体化机发展，会在上述已开发的处理工艺基础上，继续增加新的处理工艺及组合，如 ABR 工艺、臭氧氧化、BAF 工艺和过氧化氢与 Fenton 氧化等。同时，可以开展新型处理工艺组合的研究和探讨。新型一体化废水处理设备其特点应表现在以下几方面：

① 智能化。在现有一体化设备自动控制的基础上，开展智能化的研究和设计，做到尽量替代人为操作管理，如：根据废水水质情况自动投加药剂，根据处理效果自动调整控制参数等。

② 模块化。可将废水处理系统做出几个模块，如做成预处理模块、生化处理模块（也可分为好氧处理模块和厌氧处理模块）及深度处理模块（也可做成深度预处理模块和反渗透或超滤、电渗析模块等），使用时，可在现场拼装。

③ 系列化。根据处理规模不同，可做成 $5m^3/h$、$10m^3/h$、$20m^3/h$、$50m^3/h$ 和 $100m^3/h$ 系列，供用户选用。

④ 标准化。目前国内生产的一体化设备，不同厂家有不同的标准和尺寸，今后随着产品生产的发展，应由有关部门进行标准化的制定工作，以方便零件互换及与国际接轨。

第二节 ▶ 污水处理机（专利）的研制与开发

一、概述

为了适应环保工作不断发展的需要，笔者研制和开发了一项一体化废水处理设备——污水处理机，并已获国家专利。该设备已用于造纸及印染等工业废水处理工程实践，处理效果良好，并获得用户的好评，具体研制情况如下。

针对造纸、印染及化工等工业废水水质特点，基本按预处理（物化处理）＋生化处理＋物化处理（排放或回用）的思路进行研制。污水处理机处理系统工艺流程如图 12-16 所示。

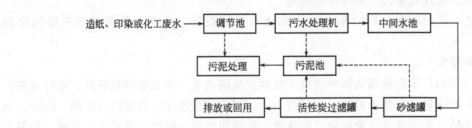

图 12-16　污水处理机处理系统工艺流程

流程说明：造纸、印染或化工废水，先进入调节池进行水质水量均衡，然后用泵（在污水处理机内）将污水提至污水处理机进行处理（污水处理机详情下述），出水进入中间水池进行水质稳定，然后用泵打至砂滤罐做过滤处理，其后用滤后余压进入活性炭过滤罐，吸附处理后出水即可达到排放（或回用）标准。

二、污水处理机介绍

1. 处理前后水质

按照造纸、印染、食品、化工及生活污水等废水通常水质标准及污水综合排放标准，制定处理前后指标见表12-3。

表 12-3 处理前后指标 单位：mg/L

指标	COD	BOD	SS	油
处理前	800	400	1000	200
处理后	60(120)	20(30)	20(30)	10

注：括号内为二级标准。

2. 处理工艺的确定

根据造纸、印染以及化工等废水的特点，污水处理机采用的处理工艺流程如下（以 $5m^3/h$ 处理机为例），处理工艺流程见图12-17。

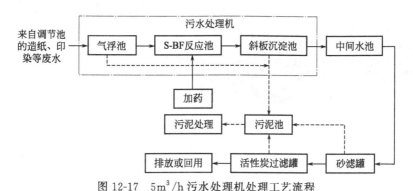

图 12-17 $5m^3/h$ 污水处理机处理工艺流程

3. 适用范围

① 纺织行业，处理废水包括：a.纯棉、涤棉、印染、漂白、整理废水；b.毛纺织染整废水；c.丝绸染整废水；d.人造纤维染整废水。

② 化工行业，处理废水包括：a.焦化废水；b.含酚废水；c.维尼纶废水；d.黏合剂、涂料、精细化工废水。

③ 轻工食品行业，处理废水包括：a.屠宰废水；b.乳制品废水；c.饲养（猪、牛、羊、鸡）废水；d.肉类加工废水；e.造纸白水；f.纸板厂废水；g.草浆中段废水。

④ 冶金石油行业，处理废水包括：a.煤气焦化废水；b.石油加工废水；c.清洗废水（含油废水）。

⑤ 铁路及交通行业，处理废水包括：a.车站各类废水；b.洗车废水（汽车）。

⑥ 生活污水，处理废水包括：a.饭店、旅馆、餐饮废水；b.生活小区污水。

4. 优缺点及市场前景

① 优点主要包括：a.结构紧凑、工艺新颖、占地小、操作管理及维修方便、价格低；b.生产制造条件简单。

凡具备一般机械加工和焊接能力的工厂均可承接本成套设备的加工制造工作。

② 缺点：目前只能制造小水量处理设备（5~30t/h）。因此，该成套设备只能适用小、中水量的废水处理。

③ 市场前景：由于该污水处理机具有体积小、造价低、应用范围广泛等优点，市场前景较为乐观。

5. 污水处理机照片及专利证书

污水处理机照片及专利证书见图 12-18。

图 12-18　污水处理机照片及专利证书

三、新产品开发

由于环保产品不断发展的需要及创新观念的要求，废水处理一体化设备也应不断创新和发展。为此，笔者正在积极开发一种新的一体化设备，其研制思路是：实行模块化，即将废水处理过程分成几个模块，如将废水从处理到达到排放标准做成一个模块，这其中主要包括气浮及混凝沉淀等预处理工艺及水解酸化、MBR 或接触氧化等生化处理工艺；另外，将高效过滤及新型活性炭吸附等做成一个模块；再有，将保安过滤及反渗透等膜法手段做成一个模块，用户可根据需要选用 1 个、2 个或 3 个模块。

在研制过程中，应贯彻不断提高设备的智能化及操作管理及维修方便水平，并应做好模块间接口的衔接工作，并逐步按不同行业及不同处理模块及不同的水质特点，做到设备的行业化、系列化和标准化，以适应国情需要，并逐步与国际接轨，争取投放国际市场（据了解，南亚国家如印度、巴基斯坦、孟加拉等国，以及亚洲、非洲和南美洲有些国家，水污染较严重，特别需要此类设备）。如果开发顺利的话，市场前景是十分乐观的。

第三节 ▶ 污水处理机（专利）处理工业废水工程实例

一、实例一 保定南郊板纸厂

保定南郊板纸厂是一家专门生产包装纸板及机制纸的企业。由于原有的废水处理构筑物——污水池已不能满足环保的要求，又由于该厂土地及资金均紧张，迫切寻找一种占地小、投资低、操作管理方便的造纸废水处理设备。我们提出的一体化处理设备——污水处理机（专利）处理方案得到了该厂的认可，并在该厂实施，具体情况如下。

1. 水质和水量

（1）水质

由于该厂有现成的废水水质资料，只提出废水 COD 小于 500mg/L，现只能按板纸厂常规废水水质指标及造纸行业废水排放标准，制定该厂的废水处理前后指标，保定南郊板纸厂废水处理前后指标见表 12-4。

表 12-4 保定南郊板纸厂废水处理前后指标　　　　　　　　　　单位：mg/L

指标	COD	BOD	SS	色度/倍	pH 值
处理前	600~800	250~300	800~1000	100~150	8~9
处理后	100	60	100	50	6~9

注：处理后执行造纸废水排放标准（GB 3544—2008）。

（2）水量

根据厂方提供的处理水量要求，近期按 $15m^3/h$、远期按 $35~40m^3/h$ 处理设计。

2. 处理工艺流程

由于该厂利用已有的旧厂房作为污水处理机房，且指定面积有限，因而设备及处理构筑物的布置发生困难。为了在给定的条件下完成污水处理机等设施的布置，经仔细研究，决定将现有污水处理一体机拆成两个设备，即将污水处理机中生化处理部分单独拿出来，制成生化处理机，拆机后的污水处理工艺流程见图 12-19。

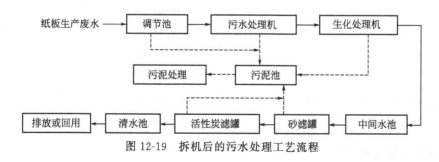

图 12-19　拆机后的污水处理工艺流程

流程说明：生产废水首先进入调节池，经水质水量均匀处理后用泵提至污水处理机，该机主要包括机器间、气浮处理部分和混凝沉淀部分；处理后，利用自然高差污水进入生化处理机，该机主要包括 S-BF 反应池和斜板沉淀部分；处理后废水流入中间水池，再用泵打入砂滤罐，经过滤处理后利用余压进入活性炭滤罐，经吸附处理后出水即可排放或回用。

3. 主要处理构筑物及设备

（1）主要处理构筑物

见表 12-5。

表 12-5　主要处理构筑物

序号	名称	规格	结构形式	单位	数量	备注
1	调节池	18m×4m×2.5m（深）	混凝土	座	1	
2	中间水池	2.5m×2m×1.5m（深）	混凝土	座	1	
3	清水池	2.5m×2m×1.5m（深）	混凝土	座	1	
4	污水处理厂房	14m×10m×5m（高）	砖木	座	1	

注：1. 调节池利用原有水池。

2. 污水处理厂房（14m×10m×5m 高）系厂方指定的在原有厂房中划定的范围。

（2）主要设备

见表 12-6。

表 12-6　主要设备

序号	名称	规格型号	使用地点	单位	数量	备注
1	减速器	WHT 型	气浮	台	1	
2	电机	IA07134,$N=0.55$W	气浮	台	1	
3	行程开关	JLXKI-Ⅲ	气浮	个	2	
4	污水泵	ZTC-31	气浮、中间水池	台	2	
5	溶气泵	ISZ50-32-160	气浮	台	1	
6	空压机	Z-0.05/7	气浮	台	1	
7	气泵	DLB-11 号	气浮	台	1	
8	释放器	TJ-Ⅱ 型	气浮	个	2	
9	投药装置	Ⅰ 型	气浮	套	1	
10	调压阀	Qty-15-L₁	气浮	个	1	
11	压力表	Y-100	气浮	块	4	
12	安全阀	2.5kgf/cm²	气浮	个	1	
13	流量计	LZB—50 型	气浮	个	4	
14	砂滤罐		污水处理机房	台	1	
15	活性炭滤罐		污水处理机房	台	1	
16	反冲泵	IS 型	污水处理机房	台	2	
17	金属软管	1.6×JR 型	污水处理机房	m	10	
18	污泥泵	WQK 型	污水处理机房	台	4	

4. 投资估算及处理成本

经初步估算，本工程总投资 42.8 万元，其中土建工程 8.2 万元，由厂房自负，处理成本为每处理 1t 废水 0.95 元（估算过程：略）。

5. 废水处理工程平面示意图

保定板纸厂废水处理工程平面示意见图 12-20。

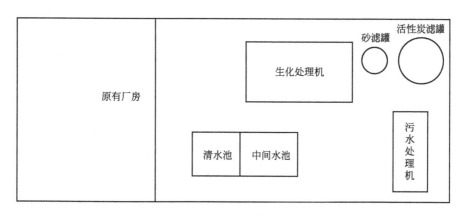

图 12-20 保定板纸厂废水处理工程平面示意

6. 保定南郊板纸厂水质分析报告单及用户意见书

分析报告单和用户意见书分别见图 12-21 和图 12-22。

二、实例二 北京特丽美染印厂（原驸马压印染厂）

1. 概况

北京特丽美染印厂（原驸马压印染厂），位于北京市怀柔区北房镇驸马庄村。该厂是从事棉印染加工的企业，主要使用硫化、活性和纳夫妥染料及助剂等，每天同时进行 3～4 种颜色的印染生产，由于印染废水的排放污染了周边环境，居民反应强烈。为此，该厂也投资进行了废水治理，但由于处理设施简单，达不到排放标准及获得满意效果，为此，厂方提出要在原有处理设施的基础上，对废水处理工程进行改造和扩建。有关情况如下。

2. 水质和水量

（1）水质

根据该厂已有的废水水质资料及当地环保部门要求处理后达到"北京市水污染物排放标准"中排入地表水及汇水中二级新建单位标准的要求，处理前后的水质指标见表 12-7。

表 12-7 北京特丽美染印厂印染废水水质 单位：mg/L

指标	COD	BOD	SS	色度/倍	pH 值
处理前	500	250	150	250	7～8
处理后	60	20	50	50	6～8.5

（2）水量

根据厂方提出的要求，该厂废水处理水量按 $30m^3/h$ 设计。

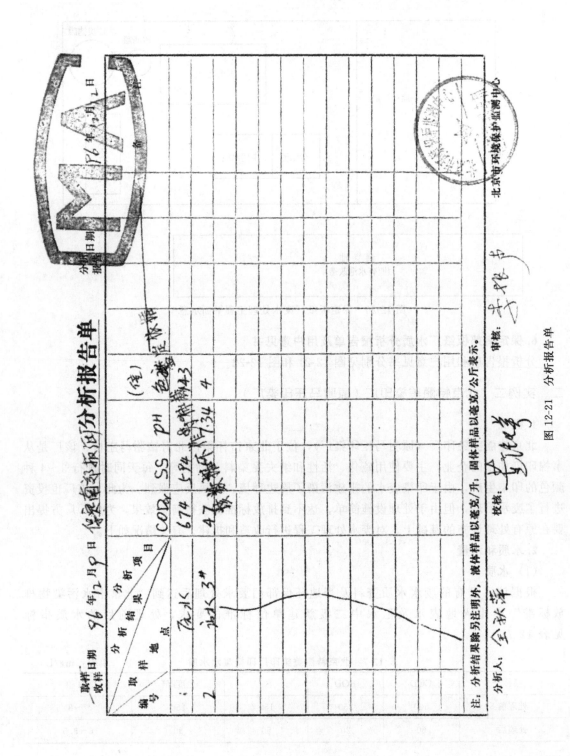

图 12-21 分析报告单

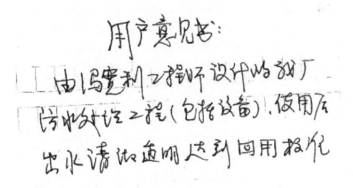

图 12-22　用户意见书

3. 处理工艺的确定

考虑该厂印染废水的水质及现场的具体情况，并结合厂方的具体意见和要求，该厂印染废水处理工艺流程见图 12-23。

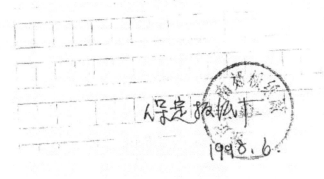

图 12-23　印染废水处理工艺流程

流程说明：为了利用原有处理设施及构筑物，将原有污水池改成调节池和混凝沉淀池两部分，并在污水池南侧新建一污水处理厂房，面积为 $112m^2$（$14m \times 8m$），内设置污水处理机 1 台，砂滤罐、活性炭滤罐各 1 个以及中间水池和清水池等。其中，活性炭滤罐由原有生化罐改造而成。

具体处理工艺流程是：印染废水首先经过已有的炉渣过滤排入调节池，在此做水质和水量稳定，其后用泵打入污水处理厂房中的污水处理机处理。该机主要是溶气气浮工艺，并有加药措施，处理后废水流入混凝沉淀池，在此进行沉淀处理（视水质情况，保留加药混凝沉淀的可能）。然后，废水用泵打入污水处理机房内的砂滤罐，用于去除悬浮油等颗粒杂质及部分有机杂质。最后，用砂滤罐的余压将废水打入活性炭滤罐进行脱色及去除其他有机物的吸附处理，其出水即可达到排放标准。

4. 废水处理平面布置示意图

废水处理平面布置示意见图 12-24。

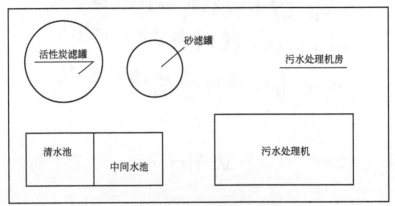

图 12-24　废水处理平面布置示意

5. 主要构筑物及设备

（1）主要构筑物

见表 12-8。

表 12-8　主要构筑物

序号	名称	规格	结构形式	单位	数量	备注
1	调节池	10m×8m×3m(深)	混凝土	座	1	利用原污水池改造
2	混凝沉淀池	6m×8m×3m(深)	混凝土	座	1	利用原污水池改造
3	中间水池	2.5m×1.5m×2.5m(深)	混凝土	座	1	在污水处理厂房内
4	清水池	2.5m×1.5m×2.5m(深)	混凝土	座	1	在污水处理厂房内
5	污水处理厂房	18m×8m×5m(高)	砖木	座	1	

（2）主要设备

见表 12-9。

表 12-9　主要设备

序号	名称	规格型号	使用地点	单位	数量	备注
1	自吸式排污泵	ZW65-30-18	污水处理机	台	2	
2	溶气泵	ISZ50-32-160	污水处理机	台	1	
3	空压机	Z-0.05/7	污水处理机	台	1	
4	减速机	WHT 型	污水处理机	台	1	
5	电机	IA07134,$N=0.55W$	污水处理机	台	1	
6	行程开关	JLXK1-Ⅲ	污水处理机	个	2	
7	溶气释放器	TJ-Ⅱ型	污水处理机	个	2	
8	流量计	LZB-100.4	污水处理机	个	4	
9	调压阀	QTY-15-L₁	污水处理机	个	1	

续表

序号	名称	规格型号	使用地点	单位	数量	备注
10	压力表	Y-100	污水处理机	块	3	
11	安全阀	$\phi 25mm, p = 8kgf/cm^2$	污水处理机	个	1	
12	可曲挠双球体		污水处理机			
	橡胶接头	KST-F 型		个	5	
13	橡胶隔振垫	SD 型	污水处理机	块	6	
14	砂滤罐	$\phi 2m \times 3m$(高)	污水处理机房	台	1	
15	活性炭滤罐	$\phi 2.5m \times 3m$(高)	污水处理机房	台	1	
16	反冲泵	IS65-40	污水处理机房	台	1	
17	污泥泵	WQK 型	污水处理机房	台	4	

6. 污水治理验收监测报告

检验监测报告见图 12-25。

北京特丽美染印厂——
污水治理验收监测报告

北京特丽美染印厂(原驸马庄印染厂)建设在怀柔县北房镇驸马庄村,是怀柔县从事棉印染加工的骨干企业。由于印染生产过程中向环境排放出大量的有机印染废水,使附近环境受到不同程度的污染,居民反映强烈。为防治污染,保持区域生态平衡,北京特丽美染印厂先后投资百万余元治理废水,现污水处理设施已调试完毕。受北京特丽美染印厂的委托,根据《北京市限期治理达标验收管理办法》,按照《北京市限期治理达标验收监测技术规定》的要求,怀柔县环境保护监测站于1997年11月20日—22日对该厂污水处理设施进行了验收,对处理前后废水的水质进行了监测。

一、生产及污水处理设施基本情况

1. 生产基本情况:

北京特丽美染印厂是从事棉印染加工的企业,主要进行硫化、活性及纳浮砣等几类印染生产,每天同时进行三至四种颜色的印染生产活动。由于颜色品种多,颜色变化频率大等原因,使外排废水性质时间差别较大。调查统计该厂排水量在600t/d范围内。

2. 污水处理设施:

北京特丽美染印厂的污水处理设施主要由炉渣过滤池、调节池、污水处理机、沉淀池、过滤吸附罐、清水池等部分组成。其主要工艺流程:

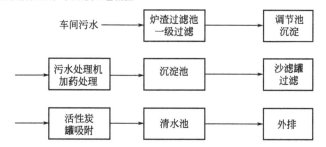

二、验收监测方案

按照《北京市限期治理达标验收监测技术规定》中废水验收监测的技术要求,怀柔县环境保护监测站制定如下验收方案:

1. 实施三个周期的采样监测,具体为11月20日至22日取样,每天取9:00、11:00、13:00、15:00、17:00时刻的处理前与处理后废水。

2. 监测项目为:COD_{Cr}、BOD_5、色度、pH、SS。

(a)

图 12-25

三日验收监测数据统计表

日期\项目		日均值				
		COD$_{Cr}$ /(mg/L)	BOD$_5$ /(mg/L)	SS /(mg/L)	色度 /倍	pH值
20日	处理前	360.6	177.6	85.6	206.2	7.57
	处理后	51.5	14.2	34.6	2.74	7.64
21日	处理前	408.2	202.8	89.2	214.8	7.76
	处理后	53.8	20.6	36.0	3.89	7.33
22日	处理前	422.8	200.0	101.4	195.0	7.53
	处理后	52.6	16.9	43.2	3.2	7.68
处理后达标状况		达标	达标	达标	达标	达标
平均达标率/%		86.7	91.1	58.9	98.4	

三、结论

北京特丽美染印厂在正常生产的条件下，日排放印染废水360～720t。在污水处理设施运行正常的条件下，排放废水的主要监控指标达到《北京市水污染物排放标准》中排入地表水体及其汇水范围的二级新建单位标准，污水处理设施监测验收合格。

怀柔县环境保护监测站

一九九七年十一月二十六日

(b)

图 12-25 验收监测报告

说明： 除上述保定板纸厂和北京特丽美染印厂采用此污水处理机（专利）技术外，天津丝织三厂、北京清河毛研所和北京华大粘合剂厂等均采用此专利技术，效果良好，由于篇幅所限，本书不再详述。

第十三章 ▶▶

工业废水处理设备采购

第一节 ▶ 工业废水处理中常用设备

一、工业废水处理工艺中常用设备

　　除了处理技术，完好的处理设备也是实现良好废水处理效果的关键。为此，如何采购好处理设备，也应成为工业废水处理不可或缺的问题之一。上文已述及，为了实现工业废水圆满处理，从预处理、生化处理到回用（深度）处理，均需要不同的处理设备，因此，应当了解各处理阶段都需要什么设备及各种设备的性质、制造特点及处理效果情况，如何安置和维护这些设备也就成为工业废水处理过程中重要的乃至可以节约资金、保证废水处理正常进行的重要的一环。现首先将废水处理中各处理阶段所采用的设备及形式列于表 13-1。

表 13-1　废水处理中各处理阶段所采用的设备及形式

工艺单元	处理构筑物		处理设备		配套设备
	名称	形式	类别	名称	
拦污	格栅间	粗格栅、细格栅	格栅除污机	弧形格栅除污机、回转式格栅除污机、转鼓式格栅除污机、阶梯式格栅除污机、移动式格栅除污机	带式输送机、螺旋压榨机
	滤网间	正面进水、侧面进水	旋转滤网	转刷网算式清污机	
提升	污水泵房	液内	轴流式	潜污泵	
		液外	离心式	卧式污水泵	
初次沉淀	初次沉淀池	平流	平流式刮泥机	行车时刮泥机、链板式刮泥机	
		辐流	辐流式刮泥机	中心传动刮泥机、周边传动刮泥机	

工艺单元	处理构筑物		处理设备		配套设备
	名称	形式	类别	名称	
沉砂	平流式沉砂池、旋流式沉砂池、曝气沉砂池	矩形、方形、圆形	吸砂机	行车式气提吸砂机、行车式泵吸除砂机、旋流式除砂机	砂水分离器、洗砂装置
			刮砂机	链板式刮砂机、链抖式刮砂机、行车式刮砂机、提靶式刮砂机、悬挂式中心传动刮砂机	
		圆形	水力旋流器	砂水分离器	
			气提	气提装置	
气浮	溶气气浮	矩形	气浮机	刮泥机、空压机、溶气缸、释放器	
		圆形	气浮机	刮泥机、空压机、溶气缸、释放器	
	浅层气浮	圆形	气浮机	刮泥机、空压机、溶气缸、释放器	
	涡凹气浮	圆形	气浮机	散气叶轮、曝气机、刮泥机	
	尼克尼气浮	矩形、圆形	气浮机	尼克尼泵、刮泥机、曝气机	
二次沉淀	二次沉淀池	平流	平流式吸泥机	行车式吸泥机（虹吸式、泵吸式）	
			平流式刮泥机	行车式刮泥机 链板式刮泥机	
		辐流	辐流式吸泥机	中心传动吸泥机（虹吸式、泵吸式、水位差式）、周边传动吸泥机（虹吸式、泵吸式、水位差式）	
			辐流式刮泥机	中心传动刮泥机、周边传动刮泥机	
		竖流	竖流式沉淀池	钢体或工程塑料体中心管	
		斜板（管）	斜板（管）沉淀池	钢体或工程塑料体、斜板或斜管	
混凝沉淀	混凝沉淀池	矩形	加药装置、搅拌装置	加药装置、搅拌器	
		圆形	加药装置、搅拌装置	加药装置、搅拌器	

续表

工艺单元	处理构筑物		处理设备		配套设备
	名称	形式	类别	名称	
生物处理（好氧）	曝气池	水下曝气	微孔曝气器	盘式曝气器、管式曝气器	
			曝气机	泵型叶轮表面曝气机、倒伞型叶轮表面曝气机	
		水下搅拌	水下搅拌机	潜水搅拌器	
	氧化沟	表面曝气	卧轴式	转刷曝气机、转碟（盘）曝气机	
	SBR 反应池	矩形	滗水器	旋转式滗水器、虹吸式滗水器、套筒式滗水器	
	MBR 反应池	矩形	膜组件、曝气装置	中空纤维膜组件、自吸泵清洗装置、曝气装置、鼓风机	
	接触氧化池	矩形	接触氧化	钢及工程塑料池体、蜂窝填料、曝气装置	
	曝气生物滤池	圆形	生物滤池	钢及工程塑料池体、填料、曝气装置	
曝气	鼓风机房	矩形	鼓风机	DSD 型罗茨鼓风机、L 型罗茨鼓风机、离心鼓风机	
生物处理（厌氧）	水解酸化池	矩形	反应池	隔板、pH 值和温度调节	
	ABR 反应池	矩形	反应池	隔板、pH 值和温度调节沼气收集回收装置	
	UASB 反应池	圆形	反应池	三项分离器、pH 值和温度调节、沼气收集回收装置	
过滤	污水处理厂房	圆形	压力过滤器	石英砂过滤器、多介质过滤器	
吸附	污水处理厂房	圆形	常压过滤器	活性炭过滤器	
污泥处理	污泥浓缩池	矩形、圆形	污泥设备	污泥泵、污泥输送设备	
	污泥脱水间	矩形、圆形	污泥脱水设备	板框压滤机、带式压滤机、离心脱水机、污泥输送设备	加药装置

注：1.各处理工序污水泵根据处理水量及水质选定。

2.各处理工序电控及自控系统根据工程情况选定。

3.其他辅助设备及器件由设计决定。

二、化验室主要仪器设备和机修车间应配备的主要设备

略。

第二节 ▶ 处理设备和产品在采购中应注意的问题

通常，在工业废水处理时，所需要的处理设备及产品不下上百种，每种设备及产品在采购过程中都应严把质量关，以确保废水处理的正常运行。现将在工业废水处理时常用的设备或产品在采购时应注意的问题介绍如下。

一、水泵

在工业废水处理工程中，常采用的水泵为离心泵、潜水排污泵和污泥泵，现将采购时要注意的问题简述如下。

1. 离心泵

常用的离心泵有卧式离心泵、多级离心泵和立式管道离心泵。采购时首先要清点供货清单，并开箱检验主机、备件、附件、随机工具及有关资料，并应注意：

1）泵体、电机、底座等各部件均应按要求进行表面预处理及涂漆防护，涂层不能有起泡、皱纹和脱落等现象，且颜色应保持一致。

2）设备名牌、转向、安全警示等应置于醒目位置，并要求标识清楚，项目齐全。

3）设备型号、附件型号以及件数必须符合技术协议要求。

4）机组及泵的零件和部件应无缺件、损坏和锈蚀等。

5）泵进出口管口应密封，保护物及堵盖应完好，且对应的法兰、垫片及密封件也必须完好。

6）电机的防护标识要明晰，接线盒也应有完好的保护措施，进出线的密封圈应完整无损。

7）机组各连接部位应紧固无松动，泵机和电机的联轴器连接应牢靠，转动部分应有防护罩保护，用手转动时应感觉灵活不费力。

另外，按照技术协议，制造厂家必须提供符合设计要求的泵体和轴等主要部件的材质（如过流部分材质为304不锈钢等）及有关分析报告（如化学分析报告、金相检测报告及力学性能报告等），且每个报告都应有相关检定人员和审核人员签字。

2. 潜水排污泵

在工业废水处理中，常用的潜水排污泵有自吸式排污泵和液下排污泵。处理水量小时，可将泵直接安放在污水池中，处理水量较大时，一般通过自耦装置固定。在采购此类泵时应注意以下问题。

1）由于该类泵长期在水下工作，因此，密封及防漏是该类泵的关键，在采购时应了解机械密封情况（通常情况下，密封是采用新型硬质耐腐的碳化钨材料，同时也有将密封改进为双端面密封的），同时在密封油室内应有高精度抗干扰漏水检测传感器，以便在发生漏水时报警、停止工作或待处理，有时还应在定子绕组内预埋热敏元件，以便对水泵加以保护，这些在采购订货时都应予以了解和确认。

2）要了解泵叶轮、转子的平衡试验情况及数量资料；泵壳是否防腐，其表面有否裂痕、砂眼等情况。

3）电缆电线密封情况（有的制造厂采用硫化橡胶密封头，YCW型防油橡套电缆），电机形式（有的厂采用鼠笼式感应潜水电机）及专用控制柜设计情况。

4）泵的试验及有关文字资料：如流量-扬程曲线、流量-功率曲线、流量-效率曲线、运转噪声情况等。

二、闸板、闸门

在工业废水处理工程中，往往在进水沟渠上需设置闸板或阀门，通常有铸铁闸门、平面钢闸门、铰链式闸门、明杆或暗杆闸门。大型工业废水处理工程闸门还需设置驱动装置（如启闭机等），这些设备在采购时应注意以下问题。

1. 铸铁闸门

一般有矩形和圆形两种，矩形闸门尺寸一般在 2000mm×2000mm 以下，圆形闸门一般在 ϕ1500mm 以下，为了防止关闭闸门时漏水，在铸铁框内镶有铜密封条。在采购此类闸门时，首先应对密封情况加以询问和现场考核，同时，对铸铁框架质量如是否有气孔、裂纹、砂眼等问题进行考察；其次对手动或自动启闭机构进行询问、考察以及试操作，观察其密封性和灵活性；再有，要观察闸门框架与闸板的平行度和垂直度，以防倾斜现象存在；最后，应收集闸门的有关文字和技术参考资料。

2. 平面钢闸门

主要形式为直升式焊接钢闸门，主要由面板和梁格组成，在闸门和闸框上设导向装置。钢闸门防漏的方式与铸铁闸门不同，它的做法是：在闸门四周用螺栓固定一圈特制的橡胶材料，并通过楔形产生的压力与闸框的止水座形成密封。在采购此类闸门时，首先要观察钢框架焊接（或铆接）的牢固程度，焊接的平行度及垂直度，密封橡胶的材料、材质及安装强度，然后考察闸板启闭的严密程度和灵活情况，并搜集有关文字和技术参数资料。

3. 明杆闸门与暗杆闸门

闸门的启闭形式有很多，如：钢丝绳索引式、液压或气动式、电力驱动式等。但在工业废水处理工程中，主要采用的是螺旋升降式的闸门，即利用丝杠与螺母的相对转动而达到闸板升降的目的。一般有明杆和暗杆两种。在采购此类产品时应注意以下问题。

① 首先弄清闸门各部分的材料情况（如闸门材料、壳体材料、手轮材料，最重要的是丝杠和螺母的钢材质量等）。

② 用手转动手轮感觉是否转动灵活和轻便。

③ 闸门垂直边（竖边）是否光滑平整，两条竖边平行度是否合格等。

④ 加油及维护是否方便。

⑤ 闸门的防腐情况：由于闸板、堰板及闸框长期浸在水中，防腐也显得十分重要，因此，采购时要查看有关防腐处理情况（一般闸门在出厂前均应做好防腐材料的涂刷工作，传统的防腐材料为防锈漆或环氧沥青，近年来有的制造厂采用水基涂料、粉末涂料等离子喷涂防腐金属等新材料和新工艺）。

⑥ 丝杠防腐情况：一些暗杆闸门的丝杠是长期浸水的，为了防腐，有的制造厂将其表面镀铬或进行其他化学防腐处理，在采购时也应把这些情况了解清楚。

三、阀门

在污水处理行业中，阀门的使用是无处不在的。所使用的阀门品种也很多，如闸阀、截止阀、止回阀、蝶阀、安全阀、泥阀、油阀、气阀、加药阀等。按压力大小又分为高压阀门、中压阀门、低压阀门等。但在工业废水处理工程中，常用的阀门是闸阀、截止阀、止回阀、加药阀、泥阀、管道阀等，这些阀门在采购时应注意以下问题。

1. 闸阀

闸阀是由阀体、闸板（插板）、密封件和启闭装置组成的。为了防止泄漏，闸板的两个平面及两个侧面都必须与阀体形成良好的密封。因此，阀体与闸板接触的一个狭长的缝隙要镶以青铜、橡胶或尼龙制的密封件。闸阀口小者可做到 50mm，大者可做到 1000mm。压力可达 2~4MPa，根据闸阀特点，采购时应注意以下问题：

1）了解和观察当闸板关死后的密封情况。

2）了解和观察密封件（青铜、橡胶或尼龙）的镶嵌情况及这些镶嵌材料的材质情况及有关文字及参考资料。

3）了解阀体、手轮及紧固件的材质及加工情况，并要求这些附件表面不能粗糙，无气眼、砂眼及裂痕。

4）用手转动手轮，应感觉转动灵活方便，且当闸板转到底时，应感觉仍可用力转动并将闸阀放倒（平放在地上），倒水观察 15~30min，观察是否有渗水现象。

2. 截止阀

截止阀是由阀体、截止板、密封件和启闭装置组成的。为了防止泄漏，通过手轮下螺杆下的截止板紧紧压在通道的圆形圈上来实现。在通道的圆形圈上，有防漏的橡胶圈（垫）来保证废水不能渗漏。该阀一般适用于中、小水量的开启和关闭。采购此类阀门时应注意以下问题。

1）了解和观察圆形截止板被压紧关死后的密封情况。

2）了解和观察密封件（橡胶或其他密封材料）的镶嵌情况及压紧次数（或时间）的规定情况。

3）了解阀体、手轮及螺杆等零件的材质及加工情况，并要求这些零部件表面不能粗糙，无气眼、砂眼及裂痕。

4）用手转动手轮，应感觉转动灵活方便，且当截止板转到底时，应感觉到仍可用力转动。还可将截止阀垂直摆放后将截止阀关死，然后倒入清水，观察 15~30min，观察是否有渗水现象。

5）截止阀阀体可做成铸铁、钢、铜及工程塑料等不同材质，根据处理水质的不同选用不同阀体材料制成的截止阀门。

3. 止回阀

止回阀又称单向阀或逆止阀，其作用是防止管路中的废水倒流，即只允许废水沿一个方向流动，防止发生事故。一般止回阀有多种类型，如升降式止回阀、旋启式止回阀、管道式止回阀、蝶式止回阀、压紧式止回阀、底阀、弹簧式止回阀、Y 形止回阀、隔膜式止回阀等。在工业废水处理中一般常用前三种。

（1）升降式止回阀

其作用原理是：阀瓣沿着阀体垂直中性线滑动，当废水正向流动时，活瓣门在废水的冲力下打开，废水畅通无阻；当废水发生倒流时，活瓣门在废水的反向压力下关闭，以防止废水倒流。该类止回阀动作可靠，但流体阻力大，一般只适应于小口径管道场合。它可分为直通式和立式两种。直通式一般安装在水平管道上，立式则安装在垂直管道上。

（2）旋启式止回阀

其作用原理是：阀瓣呈圆盘形，并可围绕着阀座上的销轴旋转，废水正向流动时，废水压力将之抬起，废水一旦反向流动，阀瓣则关闭。由于阀内通道成流线行，流动阻力比升降式止回阀小，所以适用于低流速和流动状态不常变化的大口径场合，但不宜用于脉动流，其封闭性也不如升降式止回阀。旋启式止回阀分单瓣式、双瓣式和多瓣式三种。这三种阀门的选用主要是由阀门口径决定的，目的是防止废水停止流动或倒流时减弱水力冲击。

（3）管道式止回阀

这是一种新型止回阀，其原理是阀瓣可沿着管道中心线滑动，并在进水方向向阀瓣的方向管道上设置一挡块，当废水流入管道后，阀瓣离开挡块，废水通畅向前流动。当发生废水倒流时，挡块将阀瓣挡死，使废水不能倒流。这种止回阀具有体积小、重量轻、加工工艺简便等优点，但废水阻力系数要比旋启式止回阀大，且一般只能应用在垂直管道上。

4. 采购时应注意的问题

（1）升降式止回阀

1）关键是阀瓣与阀座的密封问题，采购时应了解和查阅厂方提供的有关资料；

2）了解和考察阀体、阀杆、手轮及密封件的材质及表面质量情况（如有无裂纹、孔眼、砂眼等）；

3）用手转动手轮，感觉密封情况。

（2）旋启式止回阀

1）同升降式止回阀的1）～3）点；

2）注意阀瓣与销轴的连接密封情况，并注意阀瓣是否绕销轴转动灵活。

（3）管道式止回阀

1）阀瓣的材质及与管道的密封性；

2）挡块的材料和与管道的焊接质量；

3）用手摇晃感觉质量情况；

4）收集有关文字及技术参数资料。

四、格栅（筛网）

1. 格栅种类

格栅（筛网）是工业废水预处理不可缺少的手段。格栅除污机一般分为四大类：臂式格栅机、链式格栅机、钢绳式格栅机和回转式格栅机。具体的包括：弧形格栅机、阶梯式格栅机、回转式格栅机、高链式格栅机、钢丝绳式格栅机、移动式格栅机、直立式格栅机和转鼓式格栅机等。在工业废水处理中，常用的一般为前三种。

关于筛网，一般情况下可由厂方按实际情况自制或选用转刷网式清污机。现就常用的三种格栅简述如下。

（1）弧形格栅

弧形格栅是一种固定格栅型的除污机，它是由弧形栅条（弧形栅条约占1/4圆周范围）、齿耙臂、支架、机架、带过扭保护结构的驱动装置、撇渣耙、导渣板和电控柜等组成。其工作原理是：耙臂在驱动装置带动下绕弧形栅条中心回转，当齿耙进入栅条间隙后，即开始除污工作，即将被栅条拦截的渣等污物上移，当齿耙触及撇渣耙后，渣在齿耙和撇渣板相对运动的作用下，污物被撇除，并经导渣板卸至输送器，即完成了一个除污动作。而齿耙在越过撇渣后，撇渣耙在缓冲器的作用下缓慢复位。这种格栅适用于细格栅或较细的中格栅，其结构紧凑，动作简单规范，但对栅渣的提升高度有限，不适于在较深的废水沟渠中使用。

（2）阶梯形格栅

阶梯形格栅是一种将拦污和除污结合于一体的高效除污设备。可当作工业废水处理的细格栅使用。

阶梯式格栅主要由驱动装置、机架、牵引链条、带提升阶梯的网板及电控系统组成。驱动电机安装在机架正向的主轴上。其工作原理是：两侧网板在传动链的带动下，自下而上将其长度范围内截留的污物向上提取；抵达上部时，通过链轮的转向功能，自动完成翻转卸污工作。渣水污物排入两侧网板之间的集渣槽后自动排出机外。

阶梯式格栅的机架一般由不锈钢板与型钢组成，传动用的牵引链轮、齿轮及阶梯式网板等部件均由不锈钢制成，动静栅片也有多种材料供选择。

一般情况下，阶梯式格栅的主要参数为：格栅间距 10～20mm；耙齿运转速度 1～3m/min；卸料高度 1m；设备宽度 1.5～2.5m（可根据厂方要求选定）；设备角度 70°；电机功率 1.5～3kW；格栅机控制为手动或 PLC 编程。

（3）回转式格栅

回转式格栅是将拦污和清污结合为一体的固定式连续清污设备。它主要由栅体、清污耙（齿耙）和传动部分组成。其栅体部分主要由支撑框架、栅面、导轨组成。清污耙（齿耙）是均布安装在绕栅体回转的板式滚链上，其间距由污物多少而定。轮轴组由从动链轮、传动轴、牵引链轮、板式滚子和调节螺栓调节。支撑在左右调节轴承支架上的传动轴两端的牵引链轮与板式滚子链啮合，使滚子链沿导轨回转，为使两滚子链同步张紧，在左右调节轴承上设置了调节螺杆。

回转式格栅的工作原理：格栅的驱动机构布置在栅体头架的内部。减速机输出轴上的主动链轮通过传动带带动从动轮，从动轮再通过安保装置将转矩传给传动轴，传动轴再带动两个牵引轮旋转，从而使板式滚子链回转。由于每个耙齿都插入栅面，故栅面上的污物被强制通过耙齿转到顶部，齿耙也随之翻转，此时，污物就落到皮带机或输送设备上被运出。

该设备最大的优点是自动化程度高、分离效果好、动力消耗少、耐腐蚀性能好，在无人看管的情况下，也可以保证稳定工作，另外，由于设备设置了过载保护装置，在发生事故时可自动停车避免损坏设备及部件。

在设备材质方面，设备框架可选用碳钢或不锈钢，齿耙材料可为 ABS 工程塑料、尼龙或不锈钢齿轮、链轮、链条，着水部件可选用不锈钢。

另外，根据用户的需要，可提出格栅的各部分尺寸及材质要求，所以，可以说该设备适应范围广。

2. 采购格栅时应注意的问题

（1）弧形格栅

1）首先要了解和查看格栅机的外观，各部分材质及表面质量情况（是否粗糙，有无气孔、砂眼及裂痕等），并收集有关技术文件和参考资料。

2）检查机架各连接件及螺栓是否有松动。

3）检查电机运转有无振动和噪声是否超标，油位及加油是否方便合理。

4）齿耙与栅条交叉缝隙是否合乎规定，转动是否灵活可靠。

5）电气控制元件及控制系统是否正常，并应收集有关电控设计资料（如线路图、接线图等）。

6）出渣系统设计是否合理及如何使用。

7）安装的具体要求（格栅机能否满足安装地点的实际情况）。

8）设备防腐情况。

（2）阶梯式格栅

阶梯式格栅关键部位是两侧网板在传动链的带动下，自下而上带走污物，因此，这部分的材质、加工装配精度及电控水平是首先应当关注的问题。要严格考察这部分零配件是否符合标准和规范要求。具体应注意以下几方面：a.机架装配焊接是否合乎规范要求；b.格栅间距、格栅材质、耙齿运转速度等是否符合规范要求；c.设备运转是否平稳，噪声是否符合要求；d.表面质量（有无粗糙表现、气眼、砂眼、裂痕等）及防腐情况是否符合要求；e.收集设备的全部技术资料（材质加工采用的标准规范，电控系统线路图、接线图及各种技术参数资料）。

（3）回转式格栅

1）首先核对制造厂采用的各部件材质与购买方的要求是否一致（如机架材质、齿耙材质等）。

2）变速及传动系统各部件的详细情况（如变速机速比、齿轮与轴连接方式、链条灵活程度及各部件的材质及加工精度等情况）。

3）齿耙采用的材料、齿耙具体尺寸、与栅条交接情况。

4）电控系统情况（包括控制柜、线路图、接线图、电器元件生产厂家、标牌等）。

5）收集设备的全部技术资料（说明书、备件情况、材料试验报告、主要技术参数等）。

五、除砂系统

1. 除砂系统种类

去除工业废水无机砂粒也是污水处理的一道重要工序，特别是像造纸、食品、屠宰和制革等工业废水处理，除砂处理是必不可少的手段。通常情况下，除砂设备的种类很多，如大型废水处理工程中所采用的行车式泵吸除砂机、链板（链斗）式刮泥机、抓斗式除砂机、砂水分离器、螺旋洗砂机等。在工业废水处理工程中，由于处理水量一般要比城市污水厂小，所以经常采用的除砂手段是除砂池、砂水分离器及气提除砂装置等。现简要介绍如下。

（1）除砂池

除砂池一般有平流式、竖流式、曝气式及涡流式四种形式。

平流式矩形除砂池是常用的形式，它具有构造简单、处理效果好的优点，在工业废水处理中往往采用此种形式。竖流式沉淀池是废水由中心管进入池内后由下而上流动，无机颗粒借重力沉于池底，处理效果一般。曝气式沉砂池是在池的一侧通入空气，使废水沿池旋转前进，从而产生与主流垂直的横向恒速环流。该类池的优点是通过调节曝气量，亦可控制污水的旋流速度，使除砂效率较为稳定，同时还可对废水有一定的曝气作用。涡流式除砂池是利用水力涡流，使泥沙与有机物分开而达到除砂的目的。由于曝气沉砂及涡流式沉砂的处理工艺相对复杂且投资相对偏大，因而在工业废水除砂处理工艺中应用较少。

（2）砂水分离器

砂水分离器的工作原理：它是一种利用离心分离和密度差的原理进行除砂的专用设备，即当废水在一定的压力下由安装在筒体偏心位置的进水管进入分离器时，首先沿筒体周围切线方向形成斜向下的流体，即水流不断向下推移，当水流到达椎体某部位后转而沿筒体轴心向上旋转，最后经出水管排出。砂颗粒及污物在惯性离心力及自重的作用下沿椎体壁落入下部渣堆。

该设备的特点：结构简单、成本低、易于安装操作。与其他设备相比，具有体积小、处理能力大、节省现场空间的优点。

一般情况下，砂水分离器的技术参数为：进水水质除砂直径＞0.1mm，原水浊度≤300NTU；进水压力≥0.25MPa，水头损失＜0.02MPa；出水浊度≤10NTU。

砂水分离器材质：内壁一般采用聚氨酯、耐磨陶瓷或耐磨涂料衬壁，以达到耐磨的目的。分离器体可采用普通碳钢，输砂可采用螺旋输送器，其材质可采用不锈钢，进入分离器的含砂废水可采用砂泵输送，其材质应符合耐磨要求。

（3）气提除砂设备

所谓气提除砂技术是指旋流沉砂与气提除砂的综合系统，主要指含砂废水先经过旋流沉砂，然后再通过气提和螺旋输送装置将废水中的砂状颗粒清除出去的过程。

所谓沉砂技术是指采用涡流叶轮技术分离沉砂，具体做法是：废水从进水口进入沉砂池，沿着池体形成环流，并在驱动装置工作下，由传动轴带动分离叶轮，与环流同向旋转，使沉砂池内水流在较小的功率作用下，形成较大的涡流状，并使水体中的固体颗粒在自身的重力作用下产生一个离心加速运动而被甩向池壁。由于砂粒在这过程中相互碰撞，从而使有机物与砂粒分离，起到分离的效果。砂粒再沿着池壁斜坡面下沉到池底部的锥形斗内，当砂粒堆积较多时，再通过带压空气，使砂粒在负压状态下被提到池外螺旋输送器，将砂粒排出。

该技术的主要特点是：①结构紧凑，占地面积小，节约投资；②驱动功率小，节约能源，运行费用低；③沉砂效果好，传动效率高，运行管理方便。

该设备采用的主要材质是：①传动机构中齿轮应采用合金钢，并应保证合理的传动比及运行平稳；②搅拌轴、叶轮、吸砂头应采用不锈钢，并且材质不能低于国标 Cr18Ni9；③螺旋输送器应采用不锈钢制造。

2. 采购除砂设备时应注意的问题

（1）砂水分离器

1）收集了解该设备的有关技术文件和资料（如产品说明书，重点应了解处理原理、设备各部件所采用材料的材质、废水进出水的水质要求和处理效果、材质、零部件、测试鉴定报告等）。

2）考察设备表面质量，是否粗糙，有无气孔、砂眼及裂痕等情况。

3）考察零部件焊接或铆接牢固情况，并要求达到国家规范标准。

4）电控柜及电控系统技术说明、线路图、接线图、重要电器元件生产厂家及标牌等。

5）考察防腐及噪声等情况，是否符合国家规定。

（2）气提除砂设备

1）收集该设备全部技术文件和资料（内容同上）。

2）驱动系统应了解变速电机生产厂家、主要参数、变速机构传送比、齿轮材料及热处理情况、搅拌轴、叶轮等部件材质，安装配合情况。

3）气提装置应了解空压机型号、流量、压力及可调节情况，气提时采用的操作参数及达到的效果，螺旋输送器的材质、运转速度及处理量。

4）电控柜及自控系统文件（包括控制说明、线路图、接线图及重要电器元件生产厂家及标牌等）。

5）设备表面是否粗糙，有无气眼、砂眼、裂痕及连接松动不实等现象。

6）考察防腐及噪声情况是否符合国家规定。

六、气浮设备

1. 气浮种类

在工业废水处理工程中，运用气浮作为处理手段不在少数。气浮的主要原理是：通过溶气系统和释放系统在废水中产生大量的微细气泡，使其黏附于废水中密度与水接近的污染物固体或液体微粒上，造成污染物整体密度小于水的状态，而依靠浮力作用使其上升至水面形成一层浮渣，再通过刮渣机将之清除，从而达到净化废水目的的一种处理工艺。通常情况下，溶气手段有加压溶气、溶气泵溶气、电解凝聚溶气、生物及化学法溶气等。释放手段有专用释放器释放、微孔板（管）释放等。在工业废水处理工程中，常用的为加压溶气气浮、浅层气浮和涡凹气浮，现简述如下。

（1）加压溶气气浮设备

加压溶气气浮设备主要包括加压泵（或空压机）、溶气罐、释放器及接触部分、反应池及刮渣部分。该类设备又分为全程溶气气浮法、部分溶气气浮法和部分回流溶气气浮法三种。其中，全程溶气气浮法是将全部废水用泵打至溶气罐，与用空压机打入罐的高于水泵压力 $0.5\sim1kgf/cm^2$ 的空气在溶气罐中进行加压溶气，然后水气混合液体通过释放器进入气浮接触反应池，反应后排出。部分溶气气浮法是指取部分废水去溶气罐加压溶气，其余废水直接进入气浮池与溶气废水混合处理。部分回流溶气气浮法是指取一部分处理后的水回流至溶气罐加压溶气，经释放器释放后进入气浮反应池。

1）溶气气浮的特点。a.在加压条件下，空气溶解度大，产生的气泡数量多，能确保气浮效果；b.由于溶气气体由释放器骤然释放，产生的气泡微细且粒度均匀，密度大，上浮稳定，对液体扰动小，因此，对颗粒大小不一的废水均能做到固液分离；c.工艺和设备简单，造价低；d.部分回流式的气浮，既能保证处理效果，又能节能；e.占地面积小，单位面积产水量高，除渣效果可靠。

2）主要技术参数。溶气罐多为圆筒形，罐中可装置隔板、瓷环等填充物，也可采用空罐，一般停留时间为 $1\sim4min$。由于罐内水气均带压，所以应按压力容器设计，罐顶设排气阀和减压阀。罐内压力一般控制在 $3\sim5kgf/cm^2$。空气量可按废水量的 5%～10% 计算，如果采用回流气浮法，回流比可按废水量的 25%～50% 设计。溶气释放器有简单的阀门式、针型阀式以及专利产品。罐内水位建议控制在罐深度的 1/4～1/3。

气浮池一般分为接触区和分离区两个区。通常，接触区的上升流速应控制在 10～20mm/s 为宜；高度以 1.5～2m 为宜；分离区流速以 1～3mm/s 为宜；反应区（分离区）停留时间以 10～15min 为宜；反应区每格不应大于 4.5m，长宽比 3～4 为宜；有效水深 2～2.5m 为宜，超高不应小于 0.4m；废水在池内水平流速不宜大于 10mm/s。

一般刮沫（渣）机房在气浮池上方，刮泥机设计应保证刮泥来回往返运行平稳正常，出沫（渣）排走顺畅，刮泥机运行速度 1～5m/min 为宜。

（2）浅层气浮

在工业废水处理工程中，浅层气浮设备的应用已十分广泛，特别是在造纸、印染、化工、食品等废水处理中，已成废水处理的必需设备。该设备处理工艺的原理是：利用浅层理论和零速原理设计并集凝聚、气浮、撇渣、沉淀、刮泥于一体的高效节能的水质净化设备。

具体地说即将待处理的废水经泵打至设备的中心进水管，同时，溶气水及药液也一起被打入与废水混合，再经补水管均匀布水到气浮池内，布水管是顺时针旋转，废水从管内反向喷出，水相对池壁速度接近零速，对池中的水无搅动，使得水中颗粒在静态下上浮。而撇渣机与主机行走机同步移动，边旋转边移动，从而将渣收集起来排出池外，处理后的清水通过收集管从中央排走，从而达到净化废水的目的。

1）该设备的特点：a. 由于运用了浅层理论和零速原理，处理负荷高，占地面积小，不需操作室，体积仅为溶气气浮的 1/5；b. 处理效率高，悬浮物及油类物质可去除 70%～90%，溶气效率可达 90%；c. 可预制钢件组装，操作管理简单。

2）该设备的主要参数：a. 池内停留时间一般为 3～5min；b. 有效水深只需 400～500mm；c. 处理能力可达到 250m^3/($m^2 \cdot d$)；d. 接触室上升流速，下端可取 20mm/s，上端可取 5～10mm/s；e. 水量接触时间 1～1.5min；f. 分离区表面负荷，可采用 3～5m^3/($m^2 \cdot h$)，水力停留时间可按 12～16min 设计；g. 布水机构旋转速度可按 8～12min 转一周计算。

（3）涡凹气浮设备

涡凹气浮工艺是美国 Hydrocal 公司独创的专利水处理设备。其处理工艺的原理是：废水首先流入涡凹曝气机的充气段，废水在上升过程中通过充气段与曝气机产生的微气泡充分混合。曝气机的工作原理是：利用空气输送管底部散气叶轮的高速旋转在水中形成一个真空区（液面上的空气通过曝气机输入到水中），并形成许多微气泡螺旋形升到水面，空气中的氧也随之溶入水中。由于气水混合物和液体之间密度不平衡，产生了一个垂直向上的浮力而把 SS 等带到水面，刮泥机将泥（渣）刮出机外。同时，开放的回流管道从曝气段沿气浮槽底部伸展，产生气泡的同时，涡凹气浮机会在回流管的池底形成一个负压区，这种负压作用会使废水从池底回流至曝气区，然后又返回气浮段。这个过程确保了 40% 左右的废水回流及在没有进水的情况下，气浮段仍可工作。

1）涡凹气浮设备的特点。

① 占地小，节约投资。占地比常规气浮工艺小 1/3～1/2，由于没有溶气罐、空压机、循环泵等，因而设备投资少。

② 处理效果好。该设备对油类及 SS 的去除率可达 80%～90%，BOD 和 COD 的去除率可达 60% 以上。

③ 运行费用低。该设备因没有压力容器、空压机、循环泵等设备，从而节省电耗，一般情况下，比常规气浮工艺节电 50% 以上。

④ 操作管理简单，维修量及维修费相对较少。

2）涡凹气浮设备采用的材料。

① 变速箱。

a. 齿轮：合金钢或碳钢热处理。

b. 电机：国家正式产品（有铭牌），同时要了解变速比，变速后转速应符合要求。

② 曝气主轴：不锈钢。

③ 曝气叶轮：进口件或合金钢。

④ 回流管：不锈钢，形状应符合回流要求。

⑤ 刮泥机：框架为不锈钢；链条为尼龙；变速箱齿轮为合金钢或碳钢热处理。

⑥ 储药桶及加药装置：工程塑料。

3）涡凹气浮设备主要参数。

① 曝气机：根据处理水量情况，可选 1～6 个。

② 处理能力：一般可做到 5～500m³/h 规模。

③ 曝气机主轴转数：可达到 1450r/min。

④ 刮泥机移动速度：2.5～5.2m/min。

2. 采购气浮设备应注意的问题

（1）加压溶气气浮设备

1）收集全部技术文件及技术参数资料。

2）了解空压机、加压泵的流量、压力是否符合要求。了解溶气罐的容积、钢材质量、厚度、是否有压力容器检验证书，是否安装安全阀、泄空阀等安全措施。

3）溶气释放器品种、证书。若是钢板式浮选池应核查钢板材质、厚度、长宽比和长深比。

4）刮泥机：电机型号、变速器齿轮材质、传速比、链轮及传送链材质。刮泥车框架材质、焊接情况、行程开关及自动（手动）控制是否灵活可靠。

5）收集全部电气及自动控制系统技术资料（包括线路图、接线图、主要电器元件生产厂家及标牌情况）。

6）防腐、噪声及表面质量（表面是否粗糙，是否有砂眼、气孔、裂痕及焊接、铆接质量问题）。

（2）浅层气浮设备

1）池体部分。了解和考察采用材料材质、焊接和铆接等连接质量，由于布水结构、行走架、集水机构及溶气释放器都与框架紧密相连并且围绕中心转动，因此连接轴承件十分重要，应了解观察轴承型号、材质及连接装配加工情况。

池体一般采用碳钢，气浮池下部可用碳钢结构箱体代替混凝土平台，要注意其焊接质量，另外，池底板、池帮、连接板、帮筋板、跑道材料均可用碳钢，要注意连法是否牢固及防腐情况。

2）中心旋转系统。中心旋转系统由中心旋转体、中心旋转密封系统、撇渣装置和驱动装置及附件组成。要考察密封情况，一般情况下，可用水润滑结构，304 不锈钢制作，内衬减摩材料或其他作法，应将这些情况了解清楚。

3）驱动机构及附件。驱动机构及附件由驱动电机、撇渣电机及集电器、控制箱等组成。驱动减速机及刮渣减速机均为无极调速。附件由驱动轮、被动轴、定位轮等组成。要注意这些部件所采用的材质，一般情况下，齿轮应采用合金钢或不锈钢，螺栓、螺母、调节螺杆法兰等可采用碳钢，托轮可采用尼龙。

4）撇渣装置。撇渣装置由螺旋形的撇渣装置组成，要注意采用材质及加工质量及与池体的连接质量。

5）行走架、走道板及护栏。要注意所选用的材质及防锈措施。

6）旋转布水结构和溢流调节装置。连接采用何种材质（一般为不锈钢）及布水和出水是否保证均匀，运行是否平稳。

7）加药装置。了解加药装置的组成，加药种类和名称及加药量。

8）电气及自控系统。收集了解有关电气及自控系统文件（包括控制说明及线路图、接线图等和重要元器件的生产厂家和标牌等）。

（3）涡凹气浮设备

1）曝气叶轮是涡凹气浮设备的关键设备，因此，在采购时首先应关注曝气叶轮的有关情况，如变速机构中的电机选用，变速齿轮的材质、啮合情况，加油措施以及噪声、防腐等情况。其次，应重点了解曝气主轴和曝气叶轮采用的材质、加工装配情况，如不采用进口叶轮，国内加工还应了解和收集曝气主轴加工的垂直度，有无动平衡实验记录及曝气叶轮叶片角度、转切产生气泡的试验数据等。

2）刮沫（渣）机也是涡凹气浮设备的关键部件之一，采购时应重点了解和考察变速箱系统，运转速度是否在规定范围内（2.5～5.2m/min），运转是否平稳，有无异常声音和夹碰现象。齿轮和轴等部件材质是否符合要求；传动链条若采用尼龙等工程塑料，要有材料介绍资料和试验数据。

3）回流管。要了解采用材料的材质、加工装接情况是否符合要求。

4）电气及自控部分。要了解和收集设备电气系统和控制柜及自控部分的有关文字和技术参数资料（如线路图、接线图及标牌等），重要的电气元件应有生产厂家说明。

5）设备整体结构。设备机体可以采用普通碳钢，但一定要做好防腐，同时，要注意框架和钢板的焊接或连接质量，同时注意设备运输及拆装是否方便。

七、厌氧处理设备

（一）设备种类

1. ABR 反应器

（1）ABR 反应器

即折流式水解反应器，是在厌氧处理中新开发的一种构造简单实用的厌氧处理工艺。其主要原理是在反应器内安放数块挡板，使其形成许多独立的反应器而实现多阶段缺氧状态，其流态以推流为主，对冲击负荷及废水中的有毒物质具有很好的缓冲适应能力，同时，它还具有不短流、不堵塞、不需三相分离器和易启动等特点。

在池体构造中，反应器中隔板的安置一般遵循隔板之间的间距是以上流室的隔板距离是下流室隔板间距的 1/4 设计的。同时，隔板下端应有 45°倾角。另外，在反应器的进口区和出口区隔板间距一般以为上流室隔板间隔的 2 倍为宜，以提高处理效果。在反应器上端应装有沼气收集及排出装置。

（2）ABR 反应器的主要技术参数

主要技术参数包括 a.厌氧污泥的营养比为 COD∶N∶P＝（200～300）∶5∶1；b.厌氧反应温度，中温 30～35℃；c.有机负荷一般为 0.8～4.5kg COD/（m³·d），有时根据不同情况甚至可达 20～28kg COD/（m³·d）；d.停留时间一般为 12～24h；e.流速，当进水 COD＞3000mg/L 时，为 0.1～0.5m/h，当进水 COD＜3000mg/L 时为 0.6～3m/h；f.沼气产量：按 0.25～0.45m³/kg COD 计算。

2. UASB 反应器

UASB 厌氧反应器技术是 20 世纪 70 年代由荷兰人开发的一项厌氧处理技术，由于它具有工艺结构紧凑、处理能力大、不需机械搅拌设备、处理效果好及投资相对节约等优点，80年代开始已被广泛应用在高浓度有机废水的处理工程中。我国也从 80 年代开始了这种技术的研发工作。目前，已在多种工业废水的处理中得到应用。

该处理工艺的原理是：废水首先进入 UASB 反应器的底部，然后向上通过包含颗粒污泥或絮状污泥的污泥床，厌氧反应发生在废水和污泥颗粒接触的过程，并在厌氧状态下产生沼气，这些沼气可引起废水的内部循环，并对颗粒污泥的形成和维持有利。在污泥层形成的一些气体附着在污泥颗粒上，并上升到反应器上部的三相分离器，引起附着气泡的污泥絮体脱气。气泡释放后污泥颗粒将沉到污泥床表面，而气体被收集到三相分离器的集气室。集气室单元缝隙的挡板可以防止沼气进入沉淀区，以免引起沉淀区絮动，阻碍颗粒沉淀。所以说，三相分离器可以自动地将泥、水、气加以分离并起到澄清出水、保证集气室正常水面的功能。它是 UASB 反应器关键的和最重要的部件（详细设计可见本书第二章相关内容）。

（1）UASB 反应器的特点

1）有机负荷高：对于工业废水处理而言，一般情况下有机负荷可达到 10～20kg COD/(m^3·d)［有的甚至可达 20～30kg COD/(m^3·d)］。

2）污泥浓度高：平均污泥浓度可达 20～40g VSS/L。

3）反应器内设三相分离器，不另设沉淀池，被沉淀区分离出来的污泥重新回到污泥床反应区内，不设置污泥回流设备。

4）无混合搅拌设备，靠发酵过程中产生的沼气的上升运动，使污泥床上部的污泥处于悬浮状态，对下部的污泥层也有一定程度的搅动。

5）污泥床内不设载体，节省造价并可避免堵塞问题。

（2）UASB 反应器的结构

1）外形有圆柱形、矩形和方形几种，一般小规模的反应器多采用圆形，处理规模较大的反应器多采用矩形或方形。中小型 UASB 反应器一般多用钢结构，而大型反应器可采用混凝土结构。

2）UASB 反应器的基本构造包括污泥床部分、污泥悬浮层部分、沉淀区部分、三相分离器部分、加热保温部分和沼气回收部分等。

（3）UASB 反应器主要技术参数

1）UASB 反应器运行中，厌氧微生物的营养比可按 C∶N∶P＝(200～300)∶5∶1 配制。

2）厌氧反应温度：一般采用中温 30～35℃。

3）有机负荷：对于工业废水而言，一般容积负荷可采用 5～20kg COD/(m^3·d)。

4）停留时间：一般可采用 1.5～4d。

5）污泥浓度一般为 40000～80000mg/L，甚至可达 (10～15)×10^4mg/L，颗粒粒径一般为 0.5～5mm，其沉降速度为 1.2～1.4cm/s，典型的污泥容积指数（SVI）为 10～20mL/g。

6）废水在反应器中的上升流速一般为 0.5～1.5m/s，水力负荷一般为 0.5～1.5m^3/(m^2·h)。

7）UASB 反应器一般高度为 3.5～6.5m（最高可达 10m）。

8）UASB 反应器中污泥一般有 3 种形式，即：

a.柱（杆）形颗粒污泥，这种污泥主要由杆状菌、丝状菌组成，也可称作杆菌颗粒污泥，颗粒粒径为 1～3mm；

b.散球形颗粒污泥，这种污泥主要由松散互卷的丝状菌组成，其颗粒较小，一般为 1～5mm；

c. 紧密球状颗粒污泥，这种污泥主要由甲烷八叠球菌组成，颗粒更小，一般为 0.1～0.5mm。

颗粒污泥一般呈球形或椭球形，灰黑或褐黑色，肉眼可观察到颗粒表面包裹着灰白色的生物膜。颗粒相对密度一般为 1.01～1.05，粒径为 0.5～3mm（最大可达 5mm），污泥指数（SVI）一般在 10～20mL/g。沉降速度多在 5～10mm/s。成熟的颗粒污泥其 VSS/SS 值一般为 70%～80%，颗粒污泥一般含有如碳酸钙及纤维、砂粒及金属离子等。颗粒污泥中的碳、氢、氮的含量大致为 40%～50%、7% 和 10%。

（4）UASB 反应器控制要点

1）UASB 反应器颗粒污泥的形成一般有三个阶段：第一阶段为启动阶段，时长需 1～1.5 个月，在这个阶段，有机负荷应控制在 2kg COD/($m^2 \cdot d$) 以下；

第二阶段为颗粒污泥形成阶段，一般也需 1～2 个月，有机负荷应控制在 2～5kg COD/($m^2 \cdot d$) 以下；

第三阶段为污泥床形成阶段，时长一般需 3～4 个月，有机负荷一般应控制在 5kg COD/($m^2 \cdot d$) 以上。

2）UASB 反应器启动时，废水 COD 应控制在 4000～5000mg/L，SS 应控制在 2000mg/L 以下为宜。对于低浓度废水而言，废水的 SS/COD 典型值为 0.5，而对于高浓度有机废水来说，SS/COD 比值控制在 0.5 以下为宜。

3）氨氮浓度：当浓度在 50～200mg/L 时，对厌氧微生物有刺激作用，在 1500～3000mg/L 时，明显对微生物有抑制作用，一般情况下，氨氮应控制在 1000mg/L 以下。

4）硫酸盐浓度：当硫化物浓度＞100mg/L 时，便会产生抑制作用。当 $COD/SO_4^{2+} > 10$ 时，因 COD 含量相对较高，产气量较大，这时借助于产生的沼气可将 SO_4^{2+} 还原产生的 H_2S 予以气提，可使得消化液中的 H_2S 浓度维持在 100mg/L 以下而不产生抑制作用。通常情况下，反应器中的硫酸盐离子浓度不应大于 5000mg/L。

5）碱度：如果反应器中碱度不够，则会因缓冲能力不够而使反应器消化液的 pH 值下降，但碱度过高又会导致 pH 值过高。通常情况下，碱度的正常范围为 1000～5000mg/L，一般应控制在 2000～4000mg/L 为宜。

6）挥发酸：在 UASB 反应器中，由于氢氧化氨和碳酸氢盐等缓冲物质的存在，仅靠 pH 值难以判断反应器中挥发酸的累积情况，而挥发酸的过量积累将直接影响甲烷菌的活性和产气量。所以，挥发酸的浓度应控制在 2000mg/L 以下；当挥发酸浓度小于 200mg/L 时，一般是最好的。一般情况下，反应器处理效率越高，缓冲能力越强，允许的挥发酸越高。

7）其他有毒物质：如废水中有重金属、碱土金属、三氯甲烷、氰化物、酚类、硝酸盐等有毒物质，应将之预处理后再进入反应器。

8）UASB 反应器沼气产量可按 0.4～0.5m^3/kg COD 计算。

（二）采购厌氧处理设备应注意的问题

1. ABR 反应器

一般情况下，大规模废水处理 ABR 反应器，应采用混凝土池形式，而中小规模处理量的 ABR 反应器可采用钢板制（或工程塑料）制造。在采购钢制（或工程塑料）ABR 反应器时，应注意以下问题：

1）封闭性是首先要注意的问题，如是钢板制，要注意焊接和铆接质量及表面质量，如表面是否粗糙，是否有砂眼、气眼、裂痕。

2）注意钢板（或工程塑料）材质、厚度、支撑（如角钢、槽钢的规格）是否符合要求。

3）了解和考察反应器内隔板数量、间距和隔板底端是否有倾角，隔板厚度等是否符合要求。隔板与反应池焊接（或连接）是否密封（不能漏气渗水）。

4）了解和收集沼气收集装置情况（收集方式、排出是否通畅、沼气出口与下环节连接方式等）。

5）收集和了解 ABR 反应器全部文字和技术资料，并了解有机负荷、水力停留时间、处理效果（进出口水质指标）及沼气产量等指标情况。

6）ABR 反应器防腐情况（防腐方法、用料名称及做法）。

7）了解和收集电气和自控系统文字说明和技术参数（包括控制原理和过程、线路图和接线图以及设备标牌，重要的控制元件要了解其生产厂家名称及规格、型号等）。

2. UASB 反应器

1）常规情况下，大规模废水处理采用 UASB 反应池时，是用钢筋混凝土做成 UASB 反应池，而中小规模水量废水处理采用 UASB 工艺时，一般以钢制反应器作为设备。在采购此种设备时应注意以下问题：前已述及，UASB 反应器主要由污泥床部分、污泥悬浮部分、三相分离器及沼气回收等部分组成，因此在采购时，首先应对反应器体进行了解和考察，这其中包括钢结构反应器尺寸、钢板材质和厚度、表面质量（有无粗糙、砂眼、气孔及裂痕等现象，焊接或铆接等其他连接方式有无缺陷）。

2）了解考察反应器各部分尺寸是否符合设计要求，如：沉淀区、悬浮层特别是三相分离器部分，其各部分空间容积、气封板角度及长度、沉淀区与导流区间隙及长度等是否符合设计要求（详见本书第二章有关章节）。

3）了解反应器能达到的处理效果（包括进出水水质指标）、培泥要求、操作规程及保养维护注意事项及全部文字和技术参数资料。

4）沼气收集及输送装置方法及操作注意事项，沼气产量及安全措施等。

5）反应器加热和保温措施，该设施的安全保障措施及加工质量情况。

6）了解和收集电气和自控系统文字说明和技术参数（包括控制原理和过程、线路图和接线图以及设备标牌，重要的控制元件要了解其生产厂家名称及规格型号等）。

八、好氧处理设备

1. 设备种类

曝气装置是废水好氧处理必不可少的处理装置，它的好坏及效率高低直接影响着废水处理的效果及能耗。因此，选择一种经济实惠、效果可靠的曝气装置也是工业废水处理设备采购中十分重要的内容。通常情况下，曝气装置有以下几种：a. 橡胶膜片式微孔曝气器；b. 刚玉或陶瓷曝气器；c. 射流曝气器；d. 水下曝气器（潜水离心曝气器）；e. 表面曝气器（立式表曝器、倒伞型叶轮曝气器）；f. 管式（板式）曝气器；g. 转刷（盘）式曝气器。

2. 各种曝气装置的主要技术参数

（1）橡胶膜片式微孔曝气器技术参数

橡胶膜片式微孔曝气器技术参数见表 13-2。

表 13-2　橡胶膜片式微孔曝气器技术参数

规格 /mm	服务面积 /(m²/个)	充氧能力 /(kg/h)	氧利用率 /%	通气量 /(m³/个)	动力效率 /[kg O₂/(kW·h)]	水头损失 /Pa	气泡直径 /mm
D180	0.5		12～15	2.5～3	2.7～3.5	≤3200	2～3
D215	0.25～0.65	0.17～0.4	16～32	1～5	4.5～5.2	1765～2745	1～3
D260	0.25～0.55		16～27	2～3	1.5～5.2	1765～2745	微孔径 80～100
D300	0.4～1.5	0.42～0.66	16～36	1～10	4.5～6	≤3200	1～3

通常膜片式微孔曝气器材料由三元乙丙橡胶（EPDM）或硅胶材料及 ABS 工程塑料组成。

（2）刚玉或陶瓷曝气器

陶瓷微孔曝气器分为半刚玉与全刚玉两种。半刚玉曝气器有高效和低耗、运行可靠、不易堵塞、阻力小、充氧量大、搅动性强等优点。全刚玉曝气器可将曝气帽和托盘合并，制成一体，可以克服半刚玉曝气器 ABS 托盘与刚玉帽用久后易漏气现象，其主要技术参数见表 13-3。

表 13-3　刚玉或陶瓷曝气器主要技术参数

规格 /mm	材质	外形	服务面积 /m²	通气量 /(m³/个)	供氧量 /(kg O₂/h)	水头损失 /Pa	气孔率 /%	质量 /g
D180	金刚玉＋ABS	球冠形	0.3～0.75	3	0.26	294～784	36～42	897

（3）射流曝气器

射流曝气器是利用射流原理发展起来的一种新型曝气器，主要由潜水泵、射流器（文丘里管、喷嘴、吸气管、喉管、扩散管等）组成。主要原理是：潜水泵产生的水流经过喷嘴形成高速水流，同时，在喷嘴周围形成负压而由进气管将空气吸入，形成气液混合流高速喷射而出，夹带许多气泡的水流在曝气池中形成涡流而达到曝气的目的，该设备的主要特点是：a. 自行吸氧，不需要空压机；b. 高速紊流，流速快，可避免污泥沉淀且有搅拌作用；c. 安装使用及维修方便，投资比其他曝气方式低。

该设备的主要技术参数见表 13-4。

表 13-4　射流曝气器主要技术参数

项目	功率 /kW	电流 /A	电压 /V	转速 /(r/min)	频率 /Hz	绝缘 等级	通气量 /(m³/h)	供氧量 /(kg O₂/h)	进口管径 /mm
指标	0.75～7.5	2.9～16.3	380	1450～2900	50	F	10～100	0.5～7.9	32～50

注：1. 表中数值是在标准气压、20℃水温、水深 3m、清水试验的数据，用于废水处理时，应略有调整。

2. 实际应用时，供氧量指标可乘以 0.85。

（4）潜水离心曝气器

也称自吸式潜水曝气器，它是活性污泥法工艺中及 SBR 工艺中常采用的曝气设备，其原理是：叶轮与潜水电机直连，叶轮转动时产生的离心力使叶轮进水区产生负压，空气通过进气导管从水面上吸入，与进入叶轮的废水混合形成气水混合液，由导流孔口增压排出，水流中的小气泡平行沿着池底高速流动，在池内形成对流和循环。

该种设备的主要特点是：a. 充氧效率和氧气溶解率较高；b. 充氧面积宽且可做到无死

区；c.结构简单、紧凑，使用寿命长，安装操作维修方便；d.省去鼓风机，节约投资。

该设备的主要技术参数见表 13-5。

表 13-5　潜水离心曝气器主要技术参数

项目	功率 /kW	电流 /A	电压 /V	转速 /(r/min)	频率 /Hz	绝缘等级	最大潜入深度 /m	进气量 /(m³/h)	充氧量 /(kg O₂/h)
指标	0.75～22	2.4～45	380	1450	50	F	1.2～6	10～320	0.37～24

（5）表面曝气器（立式表曝器、倒伞型叶轮曝气器）

立式表曝器是通过泵式叶轮的定速旋转作用，使污水液面流动更新，并产生负压区吸氧及水跃而达到充氧、混合的效果。该设备主要用于曝气池充氧，还可以用于预曝气、曝气沉砂等构筑物，其主要特点如下：

a.采用专用立式减速机，结构紧凑、质量轻；b.由于采用立式结构，减速机没有水平油封，根除了卧式结构输入轴端漏油的毛病；c.减速机输出端采用十字滑块联轴器，与叶轮无轴向联系，拆装方便；d.应用无级调速技术，可靠，操作和维护方便。

该设备主要技术参数见表 13-6。

表 13-6　立式表曝器主要技术参数

项目	叶轮直径 /mm	转速 /(r/min)	线速 /(m/s)	电机功率 /kW	充氧量 /(kg O₂/h)	叶轮浸没深度 /mm	叶轮与 池径比
指标	850～1800	20～100	3.5～5	7.5～40	18～70	10～40	1：(6～10)

倒伞型曝气器是采用立式摆线叶轮减速机，并通过联轴器与浸入水中的倒伞型叶轮直接相联，并驱动叶轮旋转。在叶轮的提水、输水作用下，使池内废水剧烈搅动，不断产生水跃和循环流动，并在叶轮片后形成负压吸入空气，实现充氧效果。该设备一般用于氧化沟或生化曝气池，其特点是：a.转动平稳，混合效果好，动力效率高，水量变化适应性强；b.结构简单，安装、操作、维护方便。

该设备主要技术参数见表 13-7。

表 13-7　倒伞型曝气器主要技术参数

项目	叶轮直径 /mm	转速 /(r/min)	电机功率 /kW	充氧量 /(kg O₂/h)	动力效率 /[kg O₂/(kW·h)]	升降动程 /mm	叶轮直径与 沟深宽比
指标	850～3000	30～110	7.5～40	10～75	1.8～2.2	±100～180	深：1：(1.4～2) 宽：1：(2.2～2.4)

（6）管（板）式曝气器

管（板）式曝气器是废水生化处理中常采用的曝气形式，特别是中小规模的工业废水处理中采用较多。其中，管式曝气器是由内衬管、膜片、卡箍等构成的。曝气膜片通常采用硅橡胶或三元乙丙材料制作，内衬管用 UPVC 或 ABS 等材料制作，卡箍一般用 304 不锈钢制作。

1）管式曝气器的主要特点是：a.充氧效率高，氧利用率高；b.供气量可调节，运行平稳；c.使用寿命长，安装维护方便。

2）管式曝气器的主要技术参数见表 13-8。

表 13-8　管式曝气器的主要技术参数

项目	服务面积 /(m²/m)	通气量 /(m³/m)	耐压强度 /(kgf/cm²)	氧利用率 /%	充氧能力 /[kg/(h·条)]	动力效率 /[kg O₂/(kW·h)]	阻力损失 /Pa
指标	1~3	6~20	>3	>30	1~1.5	6~7	3200~8000

3）板式曝气器作用同管式曝气器。国内制造一般支撑板采用 ABS 工程塑料，膜片采用橡胶材料平铺在上，一次压膜成型。德国产品支撑板采用 PP＋玻纤制造，可避免 ABS 韧性和 UPVC 材料硬度的弱点。该种曝气器的主要特点是：a.氧利用率高，性能可靠，可以防止废水倒灌；b.使用寿命长，安装维护方便。

4）板式曝气器的主要技术参数见表 13-9。

表 13-9　板式曝气器的主要技术参数

项目		通气量 /(m³/h)	服务面积 /m²	氧利用率 /%	充氧能力 /[kg/(h·条)]	动力效率 /[kg O₂/(kW·h)]	压降 /kPa	气泡尺寸 /mm	曝气器尺寸 /mm
国内		8~10	1.3~2.5	>35	>1	>7.5	<3.5	1~3	150×700
		10~12	1.8~3	>35	>1	>7.5	<3.5	1~3	200×1200
德国产品		1.5~12	0.5~2.5	>35	>1	>7.5	<3.5	1~3	150×650
		3~16	1~4	>35	>1	>7.5	<3.5	1~3	200×1100

(7) 转刷（盘）式曝气器

转刷（盘）式曝气器是氧化沟好氧处理法采用的曝气装置，由电动机、减速装置、水平轴转刷（盘）及连接支撑部件组成。其主要原理是：在电动机驱动下，水平轴转刷（盘）做定向转动，其叶片（转盘）在旋转过程中不断将空气溶于水体，达到充氧的目的并推动水流在氧化沟内循环流动，使污泥处于悬浮状态，有利于生物降解的进行和完成。

通常情况下，电机采用具有双速和单速的立式三相异步电动机，减速机采用圆锥二级圆柱齿轮传动变速箱，齿轮采用合金钢或经热处理的硬质钢面齿轮，转动轴采用无缝钢管，刷片（或转盘）采用碳钢板经热镀锌防腐或工程塑料或玻璃钢，减速机润滑采用浸油循环润滑。联轴器采用高强度弹性柱销齿式联轴器，轴承采用双列调心轴承及倾斜式游动支撑座。该设备的主要特点是：

a.结构质量轻，强度好，耐腐蚀性强；b.运行平稳，充氧及动力效率好，并可连续和间断运行；c.电机与液面距离大，绝缘性能好；d.操作简单，安装及维修方便；e.转刷式曝气器的主要技术参数见表 13-10；f.转盘式曝气器的主要技术参数见表 13-11。

表 13-10　转刷式曝气器的主要技术参数

项目	直径 /mm	有效长度 /mm	电机功率 /kW	转速 /(m/min)	浸深 /cm	充氧能力 /[kg O₂/(m·h)]	动力效率 /[kg O₂/(kW·h)]	推动力 /(m³/h)
指标	700~1000	1500~9000	7.5~45	40~80	15~30	4~8.5	2~2.5	150~500

表 13-11　转盘式曝气器的主要技术参数

项目	直径 /mm	转速 /(r/min)	浸深深度 /mm	充氧能力 /(kg O₂/h)	动力效率 /[kg O₂/(kW·h)]	工作水深 /m	水平轴跨度 /m	安装密度 /(片/m³)
指标	1400	45~50	400~530	0.8~1.6	1.8~2.1	2.5~5.2	单轴<9 双轴9~14	3~5

3. 采购曝气装置时应注意的问题

（1）采购橡胶膜片式微孔曝气器时应注意的问题

应注意的问题包括：a. 膜片及底盘采用的材料；b. 膜片的曝气试验及验收材料（包括试验条件、外形尺寸、充氧能力、氧利用率、动力效率、密封性能、阻力损失及服务面积等），并应有检验部门盖章的正式材料；c. 膜片与底盘连接的密封性（可通过目测和手压测试）；d. 曝气器与供气管连接的密封性；e. 反冲洗措施的安全可靠性。

（2）采购刚玉或粗瓷微孔曝气器时应注意的问题

应注意的问题包括：a. 刚玉或粗瓷的试验及验收材料（如充氧能力、氧利用率、孔隙率及孔大小、服务面积及阻力损失等），并应用检验部门盖章的正式资料；b. 刚玉或粗瓷的刚度，表面有无裂纹、砂眼（可用小锤敲击曝气器，听其声音判断质量情况）；c. 观察了解刚玉或粗瓷曝气部分与底盘连接的密封性，有条件的地方可进行充气试验；d. 由于该类曝气器较重，应了解曝气器的安装间距及与之连接的横向送气管的承受能力及管座的安排。

（3）采购潜水离心曝气器时应注意的问题

应注意的问题包括：a. 密封性是潜水离心曝气机的关键，所以，采购时应首先了解和考察曝气机的密封做法，包括密封材料（一般为碳化钨）、油室有无漏油可能、电缆线密封和绝缘做法等；b. 潜水电机的品质、规格，叶轮和转动轴等部件的材质，轴承的材质型号等是否符合要求；c. 底盘和进气管的材质，表面质量（有无砂眼、裂痕等），进气管与泵体连接部分是否牢靠和密封性；d. 收集曝气器的有关技术参数资料（如进气量、充氧量、绝缘等级、电机参数等）。

（4）采购射流曝气器时应注意的问题

① 射流曝气器的关键是潜污泵和文丘里管及扩散管。所以采购时首先应了解和考察潜污泵的密封绝缘情况（见上述潜水曝气机）；其次应了解射流工作参数（如文丘里管及扩散管尺寸、射流参数）及工作效果数据。

② 了解和考察各部件材质和表面质量，如射流管材质、加工制造情况，表面是否粗糙、有无气孔裂痕等情况，以确保喷射能正常及长期运行。

③ 射流曝气器安装有两种形式，即自耦安装及移动安装。自耦安装形式应了解考察移动滑轨电泵滑动配合是否合格，有无不畅或卡夹现象。导轨固定装置是否合格，安装是否方便等。

（5）采购表面曝气器时应注意的问题

① 减速和平稳运转是表面曝气器（立式表曝器和倒伞型叶轮曝气器）的关键。因此，采购时应首先了解减速器的形式及参数（如齿轮材质、减速比、联轴器的形式及可靠程度等）；

② 了解和考察泵 E 型叶轮或倒伞型叶轮的材质、加工方法及表面加工精度等情况和倒伞型叶轮的角度情况；

③ 了解立轴的材质及转动挠度试验的有关资料，以确定转动平稳及持久工作；

④ 收集全部使用的参数资料，如转速、服务面积、充氧量、浸没深度等，以及电气控制的有关资料。

（6）采购管式曝气器时应注意的问题

管体强度和曝气效率是管式曝气器的关键。一般情况下，管式曝气器其支撑管是用聚丙烯注塑而成，膜套是采用特殊配方的合成橡胶模压成型。因此，在采购此类曝气器时，首先应了解其强度保证情况，其他应了解微孔制作及数量情况，微孔有无扩大或撕裂的可能。具体应了解以下方面：

① 了解布气管采用的材质（一般用硬质塑料给水管）及接头严密性情况和管箍、螺栓等固定件的材质（一般应用不锈钢材料）和紧固情况。

② 收集管式曝气器全部的参数资料，如服务面积、通气量、耐压强度、充氧能力、阻力损失等，以便结合工程情况选用。

（7）采购板式曝气器时应注意的问题

① 由于板式曝气器支撑板一般采用工程塑料，而膜片一般采用橡胶材料一次压膜成型，因此，采购时首先要了解和考察压膜质量，是否有渗漏现象（可抽样用水检查是否有渗漏现象）。

② 了解布气管采用的材质（一般用硬质塑料给水管）及接头严密性情况和管箍、螺栓等固定件的材质（一般应用不锈钢材料）和紧固情况。

③ 收集管式曝气器全部的参数资料，如服务面积、通气量、耐压强度、充氧能力、阻力损失等，以便结合工程情况选用。

（8）采购转刷（盘）式曝气器时应注意的问题

转刷（盘）是该类曝气器充氧的关键部件，因此，在采购此类曝气器时，首先应了解和考察转刷（盘）的材质（一般情况下，转刷材料是由工程塑料、玻璃钢或碳钢板经热镀锌防腐构成，转盘一般由工程塑料或玻璃钢构成），其强度是否能达到推动水流的功能。其次应了解和考察转刷（盘）与转动轴的连接是否牢固（主要了解连接方法）。具体应了解以下方面：

① 了解和考察电机和减速机有关情况，包括立式电机是单速还是双速、生产厂家、标牌情况、减速机齿轮材料、减速比、轴承型号规格、润滑情况以及支撑座材质加工情况（表面是否粗糙，有无气孔、砂眼、裂痕等）。

② 转刷（盘）轴材质是否平直，有无动平衡试验资料及轴承接合情况等。

③ 收集转刷（盘）的全部技术参数资料（包括转速、浸深、充氧能力、推动力、安装密度等以及电控资料）。

九、风机

风机是好氧处理产生气源的主要设备。通常情况下，风机从作用原理上讲有两大类，一类是透平式风机，一类是容积式风机。具体地讲，风机有离心式风机、罗茨风机、回转式风机，另外还有水环式风机、空压机类风机、轴流风机、混流风机、横流风机等。不过用在工业废水处理中的鼓风机常为离心风机、罗茨风机或回转式风机。

离心风机属于恒压风机，其参数是风压，因此，当废水处理负荷需要恒压效果时，一般会采用离心风机。罗茨风机属于恒流量风机，即如果符合需要恒流效果的情况，一般选择罗茨风机。罗茨风机的主要缺点是噪声较大，而低噪声的回转式风机，通常是用在风量要求不大的废水处理工程中。所以，一般情况下，大规模污水处理厂（如城市污水处理）多采用离心式鼓风机，而中小规模废水处理则多采用罗茨鼓风机或回转式鼓风机。

1. 罗茨风机的主要技术参数

罗茨风机的主要技术参数见表13-12。

表 13-12　罗茨风机的主要技术参数

项目	流量/(m³/min)	转速/(r/min)	压力/kPa	功率/kW	单机重/kg
指标	0.15～1200	150～3000	9.8～196	0.75～1000	100～900

2. 回转式风机主要技术参数

回转式风机主要技术参数见表 13-13。

表 13-13　回转式风机主要技术参数

项目	排风口径/mm	风量/(m³/min)	转速/(r/min)	功率/kW	频率/Hz	净重/kg	压力/(kgf/cm²)
指标	20～100	0.1～9.2	450～500	0.25～11	50	350～600	0.1～0.5

3. 罗茨风机采购时应注意的问题

① 由于罗茨风机的原理主要由一对三叶叶片正反向运动而产生空气输出，因此，叶轮、轴承、润滑油及密封等部分是该设备的关键。采购时应询问和了解齿轮和轴承的材质、型号、润滑油和黄油的种类（通常润滑油可选齿轮润滑油 ISOVG 相当品，中国石油 R150、日本昭和 JH460 等；黄油可选用耐热锂系列或砂系列或德士古 RPM2 号黄油等）及油封是否符合要求。

② 核对风机的风量、压力、温度适应能力及噪声水平（因罗茨风机往往噪声较大，一般不应超过 120dB）。

③ 注意外观及整机质量，如铸件表面是否有砂眼、气眼及裂痕，各部分连接是否紧密，皮带松紧是否合适，皮带种类及运转时是否有跳动过大等现象。

④ 收集风机全部操作及维修资料，如加油周期、事故现象及处理办法、部件更换时间等。

4. 回转式风机采购时应注意的问题

① 回转式风机（又叫回旋式风机、滑片式风机），其主要原理是：在机壳内的偏心滑片转动时，由于容积的变化而造成对空气的压缩，最后排出机外。因此，它主要由电机、过滤器、鼓风机体、空气室、底座和滴油嘴六部分组成。在采购时，首先核对该设备的技术参数（如风量、排风口径、压力等）是否符合工程要求。

② 了解和考察风机各部件材质是否符合要求（如泵体滑片及转子一般采用 FC250 碳钢，轴采用不锈钢，油镜采用 SS＋Glass，油封采用 VITONTC 及各种阀门等），电机是否符合要求。

③ 外观检查：机壳表面质量（如是否粗糙，有无气孔、砂眼、裂痕等），油嘴是否可能漏油，安全阀、压力表及地脚螺栓等是否符合规定，"V"形皮带松紧度是否合适等。

④ 收集风机全部操作、运行、维护资料，如加油规定、常出现的故障及纠正措施、部件更换周期及设备所带备件清单数量、安全注意事项等。

十、滗水器

滗水器是 SBR 工艺及 CASS、DAT-IAT 等 SBR 变形工艺的关键设备之一，主要分为机械式滗水器、虹吸式滗水器、自浮式滗水器等。自浮式滗水器又可分为浮筒式滗水器和伸缩管式滗水器。在工业废水处理中，常采用旋转式滗水器和自浮式滗水器。滗水器的作用是在 SBR 工艺中的五个处理工艺阶段，即进水、反应、沉淀、排水和待机中的排水阶段，通过电控柜内的时间继电器等控制程序，实现定时、定量排出处理水。

1. 滗水器种类

(1) 旋转式滗水器

旋转式滗水器由传动机构、传动螺杆、驱动推杆、滗水管、支撑管、排水管、导向架、回转支撑等部件组成。其工作原理是：滗水器在 PLC 所设定的时间内，通过变频调速电机、推力型阀门驱动装置、同步单推杆将滗水堰降至水面，开始变频调速滗水，同时在水浮力的作用下，浮筒挡渣机构推开浮渣并将其挡住，使上清液进入堰槽开始滗水并通过水平回转排水管排出池外。此时，池面平稳下降，直至滗到所设定水位（或时间）停止，变频器自动切换电机反转，推杆将堰槽恢复到初始位置。旋转滗水器各部件所采用的材质及要求如下：a. 推杆、滗水管、排气管、排水管、支撑管及电控箱外壳、紧固件均采用 304 不锈钢；b. 电控箱安放在滗水器附近，其防护等级为 IP55，并应留有 PLC 接口；c. 不锈钢部件加工完后，其表面应进行酸洗处理；d. 旋转滗水器的主要技术参数见表 13-14。

表 13-14 旋转滗水器的主要技术参数

项目	处理水量 /(m³/h)	过水流速 /(L/ms)	滗水深度 /mm	电机功率 /kW	出水堰长度 /mm	出水管径 /mm
指标	50~1200	≤30	1000~3000	0.75~1.1	500~10000	250~500

(2) 伸缩管式滗水器

该滗水器由浮动滗水头、排水伸缩胶管、排水弯管、控制电磁阀、输气软管等组成。排水时，进水电磁阀自动关闭，排气电磁阀自动打开。此时，浮动滗水头空气室内的空气被排出，浮动头下沉淹没进水口，开始排水。单位时间排水量可用螺栓调节，以控制排水时间。排水经浮动滗水头进入排水伸缩管和排水管后排出池外。该设备特点是：a. 构造简单，维修方便，不需动力，靠浮力和自重升降；b. 操作用压缩空气（可自曝气池引接），不必另备气源；c. 除排水管为碳钢外，其余部件均为不锈钢，防腐性能好，容易实现自动控制。

伸缩管式滗水器的主要技术参数见表 13-15。

表 13-15 伸缩管式滗水器的主要技术参数

排水量/(m³/h)	伸缩管内径/mm	浮头尺寸/mm	通气压力/kPa
50~300	φ120~300	φ800×500~φ1000×1000	5

(3) 浮筒式滗水器

在小规模的 SBR 系列处理中，可选用浮筒式滗水器，该设备由浮筒、导向杆、滗水器、收水系统、排水系统等组成。当池内开始曝气时，滗水器出口阀门处于关闭状态，进水口位于浮筒底部，由于浮筒的浮力，使进水头随水面变化。停止排水时，只需将电动阀门关闭即可。该设备主体采用不锈钢制作，是通过钢丝软管将排水系统和收水系统相连，结构简单，无噪声，特别适用于池体长度小于 3m 的水池。

浮筒式滗水器的主要技术参数见表 13-16。

表 13-16 浮筒式滗水器的主要技术参数

项目	处理水量/(m³/h)	过流速度/(L/ms)	滗水深度/mm	出水堰长度/mm	预埋出水管 D/mm
指标	5~150	≤30	0~3500	200~300	50~150

2. 旋转式滗水器采购时应注意的问题

① 首先了解和考察滗水器性能指标是否符合工程需要，并收集全部技术资料。

② 了解设备各部件材料是否符合要求（大部分应选用不锈钢），并了解各部件连接的焊接质量、焊接方法、轴承型号及技术参数等资料，密封方法材料选用及防腐处理情况。

③ 电机及变速机构的性能、材质及速度等是否符合要求。

④ 电气控制系统是否符合标准规范及是否有过电流、过电压及欠电压保护手段，有无过热及过转矩保护功能等，防护等级是否可达到 IP55 等。

3. 伸缩管式滗水器采购时应注意的问题

① 首先了解和考察滗水器的性能指标是否符合工程要求，并收集全部技术资料。

② 了解各部件材质（大部分应为不锈钢），特别要注意排水伸缩胶管的材质，是否满足经常屈伸要求（应有技术保证资料）。

③ 进气电磁阀规格、型号，关闭是否严密；压缩空气接入方式、压力、流量及密封情况；电气及自控系统情况是否可靠。

4. 浮筒式滗水器采购时应注意的问题

① 首先了解和考察滗水器性能指标是否符合工程要求。同时，了解各部件材质情况（大部分部件应为不锈钢制作）。

② 电动阀门的规格、型号、关闭的严密性。

③ 电控系统技术资料及运转保证程度。

十一、MBR（膜生物反应器）

MBR（膜生物反应器）是一种将膜分离技术与生物处理技术有机结合的新型处理技术。其原理是利用膜分离设备将生化反应池中的活性污泥和大分子有机物截留而达到水的净化，从而可以省掉二沉池，具有处理效率高、自控程度高、减少占地和节约投资的特点，是当前好氧处理工艺（特别是中小处理水量的废水处理工程）常选用的处理手段。

MBR 反应器一般由活性污泥反应池、膜分离装置、反冲洗装置、消毒清洗装置、泵抽吸装置和自控系统组成，具体组成情况见表 13-17。

表 13-17　MBR 反应器组成

组合形式或名称	种类
膜组件与生物反应器组合方式	分置式、一体式、(一体)复合式
膜组件	管式、板框式、中空纤维式等
膜材料	有机膜、无机膜
压力驱动形式	外压式、抽吸式
生物反应池（器）	好氧、厌氧
预处理	粗细格栅、除砂池、初沉池
自控方式	自动、手动

1. MBR 用膜情况

MBR 用膜情况见表 13-18。

表 13-18　MBR 用膜情况

名称	材质	优点	不足
高分子有机膜材料	聚烯烃类、聚乙烯类、聚丙烯类、聚砜类、芳香族聚酰胺、含氟聚合物等	成本相对较低,造价便宜,膜制造工艺较成熟,膜孔径和形式较为多样,应用广泛	运行过程易污染,强度低,使用寿命短
无机膜材料	金属、金属氧化物、陶瓷、多孔玻璃、沸石、无机高分子材料等	(以陶瓷膜为例)耐酸、抗压、抗温、通量高、能耗较低	造价贵,不耐碱,弹性小,膜加工制备有一定困难

MBR 用膜形式有中空纤维式、平板式、毛细管式、螺旋卷式和圆管式几种,常用中空纤维式和平板式,两者比较情况见表 13-19。

表 13-19　中空纤维膜组件和平板式膜组件比较情况表

中空纤维膜组件	平板式膜组件
中空纤维膜,膜丝柔性,可反冲洗	支撑板式膜,膜片为刚性,不可反冲洗
独立清洗(化学清洗)	独立清洗(化学及机械清洗)
填充密度:160m²/m³	填充密度:80m²/m³
典型膜空量:15L/(m²·h)	典型膜空量:20L/(m²·h)
缠绕式纤维物质,污泥堵塞,卡在纤维间,无法通过反冲法去除	沟槽式,低填充密度,污泥堆积在板间,始于板固定处,没有反冲洗

2. MBR 系统反洗及加药

(1) 反洗

MBR 工艺在处理过程中,经常需对系统进行反冲洗,以确保处理正常进行,反洗投加的药品及加药量见表 13-20。

表 13-20　MBR 系统反洗加药名称及加药量参数

加药种类	化学药剂	加药浓度
酸	盐酸、柠檬酸、草酸	控制 pH 值在 2.5～3.5
碱	氢氧化钠	0.02%～0.05%
氧化剂	次氯酸钠	0.05%～0.1%

(2) 加药

通常情况下,MBR 系统在运行 1～3 个月时,由于污染(表现为膜的压差上升 5×10^4 Pa)时,应当对系统进行加药清理,其加药情况参数见表 13-21。

表 13-21　MBR 系统加药情况参数

污染物	化学药剂	浓度	清洗时间
有机物	10%次氯酸钠	1000～5000mg/L	1～2h
有机物	氢氧化钠	pH<12	1h
无机物	盐酸	0.1mol/L	1～2h

3. MBR(膜生物反应器)主要技术参数

MBR(膜生物反应器)主要技术参数见表 13-22。

表 13-22　MBR（膜生物反应器）主要技术参数

项目	容积负荷 /[kg BOD/(m³·d)]	膜通量 /[m³/(m²·h)]	膜孔径 /μm	压力 /kPa	空气量 /[L/(m²·min)]	污泥浓度 /(mg/L)
指标	1~1.5	0.4~0.8	0.1~0.4	15~20	10~20	6000~15000

有关 MBR（膜生物反应器）的详情及设计可见本书第二章。

4. MBR（膜生物反应器）采购时应注意的问题

① 首先收集和了解该设备的全部技术资料，包括处理能力，采用的膜种类，膜通量，容积负荷，配用的鼓风机品种、风量、风压，自吸泵性能指标，反冲洗及加药装置情况，曝气装置的品种，技术性能参数及试验资料，电气及自控系统说明，有关参数及品牌资料，操作规程，注意事项及故障维修处理办法，等。

② 了解和考察各部件材质及加工制造是否符合国家规范，特别应注意自吸泵吸程、流量、加药及反冲洗手段及曝气系统是否能满足处理要求，如曝气管水平部分的水平度、出气孔是否向下开口、污泥如何处理等。

③ 电气及自控部分，应了解自控联锁及事故报警的可靠性，如：污水泵的启停是否与风机联锁，设备运转中出现堵塞、压力变化、流量变化及温度变化等异常现象是否报警等。

④ 了解设备安装要求，如膜反应器安装与反应池连接方法，有无预埋件要求，加药系统及自吸泵安装位置有无要求和注意事项，以及设备运转中出现故障时的对策等。

十二、接触氧化反应池（槽、罐）

1. 概述

接触氧化法是废水好氧处理工艺中常采用的方法，特别是中小水量的工业废水处理采用的更多。其原理是利用在接触氧化池（槽、罐）中的生物填料上生长的微生物膜对废水进行生化降解，从而达到废水净化的目的（详情可见本书第二章）。该设备由接触氧化池（槽、罐）体、生物填料、鼓风机、布气系统、出水系统等组成。一般大型废水处理采用混凝土池体，中小规模处理可采用钢板制作，其接触氧化反应池主要的技术参数可参见表 13-23。

表 13-23　接触氧化反应池主要的技术参数

项目	处理量 /(m³/h)	进水浓度 BOD/(mg/L)	容积负荷 /[kg BOD/(m³填料·d)]	接触时间/h	气水比
指标	5~30	300~500	2~3.5	3~5	(15~20):1

接触氧化池结构尺寸（以圆形罐体为例）可见表 13-24。

表 13-24　接触氧化池结构尺寸（参考）

部位	处理量 /(m³/h)	直径 D/mm	总高 H/mm	填料高 /m	进水管径 /mm	出水管径 /mm	进气管径 /mm	溢流放管径 /mm
尺寸	5~30	2400~5500	5500	3.7~4.2	φ32~80	D40~100	φ80~125	D80~200

2. 接触氧化反应池（槽、罐）采购时应注意的问题

① 接触氧化反应池（槽、罐），其池（槽、罐）体一般为钢板制造，也有用玻璃钢或工程塑料制造。在采购此类设备时，首先收集了解该设备的全部技术资料，包括设备各部分材质、处理水量、有机负荷、停留时间、填料材质及强度、着菌性能、鼓风机规格型号、供气

量等是否符合工程需要。

② 考察设备加工制造质量，包括槽（罐）体焊接质量，焊缝是否符合规定，表面有无砂眼、腐蚀及裂痕等现象；填料托架牢固性，与体壁缝隙是否影响处理效果；进气管在槽（罐）体底部布置是否水平（不水平影响充氧效果）；接头及阀门管道连接是否严密，出水堰口是否均匀等。

③ 考察机体防锈（包括内外）、防振及噪声等情况，收集有关电气及自控等方面的资料。

十三、沉淀设备

在污水处理工程中，沉淀工艺常用平流式、辐流式、竖流式及斜板（管）沉淀池。辐流式沉淀池一般在大型污水处理工程（如城市污水处理）中应用。在工业废水处理工程，常采用平流式沉淀池、竖流式沉淀池和斜板（管）沉淀池。而平流式沉淀池一般都与生化池等处理构筑物一样做成混凝土结构，而做成设备的沉淀手段一般为竖流式沉淀池或斜板（管）沉淀池，这两者中，应用最多的还是斜板（管）沉淀池。因此，本书重点对斜板（管）沉淀池的性能及采购时应注意的问题予以介绍。

所谓斜板（管）沉淀池，是根据浅层理论，在沉淀池中加设斜板或蜂窝斜管，以提高沉淀效率的一种新型沉淀池。它具有沉淀效率高（表面负荷比普通沉淀池可提高1倍左右）、停留时间短、占地少等特点。因此，在工业废水处理中被广泛采用。

斜板（管）沉淀池可分为异向流、同向流和侧向流三种，通常采用异向流（上向流）的较多。作为产品的斜板（管）沉淀池一般是由钢板制造的，其中斜板一般用厚0.4mm左右的聚乙烯板热压而成，作为蜂窝的斜管式沉淀，其蜂窝一般是用浸渍纸制成，并用酚醛树脂固化，形状为六边形，其内切圆一般为25mm，斜板（管）沉淀池设计可见本书第二章。

斜板（管）沉淀池主要技术参数见表13-25。

表13-25　斜板（管）沉淀池主要技术参数

项目	处理能力 /(m³/h)	表面负荷 /[m³/(m²·h)]	斜板间距 /mm	斜板长 /m	气水比	斜板倾角 /(°)	底部及上部缓冲层高/m	停留时间 /h
指标	5~30	2~4	80~120	1~1.2	(15~20):1	60	0.5~1	<1

斜板（管）沉淀池（槽、罐）采购时应注意的问题如下。

① 首先收集和了解所购斜板（管）沉淀池的全部技术参数，如：处理量、表面负荷、停留时间、机体材质、斜板材质、斜板厚度、曝气系统组成、底部曝气水平管是否平直、曝气头形式、压力损失、电气及自控情况等。

② 了解和考察设备加工制造情况，如：机体焊接质量，包括焊缝及连接处加工是否符合要求，表面是否粗糙，有无气孔、砂眼及裂痕现象；斜板（管）材质硬度、厚度及与机体连接处是否牢固，与池（槽、罐）内壁是否有缝隙；进出水管及气管安装是否合格；曝气系统组成、安装是否合格；风机风量风压是否合格；等。

③ 防腐及防振情况：设备内外壁是否进行防腐处理，防腐措施是什么（如用何种防腐剂），有无防振、防噪措施等。

④ 了解电气及自控情况，如进水泵与风机是否联动，事故停止进水、溢流报警等。

十四、过滤设备

在污水处理工程中，过滤是不可缺少的处理手段之一。过滤的目的是为了进一步去除前处理过程中剩余的悬浮物、胶状物质、浊度、BOD、COD、重金属及细菌等。过滤设备种类很多，按滤速可分为慢速池和快滤池；按水流方向可分为上向流滤池、下向流滤池、辐射流滤池；按滤料可分为普通砂滤池、煤-砂双层滤池和三层滤池及陶粒滤池、纤维球滤池、其他滤料滤池；按阀门的使用可分为无阀滤池，虹吸滤池和多、单阀滤池；按驱动力可分为重力式滤池和压力式滤池等。

一般情况下，大型污水处理工程或给水工程（如城市污水厂）多采用快、慢滤池，无阀滤池、虹吸滤池等并均以混凝土结构制作，而作为中、小处理水量的工业废水处理工程，多采用快滤池形式或压力（重力）式滤池形式。由于快滤池一般做成混凝土结构形式，而做成产品的过滤形式一般为由钢板为罐体的压力（重力）过滤器、纤维过滤器、陶粒过滤器、特殊滤料（如：混合金属、无机滤料等）过滤器。作为过滤设备，本书仅对工业废水处理常采用的压力（重力）过滤器进行介绍。一般情况下，工业废水过滤设备常用以下几种。

1. 压力滤池（罐）

压力滤池通常是密闭式圆形压力过滤器。其原理是废水由上部的进水管进入，经衬托层上的滤料过滤后，清水由下部的出水口流出。一般情况下，衬托层由不同级配的砾石组成，过滤层由石英砂组成（双层滤料由无烟煤-石英砂或其他滤料组成）。反冲洗一般由泵打入清水进行或采用空气和水联合反冲洗，压力滤池（罐）的主要技术参数见表13-26。

表 13-26　压力滤池（罐）的主要技术参数

项目	处理能力 /(m³/h)	表面负荷 /[m³/(m²·h)]	罐体直径 D/mm	总高 H/m	速度/(m/h)	反冲强度 /[L/(m²·s)]
指标	10~45	1~2	1200~2400	2.9~3.3	8~10	15~20

注：1. 表中数据为单层滤料过滤器数据。

2. 压力滤器设计可见本书第二章。

3. 其他滤料过滤器可参照此表，并做适当调整。

2. 纤维过滤器

纤维过滤器是一种性能先进的压力式过滤器，它的原理是：采用了一种新型的束状软填料——纤维作为过滤器的滤元，该滤元直径只有几十微米，甚至几微米，比表面积大，过滤阻力小，因而克服了普通过滤精度受粒径限度的问题。在处理过程中，由于纤维被挤压，密度逐渐加大，相应滤层孔隙直径和孔隙逐渐减小，所以可实现深层次过滤。当需清洗时，清水从下至上通过滤层，使纤维处于放松状态，进入下一个过滤过程。

（1）纤维过滤器的主要特点

① 过滤精度高，废水中悬浮物的去除率可接近100%，如果废水浊度为20FTU时，出水浊度可达到0。

② 过滤速度快，是传统过滤器的3~5倍（速度可达30m/h）。

③ 截污容积大，是传统过滤器的2~4倍。

④ 占地面积小，同样处理规模下占地仅为传统过滤器的1/3~1/2。

⑤ 清洗方便。

⑥ 缺点是对要处理的废水水质要求较高。

（2）纤维过滤器的主要技术参数

纤维过滤器的主要技术参数见表 13-27。

表 13-27　纤维过滤器的主要技术参数

项目	处理能力 /(m³/h)	滤速 /(m/h)	滤层厚 /mm	操作压力 /MPa	截污容量 /(kg/m³)	压力损失 /MPa	反冲洗强度 /[L/(m²·s)]	反冲强度（空气） /[L/(m²·s)]	冲洗时间 /min
指标	2～210	30	760	0.6	5～10	≤1	6～10	60	20～60

注：滤前要求进水水质较好（≤20～50FTU）。

（3）平流式、竖流式、辐流式过滤设备

详细情况见本书第二章，不再详述。

（4）压力滤池（罐）采购时应注意的问题

① 首先应了解和收集压力滤池（罐）的全部技术资料，如处理能力、表面负荷、滤速、反冲洗强度、滤料及衬托层材质及厚度、池（罐）体材质、池（罐）体厚度、进水压力、反冲洗强度、进出水管道、阀门型号等。

② 了解和考察设备加工制造质量，如：池（罐）体焊接质量，封头是否一次冲压成型，池（罐）体表面是否粗糙，有无气孔、砂眼及裂痕现象，设备角及地角是否平整，放空阀、安全阀及进出水阀门与池（罐）体连接是否严密等。

③ 整个设备是否平稳，池（罐）体内外防锈如何处理，使用的防锈材料及做法，反冲洗系统如何操作，进水泵和反冲洗泵配置是否符合要求，噪声和防振措施是否合格。

④ 电气及自动系统，如何保证设备正常运转及收集全部技术资料。

（5）纤维过滤器（罐）采购时应注意的问题

① 首先了解和收集纤维过滤器的全部技术资料，应包括：处理能力、滤速、操作压力、压力损失、水和空气反冲洗强度、冲洗时间、风机形式及使用操作规程、纤维束材质和直径；如果在罐中布置排列，罐体材质、厚度，进出口管径及口径及各种阀门型号。

② 了解和考察设备加工制造质量，包括：罐体焊接质量，焊缝及封头等是否符合要求（应按压力容器标准焊接），罐体表面有无起泡、砂眼、裂痕等现象，设备腿脚是否垂直平整，各种管道与缸体连接是否严密等。

③ 整个设备放在地上是否平稳（有无晃动及不平现象），罐体内外壁防锈如何处理，防锈材料名称、性能及防锈做法；进水泵及反冲洗泵配置是否符合要求，反冲洗系统如何操作，防振及噪声是否合格等；进气总管是否高于罐体最高点（以防止清洗操作失误时，水倒流入罗茨风机），如不能做到此要求，应在空气管路上加装止回阀。

清点备件清单上所有备件，罗茨风机规格型号及技术参数可参见表 13-28。

表 13-28　罗茨风机规格型号及技术参数

规格/mm	处理水量 /(m³/h)	风机型号	压力 /MPa	风量 /(m³/min)	电机型号及功率/kW
φ300	2.1	R14	0.05	0.85	Y132S-6,N=3
φ500	6	R14	0.05	0.85	Y132S-6,N=3
φ800	15	R14	0.05	2.11	Y132S-4,N=5.5

续表

规格/mm	处理水量/(m³/h)	风机型号	压力/MPa	风量/(m³/min)	电机型号及功率/kW
ϕ1000	24	L31LD	0.05	4.45	Y132M-4, $N=7.5$
ϕ1500	53	L32LD	0.05	6.91	Y160M-4, $N=11$
ϕ2000	94	L42LD	0.05	15.59	Y180M-4, $N=22$
ϕ2500	147	L43LD	0.05	20.11	Y200L-4, $N=30$
ϕ3000	210	L52LD	0.05	30.18	Y215S-4, $N=37$

④ 由于纤维束滤料是一种高分子化纤材料，应耐热温度为 106～127℃，并对酸碱有耐腐蚀性，使用寿命为 10 年，因此，在采购时卖方应有这方面的文字承诺。加压室也是该过滤器的关键部件，卖方保证的工作温度可达 80℃，工作压力为 0.03～0.05MPa，爆破压力为 0.2MPa，并且可耐稀盐酸和碱，破坏性疲劳试验可达 1400 次，因此，在采购时卖方也应有这方面的文字承诺。

⑤ 收集和了解有关电气和自控方面的有关资料，如：手动和自控备用设备的启停、风机与水泵的联锁、接地温度、压力等。各种过载保护、线路图、接线图以及电机、风机等设备铭牌等。

十五、吸附设备

1. 概况

吸附是物质从液相（或气相）到固体表面的一种传质现象，分为物理吸附和化学吸附两种类型。吸附用吸附剂来实现，在水处理中可以采用的吸附剂有很多，如：活性炭、磺化煤、焦炭、木炭、泥煤、高岭土、硅藻土、硅胶、炉渣、木屑、金属粉（铁粉、锌粉、活性铝）及其他的合成吸附剂等。但用得最多也最普遍的是活性炭。

活性炭是以含碳为主的物质，如：煤、木材、骨头、硬果壳（椰壳、杏仁壳、核桃壳等），经高温炭化和活化而成。一般炭化温度为 300～400℃，使之热解为炭渣，接下来进行活化，活化的目的是使炭形成多孔结构，即增加其比表面积。一般活化的方法有气体法和药剂法两种，气体法是在 920～960℃高温下通入水蒸气、二氧化碳和空气。药剂法是用氯化锌、硫酸等作活化剂将之活化。活性炭一般有粉状和颗粒状两种。工业废水处理常用颗粒状的木质炭或煤质炭。

一般情况下，工业废水处理采用的活性炭技术参数见表 13-29。

表 13-29 工业废水处理采用的活性炭技术参数

项目	产水量/(m³/h)	滤速/(m/h)	总高/mm	炭高/mm	压力/MPa	反冲强度/[L/(m²·s)]	反冲时间/min	设备重/kg
指标	6～70	8～10	1000～5000	1600～2000	≤0.4	10～14	10～15	100～5000

有关活性吸附器的选用及设计可见本书第二章。

2. 活性炭吸附器的结构形式

一般为混凝土活性炭池和钢制活性炭缸两种。一般中小型处理规模工业废水处理采用活性炭罐形式，其构造包括罐体、衬托层、活性炭层、进出水管、反冲洗系统、各种阀门（放空阀、放气阀及普通阀门等），若采用气水联合冲洗还应包括空压机或鼓风机。一般情况下，罐体由普通碳钢制造，内外做防腐（要求较高的或下一步进行精水处理的可用不锈钢制造）。活性炭的选用根据进出水水质要求可选择煤质炭、木质炭甚至果壳炭，衬托层一般为砾石（由不同级配组成）。罐体外侧应安装旁通玻璃管及取样口，以随时观察水位水质变化，罐顶部应安装放气阀，罐体应安置泄空阀，进水和反冲洗转换阀门应操作方便。

为了防止反冲洗时将活性炭冲走，还可以在罐内活性炭上部安设一层细网（如反冲强度掌握适当，可不设）。

3. 活性炭吸附过滤器采购时应注意的问题

① 首先收集和了解活性炭过滤器的全部技术资料，主要应包括产水量、滤速、压力、反冲洗强度和时间及使用操作规程。

② 了解和考察设备的加工制造质量，包括罐体焊接质量、焊缝、封头应符合要求，罐体表面不应粗糙，并应无气孔、砂眼及裂痕现象；进出水管及水位指示管、放气管阀、泄空管阀等部件与罐体连接应严实。

③ 整个设备放在平地上应平稳（不能有晃动和不平现象），罐腿脚应垂直平整。罐内外防腐选用何种防腐材料和防腐做法。

④ 活性炭选用种类及主要性能指标，如粒径、机械强度、碘值、密度、比表面积、孔容积、水分、灰分等应有活性炭出厂的书面资料。衬托层材料是否按级配铺设，每层砾石大小及厚度。反冲洗强度与反冲洗泵是否匹配。进水管与反冲洗管倒换时，阀操作是否安全方便。了解活性炭使用周期及再生办法。

⑤ 收集和了解有关电气和自控方面的资料，如：手动和自动设备启停的控制、风机与进水泵的联锁、接地、温度、压力等过载保护，以及电气控制接线路和线路图，电机及其他主要电气原件铭牌及主要性能指标等。

十六、消毒设备

消毒是污水处理的最后一道工序。当前污水处理消毒方法有液氯、氯氨、漂白粉、次氯酸钠、二氧化氯、臭氧和紫外线等。其中，液氯、氯氨、臭氧和紫外线主要用于大型水厂（城市供水厂及污水厂），而在工业废水处理中，漂白粉法、次氯酸钠法、二氧化氯法应用较多。现就这几种方法简单说明如下。

1. 漂白粉法

漂白粉 $[Ca(ClO)_2]$ 为白色粉末，有氯的气味，含有效氯 $20\%\sim25\%$。漂白精含有效氯 $60\%\sim70\%$，两者消毒作用相同，都适用于小水量消毒。

漂白粉法主要是用漂白粉加水调成消毒溶液直接加入废水中消毒，不用设备，只需要掌握调制方法即可，现就具体调制做法介绍如下。

每包 50kg 的漂白粉先加 $400\sim500kg$ 水搅拌成 $10\%\sim15\%$ 的溶液，再加水调成 $1\%\sim2\%$ 浓度的溶液，澄清后由计量设备投加到废水中即可。

投加量可用下式计算：

$$W=0.1\times\frac{QA}{C} \tag{13-1}$$

式中　Q——设计水量，m^3/d；

　　　A——最大加氯量，mg/L；

　　　C——氯有效含量（$20\%\sim25\%$）。

漂白粉溶液投加量根据废水水质情况不同，可按 5～15mg/L 投加。

2. 次氯酸钠法

次氯酸钠（NaClO）是一种强氧化剂，一般为淡黄色透明液体，pH＝9.3～10，是通过利用钛阳极板电解食盐水而产生的。在工业废水处理中，可采用购买现成的次氯酸钠（化工厂副产品）或购买次氯酸钠发生器现场制作用于废水处理中。由于次氯酸钠所含的有效氯易受日光、温度的影响而分解，故一般情况下，购买次氯酸钠发生器在废水处理现场生产次氯酸钠是常被选用的方案。

次氯酸钠发生器由电解槽、整流器、盐溶解槽、贮液槽、盐水供应系统、冷却系统及配套的 PUVC 管道、阀门、水射器、计量仪表等组成。生产时将稀盐水计量后投加入电解槽，再通过整流器接通的阴阳极直流电源将之电解生成次氯酸钠。

通常情况下，次氯酸钠发生器的基数参数见表 13-30。

表 13-30 次氯酸钠发生器的基数参数

项目	有效氯产量/(g/h)	有效氯浓度/(g/L)	电解电压/V	电解电流/A	电耗/(kW·h/kg)	盐耗/(kg/kg)	盐水浓度/%	适应温度/℃
指标	0.5～5000	6～11	3.5～5.5	25～250	5～10	3～4.5	3～3.5	25～30

应用次氯酸钠时，应注意以下几点：

① 腐蚀性：次氯酸钠对木材和多数金属都有腐蚀性，因此，应放在玻璃钢、塑料或衬胶容器中。管道和水泵都应耐腐蚀。

② 分解：次氯酸钠会不断分解，特别是温度较高时分解更快，所以温度应控制在 30℃以下。

③ 当次氯酸钠溶液 pH＜11 时，它的稳定性会大大下降，且溶液中杂质如铁、铜、镍、钴较多时，可以加快次氯酸钠的分解，因此，溶液中铜和铁的浓度最好不要超过 0.5mg/L 和 1mg/L。

④ 次氯酸钠的最长储存时间为 60～90d。

3. 二氧化氯法

① 二氧化氯（ClO_2）是黄色气体，带有辛辣味，毒性比较大，且易溶于水（溶解度为氯的 5 倍），在水中极易挥发，因此不能贮存，必须在现场边生产边使用。同时，它在水中不和氨发生反应，因此，在含氨的废水中仍有极好的杀菌作用。另外，二氧化氯还可将铁、锰直接氧化，对处理构筑物及管网中的藻类、异氧菌等也有较好的灭活效果。

② 二氧化氯的制备方法有十几种，但用于工业废水处理的二氧化氯发生器多采用盐酸还原氯酸钠法。该方法的特点是：系统可以封闭，反应的残留物主要是氯化钠，该残留物可以再经过电解生产氯酸钠，生产成本低，但一次性投资较大，耗电量大且产品中含有较多的氯气。

二氧化氯发生器的一般技术参数见表 13-31。

表 13-31 二氧化氯发生器的一般技术参数

项目	有效氯产量/(g/h)	氯酸钠耗量/(g/g有效氯)	盐酸耗量/(g/g有效氯)	装机容量/kW	压力/MPa	动力管径 φ/mm	消毒剂管径 φ/mm	设备尺寸(长×宽×高)/mm
指标	100～10000	0.55～2.2	1.1～2	1～5	0.2～0.3	25～65	25～90	580×480×950～1000×600×1500

③ 使用二氧化氯注意事项：a. 空气中二氧化氯含量超过 10%，遇电火花、阳光直射、加热至 60℃ 以上时有爆炸危险，因此应避免有高温、明火在库房内产生；b. 要使用软化水，以免结垢；c. 要经常检测药剂溶液浓度，以便安全运行；d. 要有在水量、水压不足，断电等情况下自动关机的保障；e. 要选用自动化程度高、事故能自动报警的设备。

4. 次氯酸钠发生器采购时应注意的问题

① 次氯酸钠发生器实际上相当于一个电解设备，在采购时，首先应收集、了解发生器的全部技术资料，如：电解槽、盐溶液槽、贮液槽及各种管道的材质；焊接和连接是否严密、牢固；考虑次氯酸钠的腐蚀性，电解槽多用不锈钢制作；其他各种槽（罐）可用塑料或工程塑料；还要了解处理能力及盐耗、电耗等指标。

② 电气系统是发生器的主要组成部分，要了解整流器的形式及功能参数，电解材质是否采用钛电极，还要了解电解槽电压、电流、电耗等指标及操作规则。

③ 注意加工装配及外观质量，有无明显瑕疵及配（备）件清单，运输及安装注意事项等。

5. 二氧化氯发生器采购时应注意的问题

① 首先要了解和收集该设备的全部技术资料，如次氯酸钠产量、氯酸钠和盐酸耗量、电耗、装机容量、设备尺寸等。

② 了解发生器与盐酸储罐和次氯酸钠储罐的连接方式及运转操作规程；主机是否采用不锈钢或工程塑料面板；盐酸及氯酸钠泵是否采用高级耐酸（碱）或进口泵；盐酸及氯酸钠储槽是否采用 PE 或 UPVC 材料。

③ 控制系统是否包括 PLC 控制、单片机及普通控制等多种控制模式。

④ 了解设备尺寸能否满足处理场地要求和备件清单及运输及安装要求等。

十七、污泥脱水设备

在污水处理过程中，会产生大量的有机或无机污泥，如不加以妥善处理势必造成对环境的二次污染。因此可以说，污泥处理是污水处理的最后一道处理工序。通常情况下，污水处理的方法有自然干化、机械脱水和烘干及焚烧等方法。机械脱水方法中有真空过滤法、板框压滤法、带式压滤机法和离心脱水法等方法。在工业废水处理中常采用的是自然干化法、板框压滤机法和带式压滤机法。

1. 自然干化法

所谓自然干化法，是利用露天干化场，使污泥自然干化，它是污泥脱水最经济的处理方法。但由于受场地、环境等地理条件的限制，仅适用于气候干燥、相对用地较宽松、环境条件许可的工程。

2. 板框压滤机法

其工作原理是：利用密封板对板框内污泥进行加压、挤压并使滤液通过滤布排出，以使固态颗粒被截留下来，达到固液分离效果。板框压滤机由滤框（板框腔）、滤液通道、滤布、滤板、挤压进气管、隔膜、压缩空气室等组成。辅助系统由投料、压缩空气、高压、冲洗水系统组成。其中，投料系统可采用往复式或螺杆泵。压缩空气系统空压机提供的空气一部分供板框压滤机挤压泥饼及吹框内残留污泥用，另一部分供仪表和气功阀门用。高压冲洗水系统设高压泵 2 台（1 用 1 备），流量为 180～250L/min，压力约 10MPa。

通常情况下，板框压滤机的技术参数见表 13-32。

表 13-32　板框压滤机技术参数

项目	过滤面积 /m²	框内尺寸 /mm	框厚 /mm	框数 /个	框内总容量 /L	工作压力 /(kgf/cm²)	螺杆顶紧力 /kg	外形尺寸 (长×宽×高)/mm
指标	2～40	320×320～ 635×635	25～45	10～50	25～500	10	6800～55000	1490×650×600～ 4460×1260×1200

3. 带式压滤机法

带式压滤机的工作原理是：污泥经重力区脱去部分水后，用泵打至压滤机上下滤布间，经低高压区挤压脱水后，滤带分开，形成的滤饼排至输送带运走。带式压滤机一般由滤带、辊压筒、滤带张紧系统、滤带调偏系统、滤带冲洗系统和驱动系统组成。辅助系统主要由投料、压缩空气、高压冲洗水系统组成。投料系统多采用污泥螺杆泵。压缩空气系统是由空压机提供的压缩空气，主要供带机低压段缠绕辊与高压段挤压辊调整和张紧用及对气动阀门的供气。压力水冲洗用离心泵。

滤带也称为滤布，一般用单丝聚酯纤维材质编织而成，这种材质具有抗拉强度大、耐曲折、耐酸碱、耐温度变化等特点。滤带常编制成多种纹理结构。

脱水机辊压筒一般设 5～7 个（国外新型机设 8 个）。这些辊压筒的直径沿污泥走向由大到小、90～20cm 不等。滤带张紧系统的主要作用是调节控制滤带的张力（即调整滤带的松紧）以达到调节施加到泥层上的压榨力和剪切力，这是带机运行中一种重要的工艺控制手段。滤带调偏系统的作用是时刻调整滤带的行走方向，保证运行正常。

由于带式压滤机受压泥区两侧为开放式，不密闭，进泥含水率较低，所以，进泥必须进行充分加药混凝，以使其形成大且强度高的絮凝后再进行压制，否则进泥容易在挤压过程中从滤带两侧漏出或从滤布渗出，致使污泥呈稀薄状态而不能形成泥饼。

带式压滤机一般技术参数见表 13-33。

表 13-33　带式压滤机技术参数

项目	带宽 /mm	进泥含水率 /%	产泥能力 /[kg 污泥/(m·h)]	功率 /kW	PAM 加药量 /(kg/t)	泥饼含水率 /%
指标	750～3000	9～97	150～300	1.2～22	1～10	70～80

4. 板框压滤机采购时应注意的问题

① 首先收集和了解板框压滤机的全部技术资料，包括过滤面积、框内总容量、工作压力及控制操作规程等。

② 了解和考察压滤机是手动螺旋压紧、电动螺旋压紧还是液压方式压紧，以及每种压紧形式的注意事项。例如，手动压紧是用螺旋千斤顶推动压紧板压紧，要了解螺旋千斤顶的材质、硬度等指标是否符合要求；机械压紧是用电动机带动减速箱，经机架传动部件推动压紧板压紧，要了解电机型号及规格、减速箱齿轮材质、加工精度、减速比，推动机构材质、加工精度、硬度等指标。液压压紧机构由液压站、油缸、活塞杆及压紧板连接装置组成。液压站由电机、油泵、溢流阀（调节压力）、换向阀、压力表、油箱和油路组成。采购时，要了解上述油压系统及压紧系统组成部分材质、加工精度、严密程度及各种仪表、阀门的型号性能是否符合标准。

③ 主要构件材质及加工装配情况：机架是压滤机的基础部件，其中大梁可选用不锈钢包覆、碳钢防腐以及工程塑料等材料，要了解所选用材质的硬度、韧性、强度等是否符合要

求。过滤机构由滤板、滤框、滤布组成，过滤板材质可选用增强聚丙烯，经压制后平面度一般为 0.2mm，是否合乎要求。各滤室之间结合面是否密封，以确保不产生喷泥。滤板应能承受 8kg 的过滤压力并且应能做到安装和拆卸安全简便。

④ 电气及自控方面：主要了解是否在采用电磁或气动控制进料液或出液时间及渣浆泵、气动隔膜泵、螺杆泵等的进料启停和进料时间，是否采用 PLC 模块或其他手段控制压滤机工作状况。

5. 带式压滤机采购时应注意的问题

① 首先收集和了解带式压滤机全部技术资料，主要应包括：产泥能力、进泥含水率和泥饼含水率是否符合工程需要，加药种类及加药量，机架、辊压筒、滤带等部件采用的材质，纠偏措施、加药系统、冲洗系统及驱动系统组成和质量保证措施等。

② 了解各部件材质及质量保证情况。机架：可分为重型碳钢材料和轻型不锈钢材料，要了解和注意碳钢材料做机架是否做好防腐处理及表面质量（有无粗糙感，有无气孔、砂眼和裂痕等现象，机架焊接和连接部分加工质量）是否合格。轻型不锈钢机架及辊筒均应采用不锈钢材质，整机应紧凑美观。所有辊筒轴线不平行度不大于 2mm（允许加垫调整）。滤带安装应准确到位，滤带材质是否符合要求。调偏系统组成：气缸、调偏辊信号及电气系统是否合格。重力区脱水装置及楔形区脱水区脱水装置材质、工作环境是否满足需要。滤带清洗装置、张紧装置及卸料装的材质、工作运转能否满足要求。

③ 传动装置（包括电机、减速机、齿轮传动机构等），其材质、加工等级、硬度等及热处理工艺是否合乎要求。气压系统（主要由储气罐、电机、气泵、执行元件和控制元件等组成）是否能保证气动系统正常运行。电控系统有无完善的连锁保护装置、事故报警、手动自动切换等。电控柜材质（不锈钢或碳钢喷塑）及电气线路图、接线图等。

第三节 ▶ 设备采购中的其他问题

一、到货验收应注意的问题

货到后应由专门负责设备的人员进行现场查验。一方面要根据合同条款，核对商标、品种、发收货单位、合同号、箱号等有关的外包装标记。另一方面还要查看外包装有无水渍、破损等情况，如发现问题，必须做好记录，必要时予以拍照，保留现场并与有关单位联系。

开箱前，要先检查合同与运单上的箱数、商标是否相符，开箱时一定要小心仔细，首先要检查内包装有无破损，如有破损，要做好记录，有必要时应拍照。

清点要以合同配置清单、装箱单（包括备、配件）为依据，逐项进行核对，不仅要核对数量，同时要对规格、型号、编号是否相符进行核对，如发现不符，要及时进行记录及拍照，以作为向供货商进行交涉和索赔的依据。

开箱清点完毕后，应再对主机及附件进行检查，包括制造厂名称、产品名称、频率、电源、出厂编号、出厂时间等，不仅要查看仪器外形是否完整，同时还应收集相关资料，包括使用手册、维修手册以及光盘、软盘、装箱单、合格证等。

在开箱验收完毕后，视情况应对关键设备或部位由专业技术人员进行技术验收。

二、关于套牌问题

所谓套牌是指由某地普通工厂生产，其产品挂上名牌厂家标识对购买者进行欺诈的行为。前些年，在我国的废水处理工程中，就曾出现过类似情况。解决的办法是：一方面购买者要提高警惕，验货时仔细查看细节，并查看是否有防伪标识；另一方面，呼吁国家有关部门加强这方面的监督和管理。

三、异地生产问题

所谓异地生产是指有些名牌产品厂家，其产品不是本公司生产而是委托某国代为生产。这种现象一般出现在国外进口名牌产品，如机械及电气产品等。即某发达国家名牌产品，不是本国本公司生产，而是由亚洲或其他不发达地区或国家生产，按名牌产品价格出售。解决办法是：首先注意发货口岸，发现不对后不要签收，并立即与供货商联系；另一方面，国家有关部门应加强这方面的监管。

参 考 文 献

[1] 刘昌明，等.今日水世界.北京：清华大学出版社，2012.

[2] 井文涌，等.当代世界环境.北京：中国环境科学出版社，1989.

[3] 中国环境与发展评论.北京：社会科学文献出版社，2001.

[4] 给排水设计手册.北京：中国建筑工业出版社，2004.

[5] 环境工程手册（水污染防治卷）.北京：高等教育出版社，1996.

[6] 环保工作者手册.北京：冶金工业出版社，1984.

[7] 张光明，等.水处理高级氧化技术.哈尔滨：哈尔滨工业大学出版社，2007.

[8] 生物接触氧化法处理废水.北京：中国环境科学出版社，1991.

[9] 高艳玲.污水生物处理新技术.北京：中国建材工业出版社，2006.

[10] 孙力平.污水处理新技术与设计计算实例.北京：科学出版社，2001.

[11] 贾金平，等.电镀废水处理技术及工程实例.北京：化学工业出版社，2004.

[12] 电镀废水治理技术综述.北京：中国环境科学出版社，1992.

[13] 纺织印染工业生产与污染防治.北京：中国环境科学出版社，1991.

[14] 余淦申.生物接触氧化法处理废水.杭州：浙江科学出版社，1983.

[15] 国家环保局科技司编.投药与混合技术.北京：中国环境科学出版社，1991.

[16] 严敏，等.自来水厂技术管理.北京：化学工业出版社，2005.

[17] 金熙，等.工业水处理技术问答及常用数据.北京：化学工业出版社，2004.

[18] 张光华，等.水处理化学制品制备与应用指南.北京：中国石化出版社，2003.

[19] 王洪臣.城市污水处理厂运行控制与维护管理.北京：科学出版社，1997.

[20] 崔玉川，等.工业用水处理设施设计计算.北京：化学工业出版社，2004.

[21] 汪大翚，等.水处理新技术与工程设计.北京：化学工业出版社，2001.

[22] 买文宁.生化废水处理技术与工程实例.北京：化学工业出版社，2001.

[23] 钱易，等.现代废水处理新技术.北京：中国科技出版社，1993.

[24] 阮文权，等.废水生物处理设计实例详解.北京：化学工业出版社，2006.

[25] 万金权，等.废纸造纸及其污染控制.北京：中国轻工业出版社，2004.

[26] 吴浩汀.制革工业废水处理技术及工程实例.北京：化学工业出版社，2002.